デジタル田園都市とは何か

What is
Digital Garden City?

Toyo Ito
Mitsugu Okagawa

とは何か

瀬戸内海文明圏、
これからの建築と
新たな地域性創造・研究会
［シンポジウム］

デジタル田園都市

What is Digital Garden City?

Toyo Ito
Mitsugu Okagawa

［編著者］伊東豊雄
岡河貢

総合資格学院

序文

なぜ今「デジタル田園都市」を問うか

岡河貢

「田園都市」とは近代の理想的なライフスタイルを送れる郊外都市として20世紀に構想されたものだ。本書のタイトルにある「デジタル田園都市」は、デジタル技術が可能にする人間の新しいライフスタイルや、これまでの一極集中とは違う距離を超えた分散型の田園都市を予感させるものである。

—

この言葉は、2021年に日本政府がこれからの地方の活性化に向けた政策「デジタル田園都市国家構想」でも使っている。2014年に地方創生という政策が打ち出されて久しいが、地方の未来について希望が見えないという状況は未だ変わっていない。このデジタル田園都市国家構想は、地方創生に代わって地方の活性化を実現させるものなのだろうか。「地方消滅」という言葉があるほど地方は危機に瀕している。それをデジタル田園都市国家構想で回避できるのだろうか——。

—

具体的な施策は以下の通りだ。

1　デジタル基盤の整備
2　デジタル人材の育成·確保
3　地方の課題を解決するためのデジタル実装
4　誰一人取り残されないための取り組み

—

近代以降、地方と都市の差を縮めるという思考が均質で無個性な地方をつくり続けてきた原因であった。それにも関わらず、またしても地方と都市の差を縮める構想であっては未来の姿は見えない。地方という枠組みの中だけで経済活性化を構想しても地方の未来の展開は見えない。地方と大都市のどちらもがデジタル・トランスフォーメーション(DX)によって、補完し合うような21世紀型の新しい関係を築くことが、私たちが示すデジタル田園都市である。

—

2015年から私たちは「瀬戸内海文明圏シンポジウム」と称して、瀬戸内海を囲む尾道、福岡、高松、神戸で4回のシンポジウムを開催した。20世紀型の大都市と地方という分離の構図、地方から大都会への一方的な人口移動、そしてこれからは大都市と地方の人々の相互移動やコミュニケーション、共助の関係が可能かなどをテーマに話し合った。

—

前提としてある社会課題は大都市への一極集中で、地方では高齢化や若年層の減少による衰退が進んでいることだ。それに加え、地方財政は中央政府に依存し、地方の経済的自立の方向性が見えず公共投資が地方の独自性さえも失ってゆくモダニゼーションの慣例化である。そうした矛盾を乗り越え、未来に向けた建築や都市の姿を展望するためである。

—

このシンポジウムを通じて、大都市と地方都市のどちらにも可能な未来として浮かび上がってきたのは、デジタル・トランスフォーメーション(DX)による距離を超えた大都市と地方の新しい都市的結合と交流が切り開らかれることである。

—

本書の編著者の2名もデジタル田園都市を目指して実践中だ。

伊東豊雄は愛媛県の離島・大三島で今治市伊東豊雄建築ミュージアムや伊東建築塾のみんなとの活動の中での若者の移住生活、島でのワイン造り、街並み再生活動、大三島の人々との交流を通じて——。

岡河貢は東京と瀬戸内地方の大学での建築設計や研究、建築教育と実践を通じて——。

それぞれの立場で「デジタル田園都市とは何か?」を問うことの未来への有効性を共有することになった。

—

本書は21世紀の都市の可能性について若い世代の建築や街づくりを志す人々だけでなく、あらゆる人々に「デジタル田園都市とは何か?」を問いかける。本書がみんなの未来のライフスタイルの可能性を切り拓くきっかけとなることを希望しています。

目次

カバー写真｜中村絵

エッセイ

コロナ禍と建築・ライフスタイルの未来

岡河貢

この本はコロナウイルスの感染が拡大する直前の2015から2018年にかけて行われた「瀬戸内海文明圏、これからの建築と新たな地域性創造・研究会」のシンポジウムの記録が基になっている。

—

この研究会は20世紀の機械文明の先にある21世紀文明がもたらす新しいライフスタイルの可能性を自然の豊かな瀬戸内を巡って探求しようとするものである。

2011年の東日本大震災では、福島第一原子力発電所が巨大地震による津波のため冷却不能となって壊滅(メルトダウン)するという想定外の災害があった。20世紀の最先端科学によるエネルギー生産技術である、原子力発電所の事故は、人類が初めて遭遇した自然災害による科学技術のカタストロフであった。

—

建築家・伊東豊雄は東日本大震災で被災した人々の避難先に「みんなの家」という避難した人々と避難生活のつながりをつくり出す建築を数々と実現した。これはみんなで一緒になって困難な被災を乗り越えるために建築家は何ができるかを提示した。ここで提示されたのは建築におけるデザインの問題ではなく、建築の根源的な問題としての「みんなで生きるための根源的な場所としての共有空間」であった。

—

このことは近代建築の思考として必要空間だけが個別の仮設住宅としてつくられても、そこでは人々が一緒になって復興を乗り越えることができないということを示し、近代の思考におけるみんなで生きる空間の欠落を補った。つまり、「みんなの家」は大災害のカタストロフに対して近代の建築思考の欠落がいかなるものかということについて明らかにしたのである。

—

その後、2016年の熊本地震でも「みんなの家」は被災した人々と応援する人々を結びつけ、復興に向かう力を生むこととなった。

また、東日本大震災において科学技術のカタストロフを起こした原子力発電所の立地は、地方と大都会の20世紀的関係の中での問題も露呈させた。大都市から離れて過疎化が進行している地方が経済的に生き残るために補助金の獲得と産業誘致という目的で進められたものだったからである。

—

シンポジウムは、瀬戸内海周辺という地域をひとつの21世紀の文明の思考モデルとして、これからの建築や地域づくり、ライフスタイルの可能性を探る基礎的なスタディの研究会とすることであった。シンポジウムの参加者は、主に大都会から遠く離れた場所を拠点として建築活動をしている“地方の”建築家や“地方の”大学で建築を学んでいる学生らであった。

20世紀を通じて大都市(メトロポリス)は地方からの移住者を大量に受入れて巨大になった。明治以降、日本は国家運営の近代化として軍事国家による帝国主義的植民地経営を行った。太平洋戦争の敗北で民主国家へと生まれ変わり、戦後は工業立国へと転換し、高度経済成長のなか、農村から大量の労働力が都市へ流入した。

日本の近代は地方の人材が大都市に移住し続けた時代であったと言えるかもしれない。明治以降、地方で生まれ、大都市に行き、大都市で仕事を得て生活するというライフスタイルが定着する。21世紀になると、生まれ故郷である地方の両親は高齢化し、少子化はさらに地方の人口減少に拍車をかけている。

—

地方創生とは名ばかりで産業は衰退し、現実には地方の未来はいまだに見えない。地方は未来が見えないまま21世紀を中央から回ってくる地方交付金で延命することしかないのだろうか——。

瀬戸内海地域をモデルとして、これからの日本の地方の未来を新しい文明のありようを考えてみたい。例えば、インターネットによる高速のコミュニケーションが、大都市と地方の相互浸透による新たなライフスタイルを確立させていくのか、その可能性をさがしてみよう。

—

モダニズム建築が20世紀を通して成し遂げようとしたことは、テクノロジーを駆使して人間の脳の中で生まれる人工的な世界をつくろうとした運動だと定義すると、これは閉ざされた人工世界の実現に向かう運動であったといえる。

—

それに対して伊東豊雄は本シンポジウムの基調講演の中で、20世紀のモダニズムが自然を征服しようとしたと語っている。そしてこれからの建築は自然に祝福されるものでなくてはいけないと述べている。この言葉は自然と建築のこれからの関係の中に建築が追求する新しい世界を示すように思われる。それがどのようにあるのかということを豊かな自然に恵まれた瀬戸内海地域で思考することも研究会の目的であった。

西欧の建築Architectureの語源がarchi=原理とtecture=技術が結びついたものであるとすれ

ば、技術を人間の原理と結合させれば自然を征服する閉じた建築ということになるだろう。しかし技術と自然の原理とを結合させれば、自然にたいして開かれたものが建築ということになる。

—

自然に祝福されるテクノロジーとの関係とは、自然を搾取して利潤をあげるためのテクノロジーの開発という資本主義の20世紀の目標が強いてきたテクノロジーと自然の関係を更新する思考である。

—

太陽による水の循環システムは自然から生命に対する持続的な祝福のシステムであることを思うと、瀬戸内海はそのことを最も感じさせる地域である。

—

自然に祝福される建築をめざす第一歩がここから始まるのは偶然ではないのかもしれない。
しかしここにも現実には高齢化と過疎化の波が打ち寄せている。

20世紀後半は、東京一極集中とよばれる首都圏への経済活動の集中と人口の集中をもたらした。すでに東京首都圏は3,300万人、つまり日本の人口の四分の一が集中する巨大都市圏をつくりあげている。

—

2020年、コロナウイルス感染症の拡大防止対策として、都市生活に対して移動制限が実施された。在宅勤務という新しい仕事の仕方を大都市の多くの人々が経験することになった。これはコロナ感染症の拡大を抑えるための人流の抑制の必要から生まれたものだが、結果的に遠隔ワークスタイルの実験となった。働き方の多様性と在宅勤務という新しいライフスタイルが21世紀の高速の遠隔情報通信システムによって可能であるということが実証できたのである。

—

理論的にはこれからはオフィスも就業者全員分の作業面積は必要でない。オフィスビルは直接面談ができる共有空間があればよく、従業員は在宅で仕事ができるスペースがあればよい。つまり事務所ビルと住宅を分離した20世紀の建築計画の論理は更新されなければならないのだ。働くことと住まうことを分けないライフスタイルは、新たな21世紀の建築学にとって新しい探求領域になったということである。

–

このことはこれからの巨大都市と地方の関係に新しい可能性を示すことになったと考えることができる。つまり大都市中心部の仕事場へ郊外の住宅から通いながら生活をするという20世紀の産業社会のライフスタイルにたいして、仕事場だけでなく自宅で仕事が可能である人々にとっては、仕事場と住まいが大都市とその郊外という関係だけではなく、理論的にはどこに住まいがあっても、どこに仕事場があっても仕事ができることを実験できた。

–

一局集中する20世紀都市におけるライフスタイルがいくつかのライフスタイルのひとつにしか過ぎないこととして相対化されたのである。

–

大都市もこれから変化すると同時に地方もこれから移住地方·都市人と呼べる都市と地方の2箇所を住まいと仕事の本拠地とする人々によって変わるだろう。

さらに21世紀のテクノロジーの発達としての交通機関も現在、衛星からのGPS(global positioning system)を利用した急速な自動運転化とドローンや空飛ぶ自動車の開発が急速に進んでいる。

–

空が個人のレベルでの交通機関となり、個人にたいして空から生活必需物資を個別に自動化したシステムによって提供することがもうすでに技術的には実現可能になっている。

–

つまり20世紀の交通インフラとしての鉄道や道路ではなく、空が交通インフラになる。近い将来どこにでも人は空を飛んで移動できるし、物資もどこにでもいくらでも供給できる。

–

20世紀的な大都市とそこでのライフスタイルという概念はすでに理論的には現在のテクノロジーによって21世紀の見えない過疎の都市、つまり見えない雲のような都市(デジタル田園都市)、という都市概念の更新を迫っているのである。

–

大都市も地方も一緒になって、これからの地域とその気候風土、自然に根ざした建築やライフスタイルをどのように目指して行くのか——。本書がそのきっかけのひとつになれば幸いである。

–

これから大都市でも地方でも、みんなが新しいライフスタイルを見つけることができるユートピアが可能になるかもしれない。

瀬戸内海は海と多島の織りなす世界で最も穏やかで美しい自然の風景である。

この海は明日香、天平の昔から極東の島国である日本への世界の情報がもたらされた航路である。

21世紀の現在、この空はデジタル情報がグローバルに飛び交う情報の空でもある。


[012-031頁｜写真とイラストの解説文：岡河貢　012-013頁写真｜中村絵]

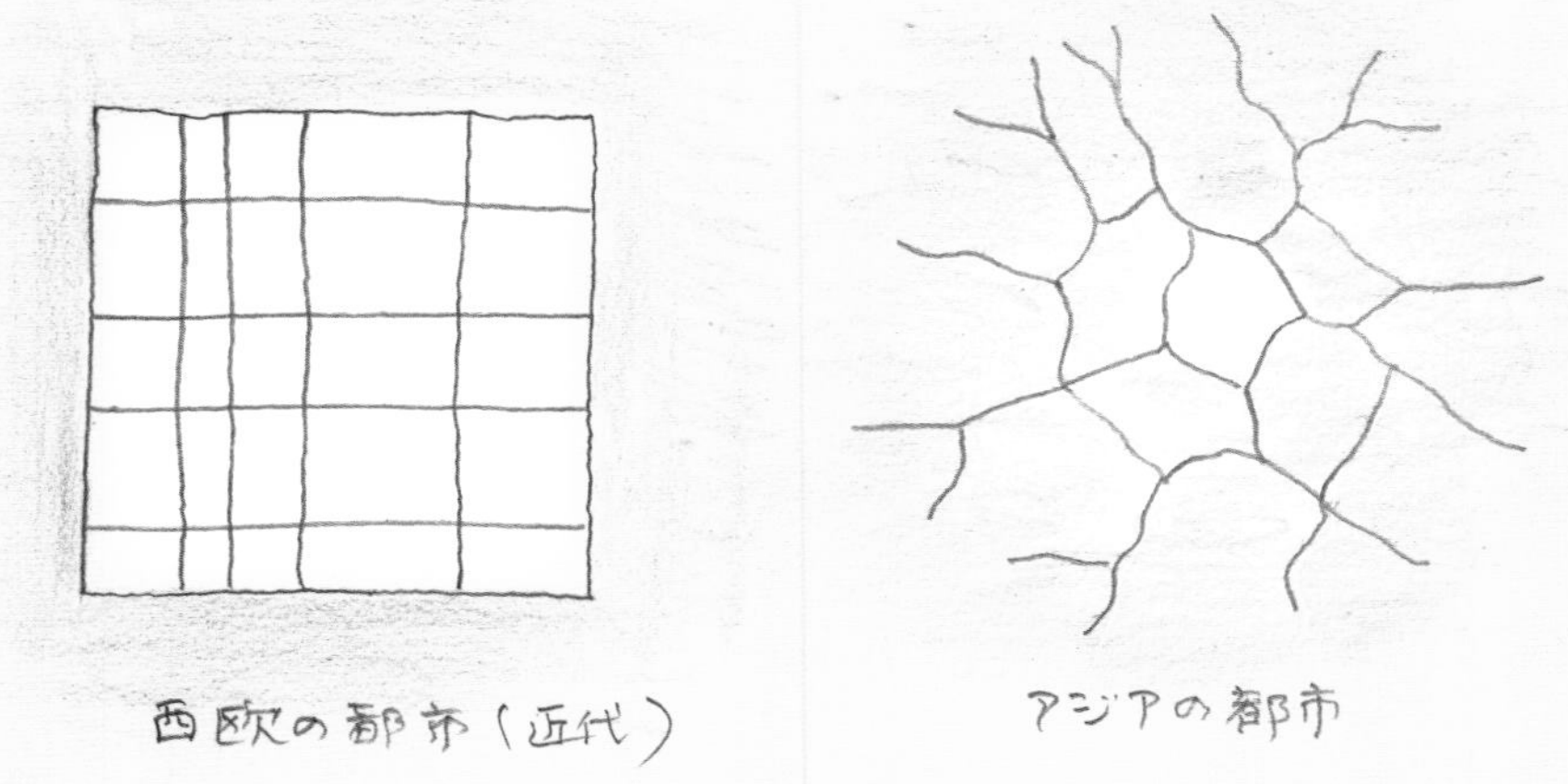
西欧の都市（近代）
アジアの都市

1

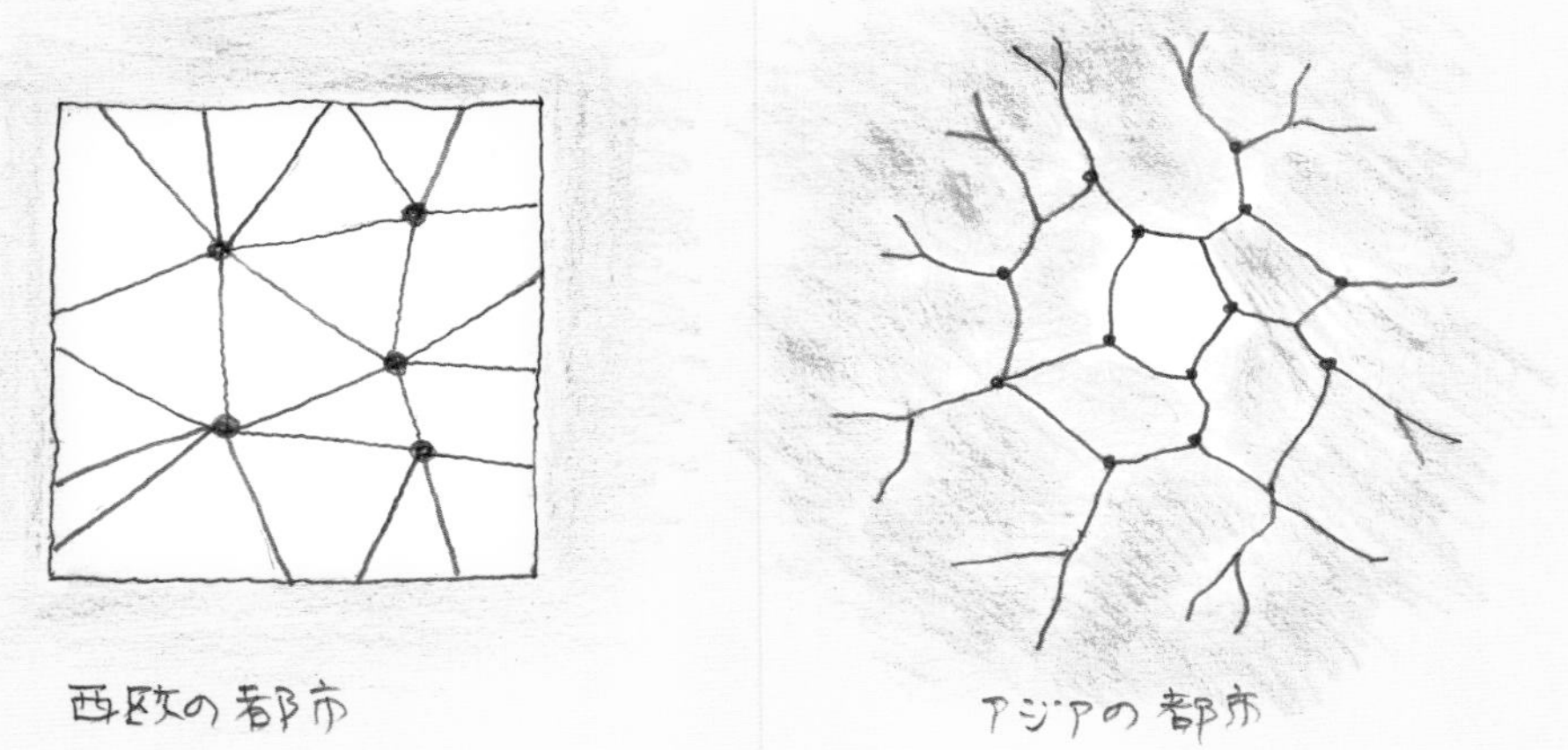
西欧の都市
アジアの都市

2

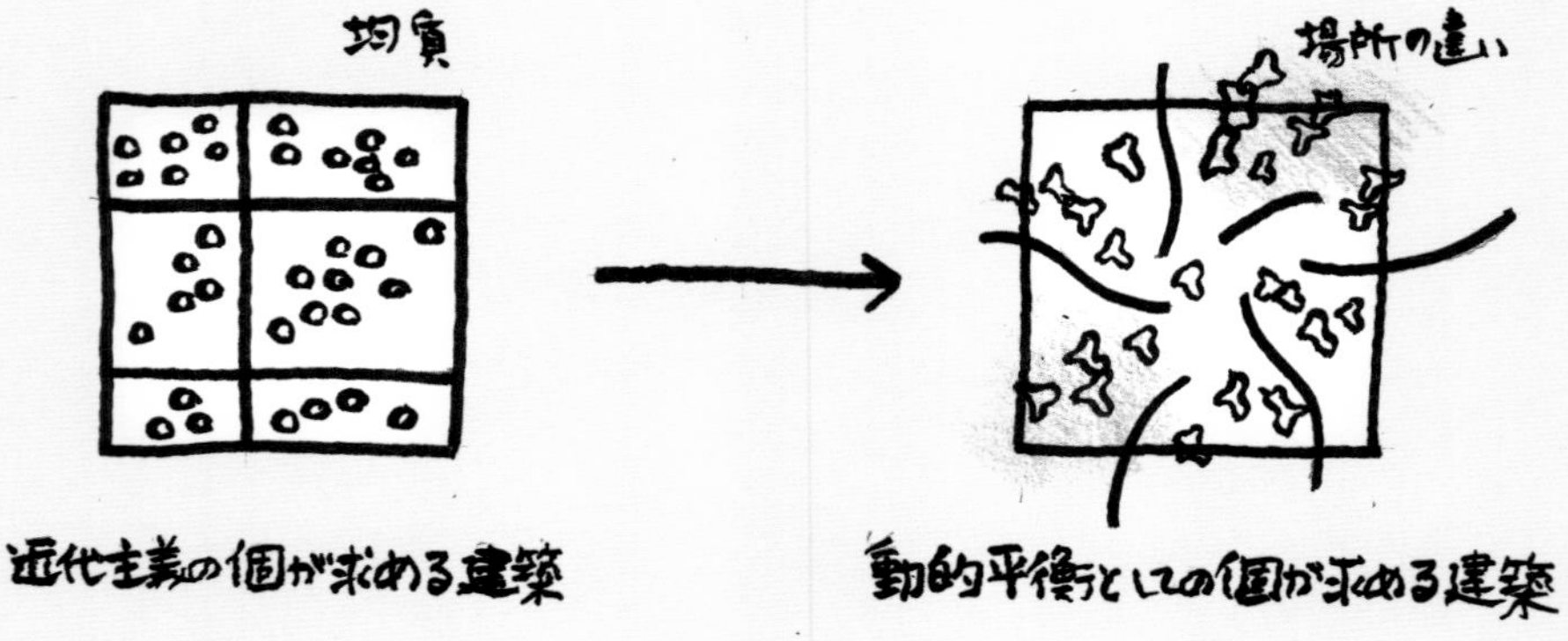
均質
場所の違い
近代主義の個が求める建築
動的平衡としての個が求める建築

3

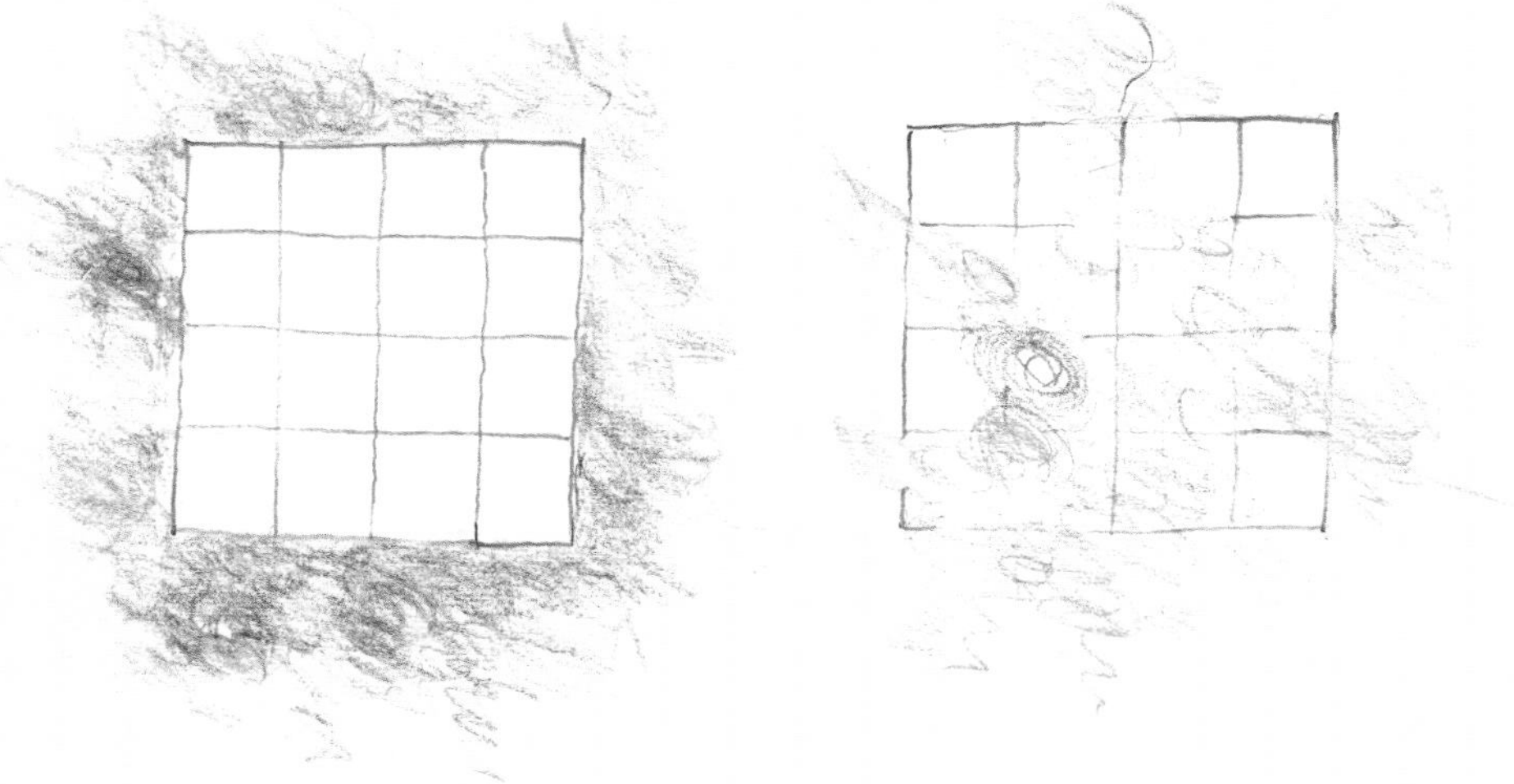

4

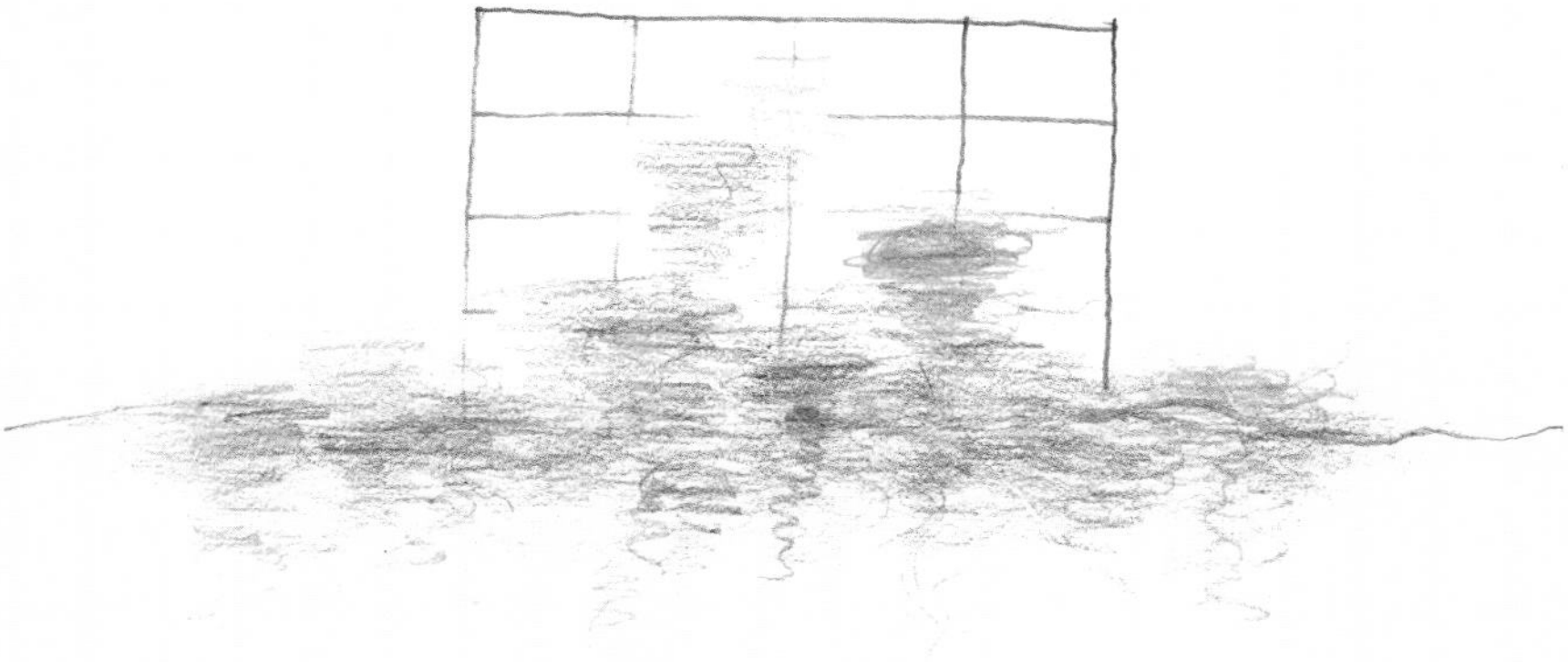

5

6

014-029頁｜伊東豊雄氏によるスケッチ

西欧の都市は自然を排除し、自律した均質な都市に向かう　1

アジアの都市は自然と人工の編み物をつくる　2

近代主義の空間は計量化された人々を孤立させ、均質な迷路に閉じ込められる　3

アジアの空間は人工の秩序の中に自然の力や流れを導き受け入れる　4-6

7

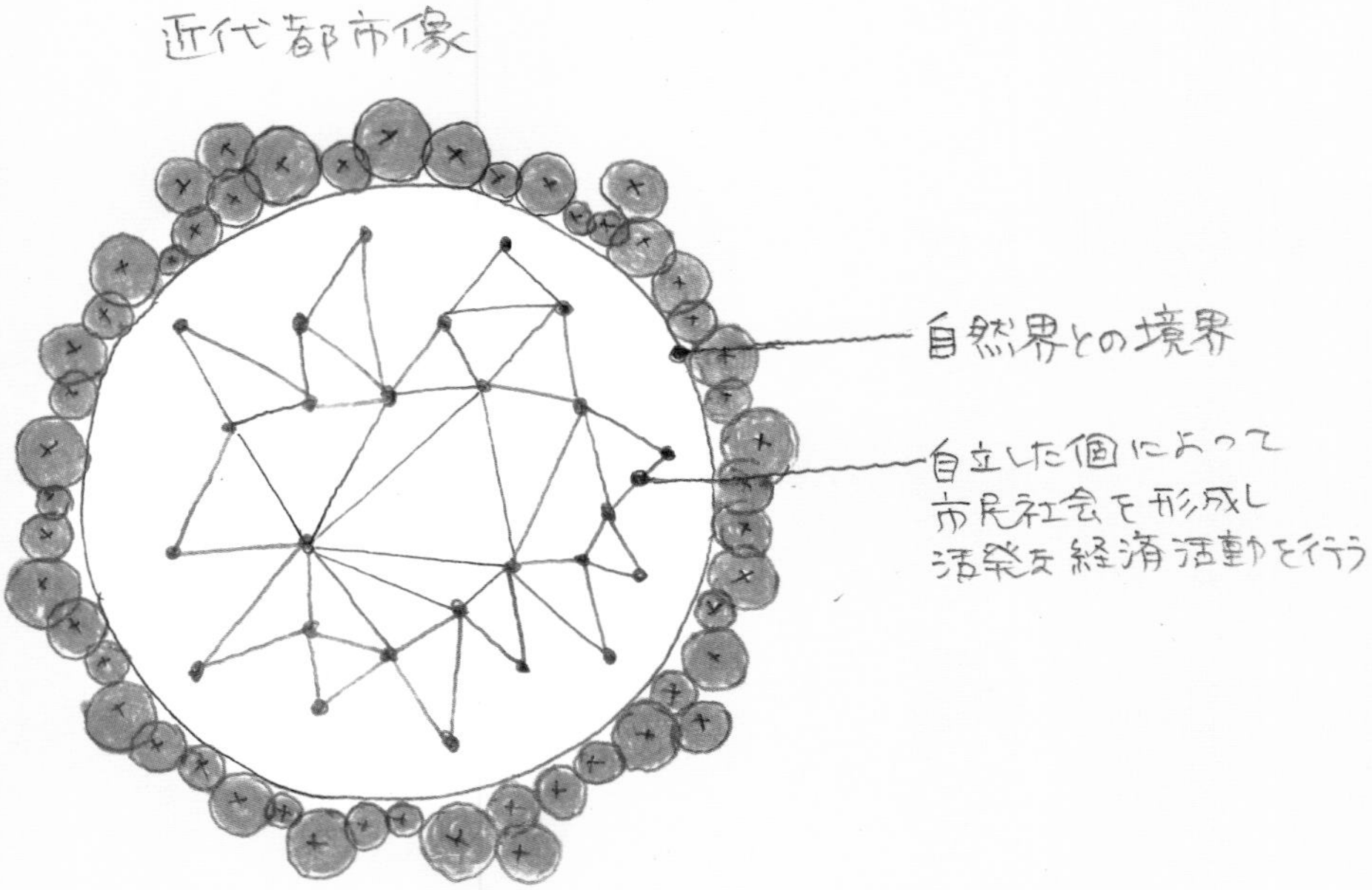
近代都市像
自然界との境界
自立した個によって
市民社会を形成し
活発な経済活動を行う

8

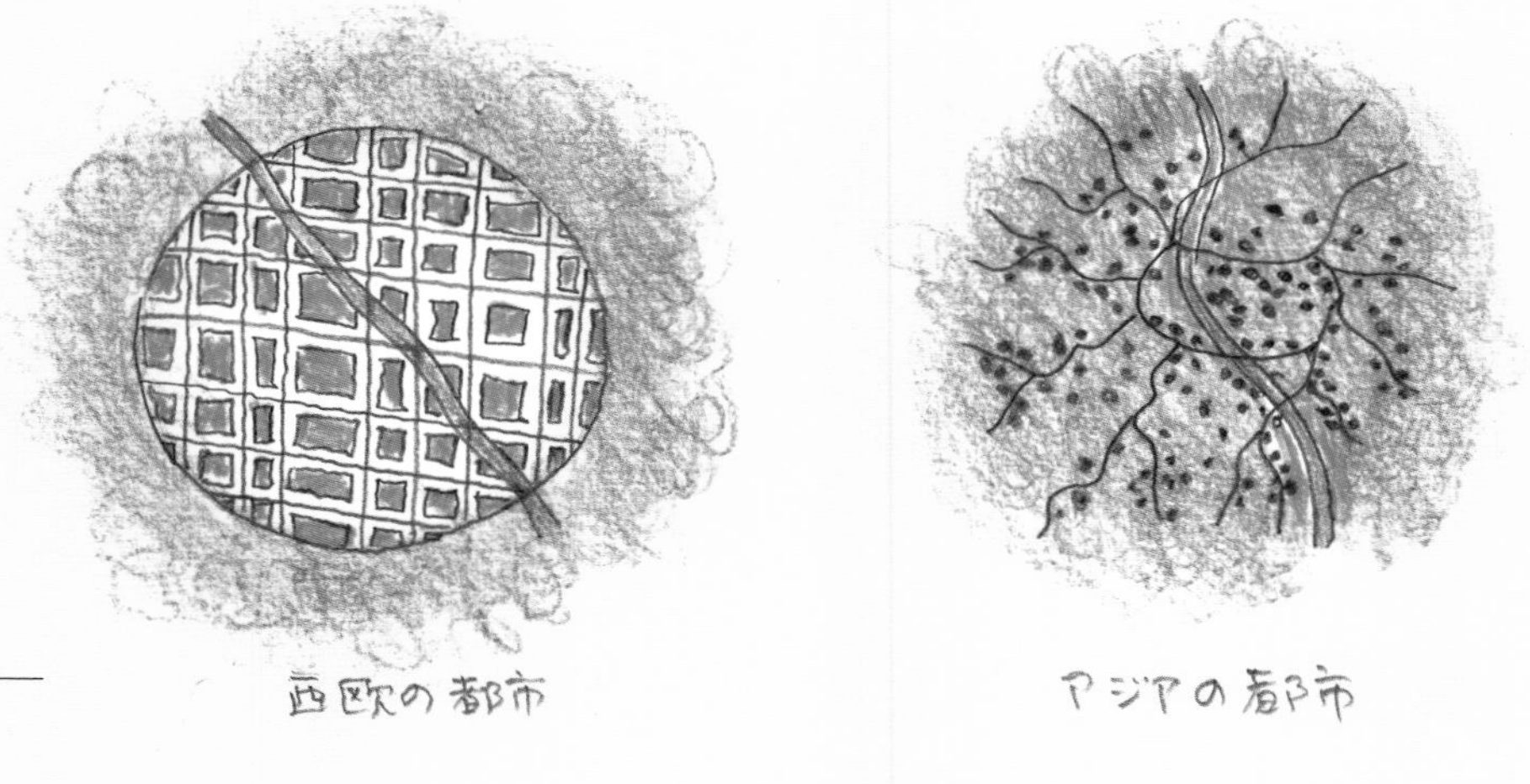
西欧の都市
アジアの都市

デジタル田園都市では、
テクノロジーが自然を支配することでつくられる
西欧の建築の根本概念に変更を迫り、
アジア的なテクノロジーと自然の関係は、
自然に祝福される建築を生むだろう。

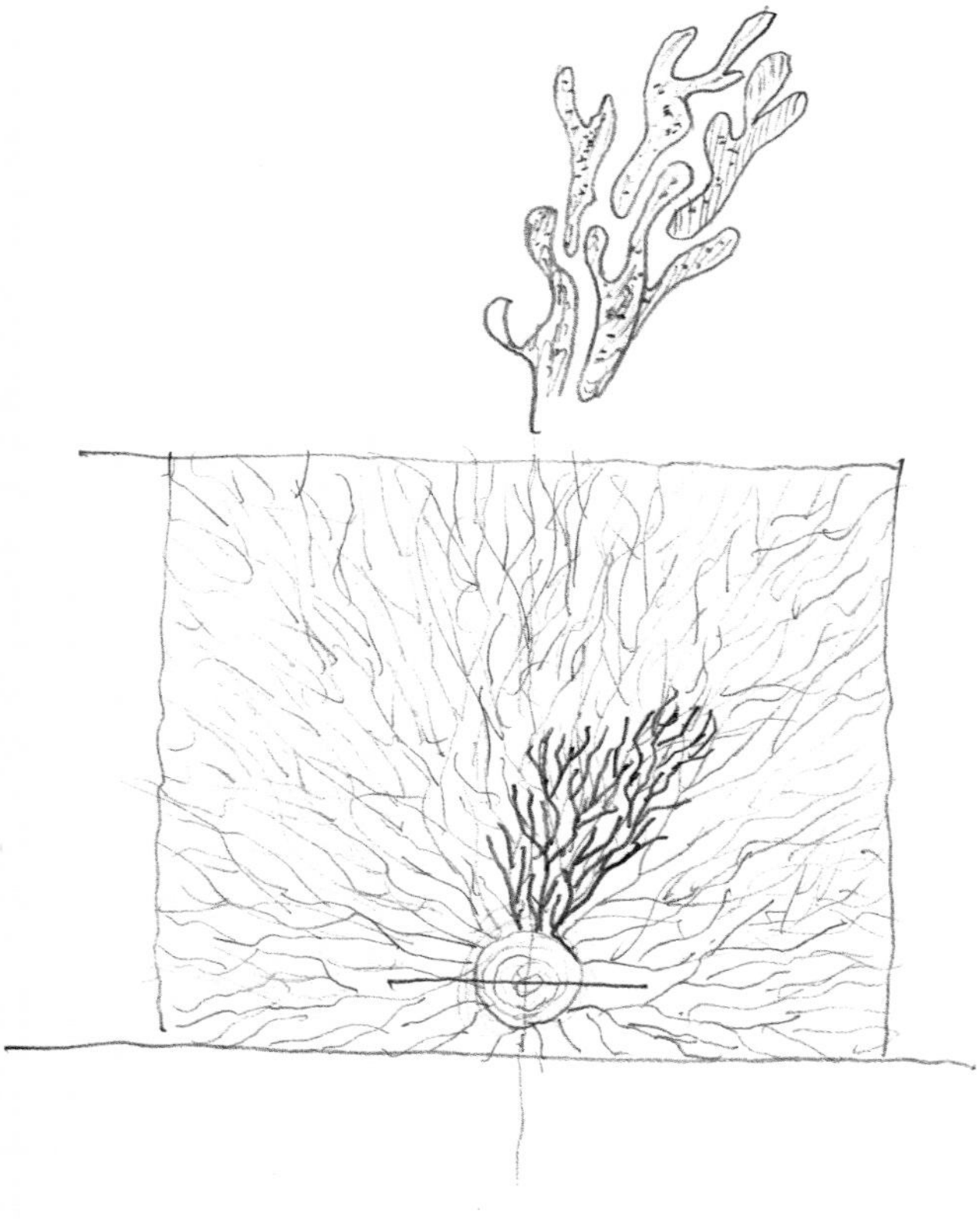

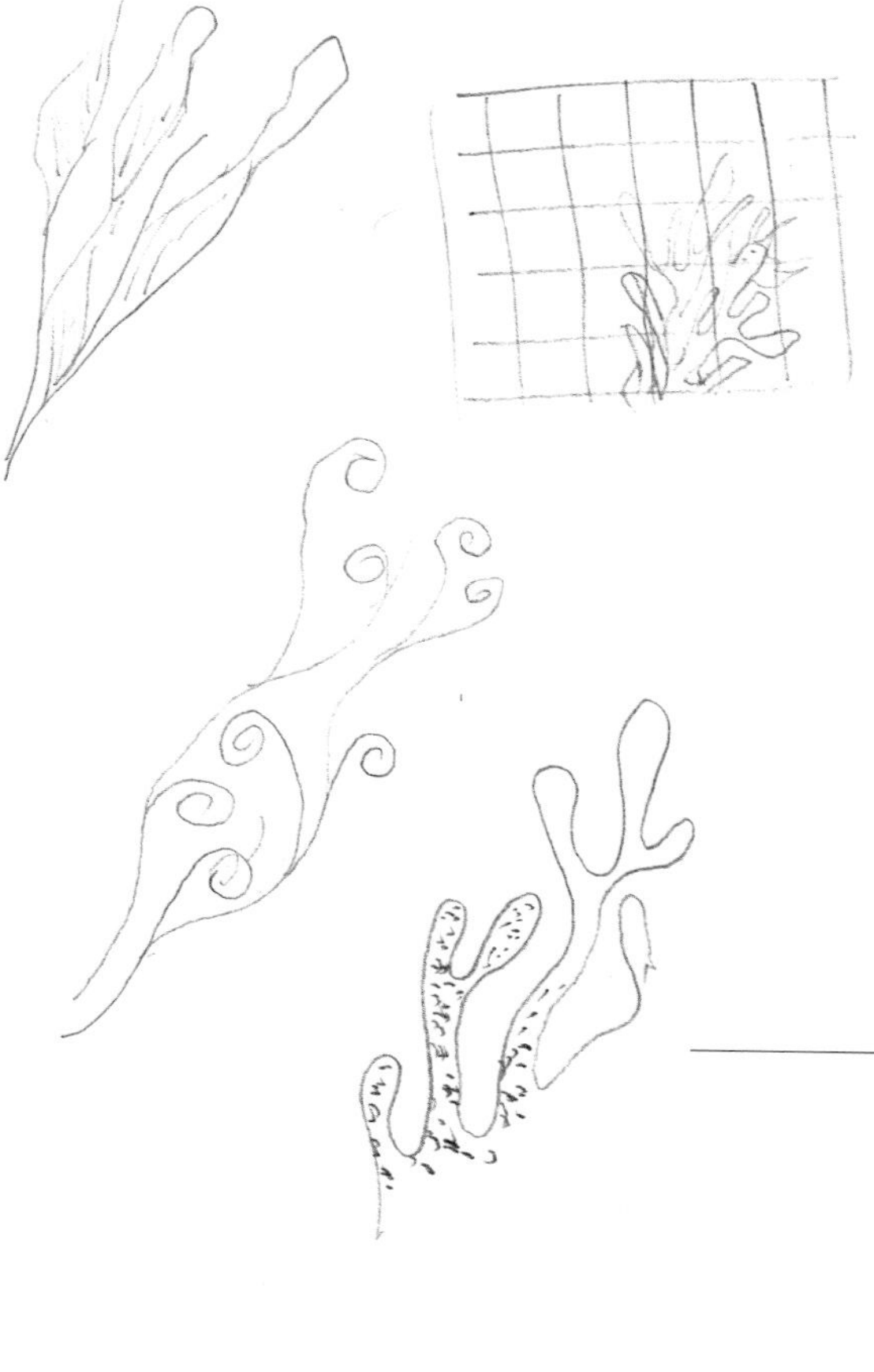

9

近代の都市は自然との間に境界をつくり、その内部を人工世界の法則としての経済の原理と人工的な欲望の消費の場として自律世界をつくる。すべては消費され廃棄物になる 7
西欧の都市は人工的な秩序を自然に強制する。アジアの都市は自然と人びとが対話しながらつくられる 8
アジアの建築は人びとと場がつくる動的平衡が流動しながら空間をつくる 9

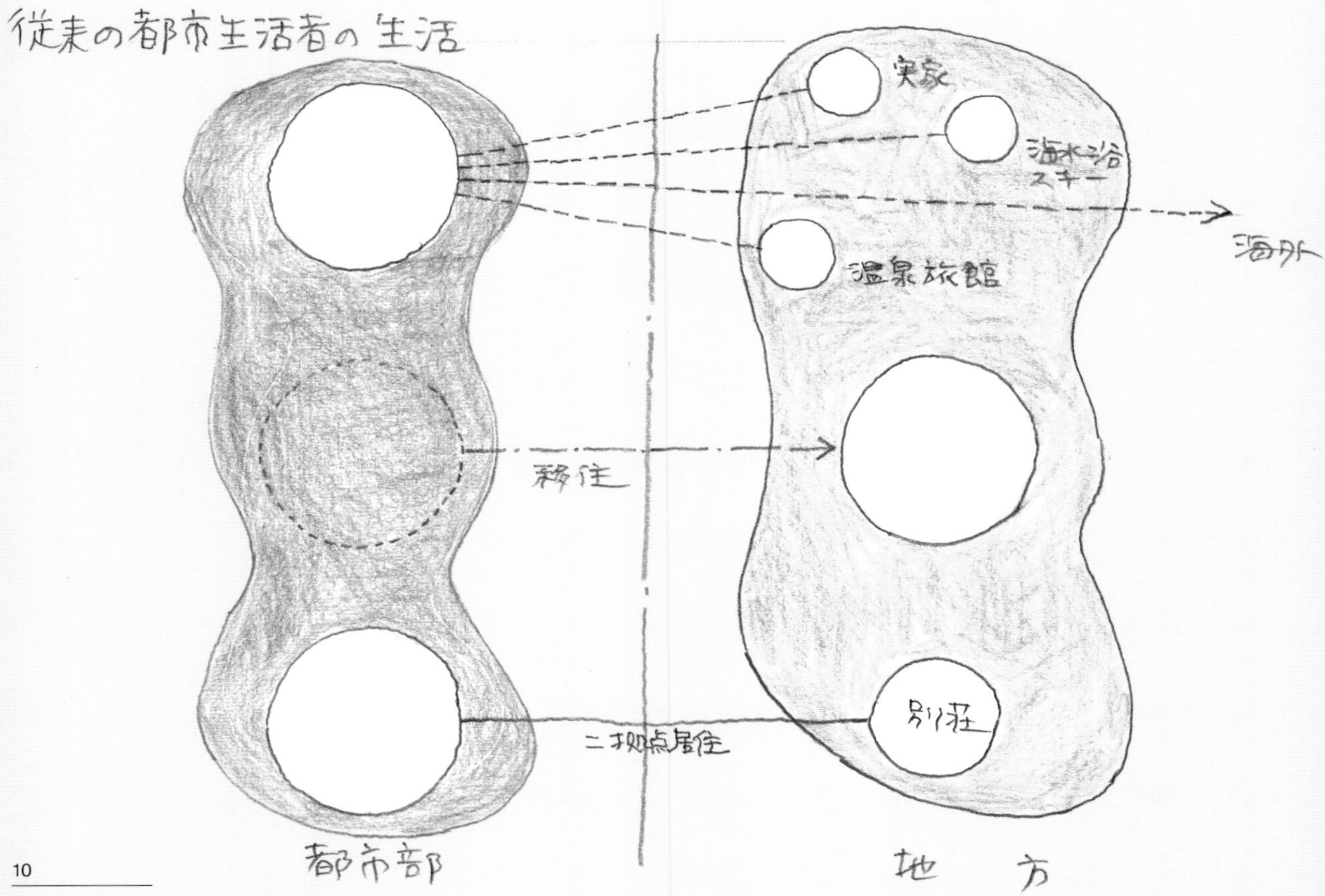

10

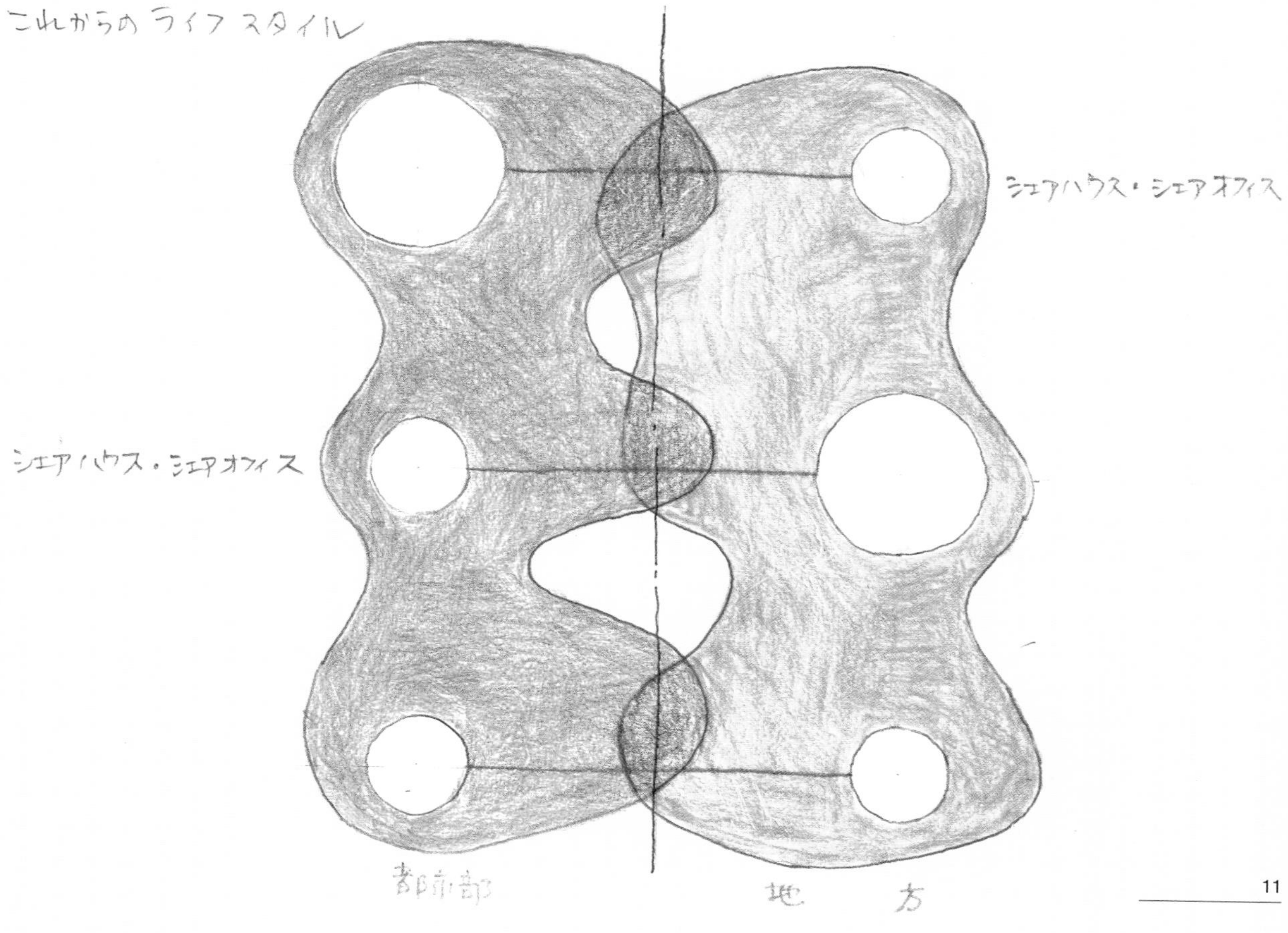

11

従来の都市と地方の生活は分離していた　10

デジタル田園都市は、都市と地方が重なったライフスタイルを実現する　11

12

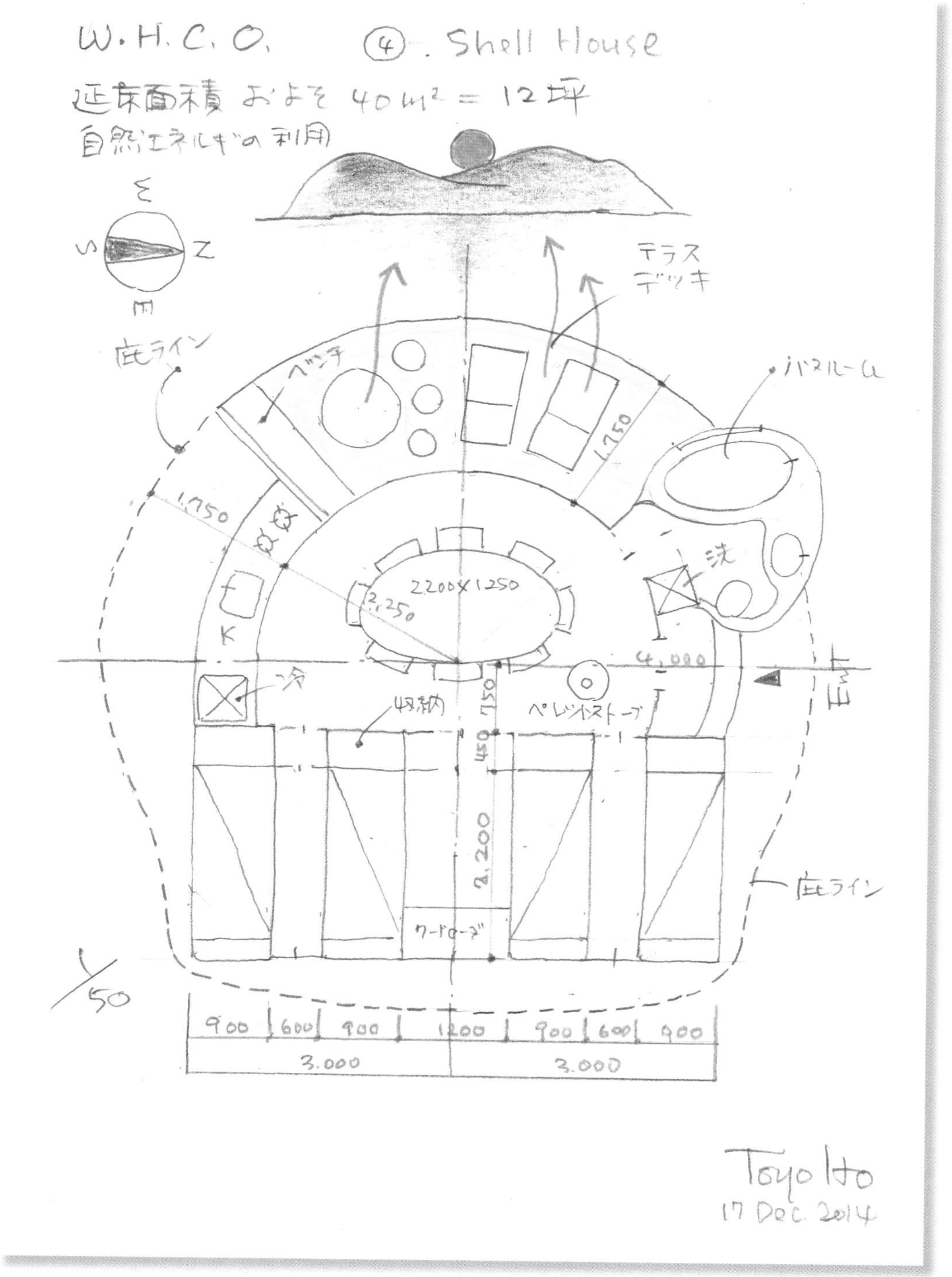

13

大三島でのプロジェクトを描いた伊東豊雄氏のスケッチ 12−18
［今治市伊東豊雄建築ミュージアム開館十周年記念 もうひとつのユートピア 展より］

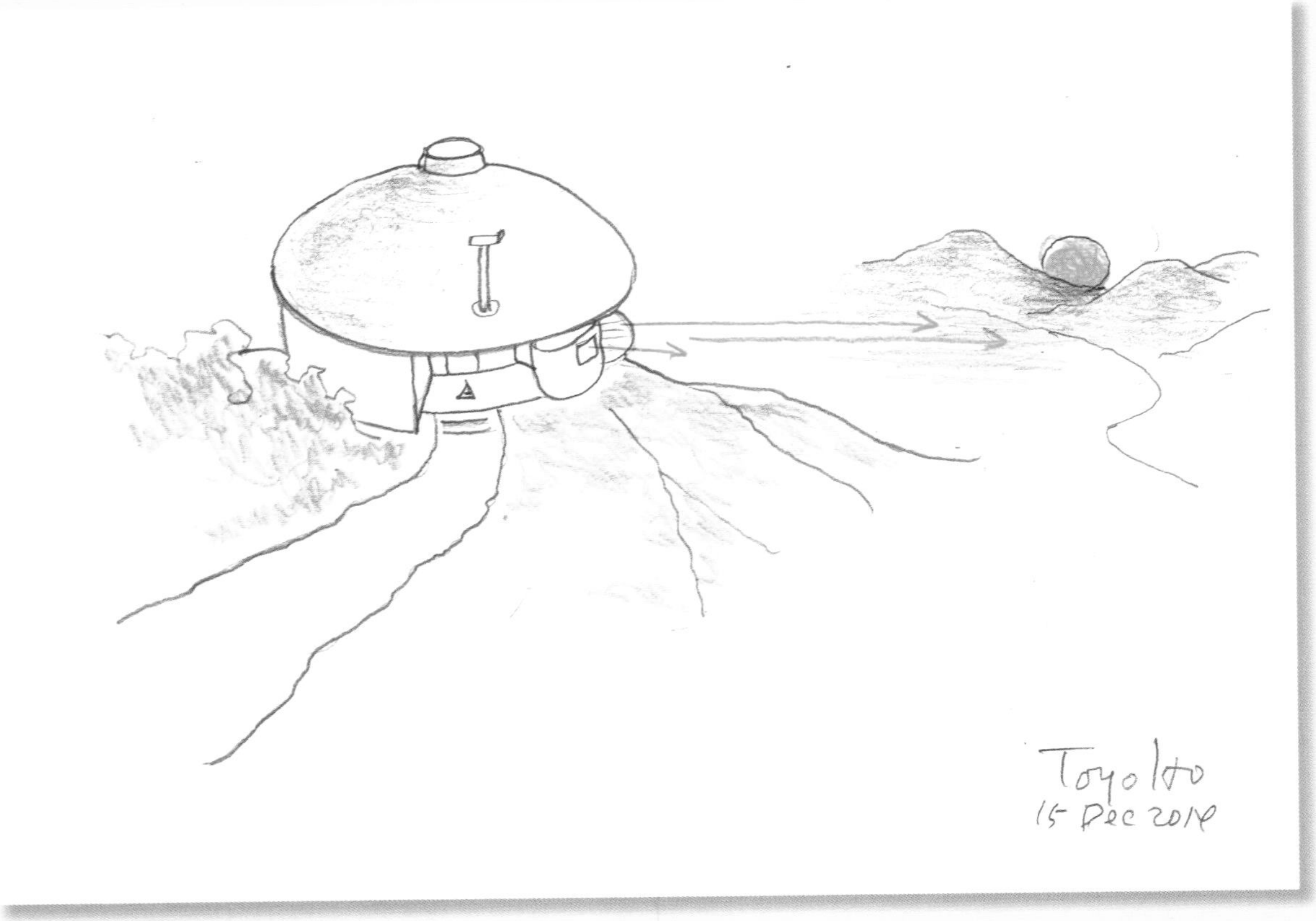
Toyo Ito
15 Dec 2014

14

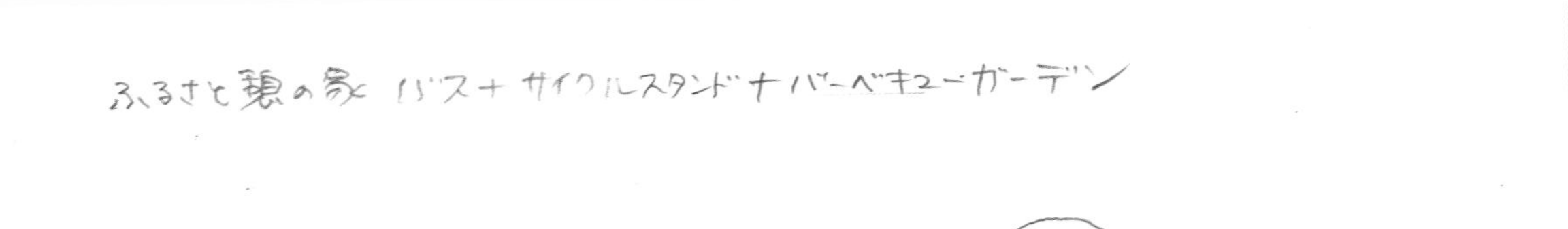
ふるさと憩の家とバス+サイクルスタンド+バーベキューガーデン
Toyo Ito
30 Dec 2014

15

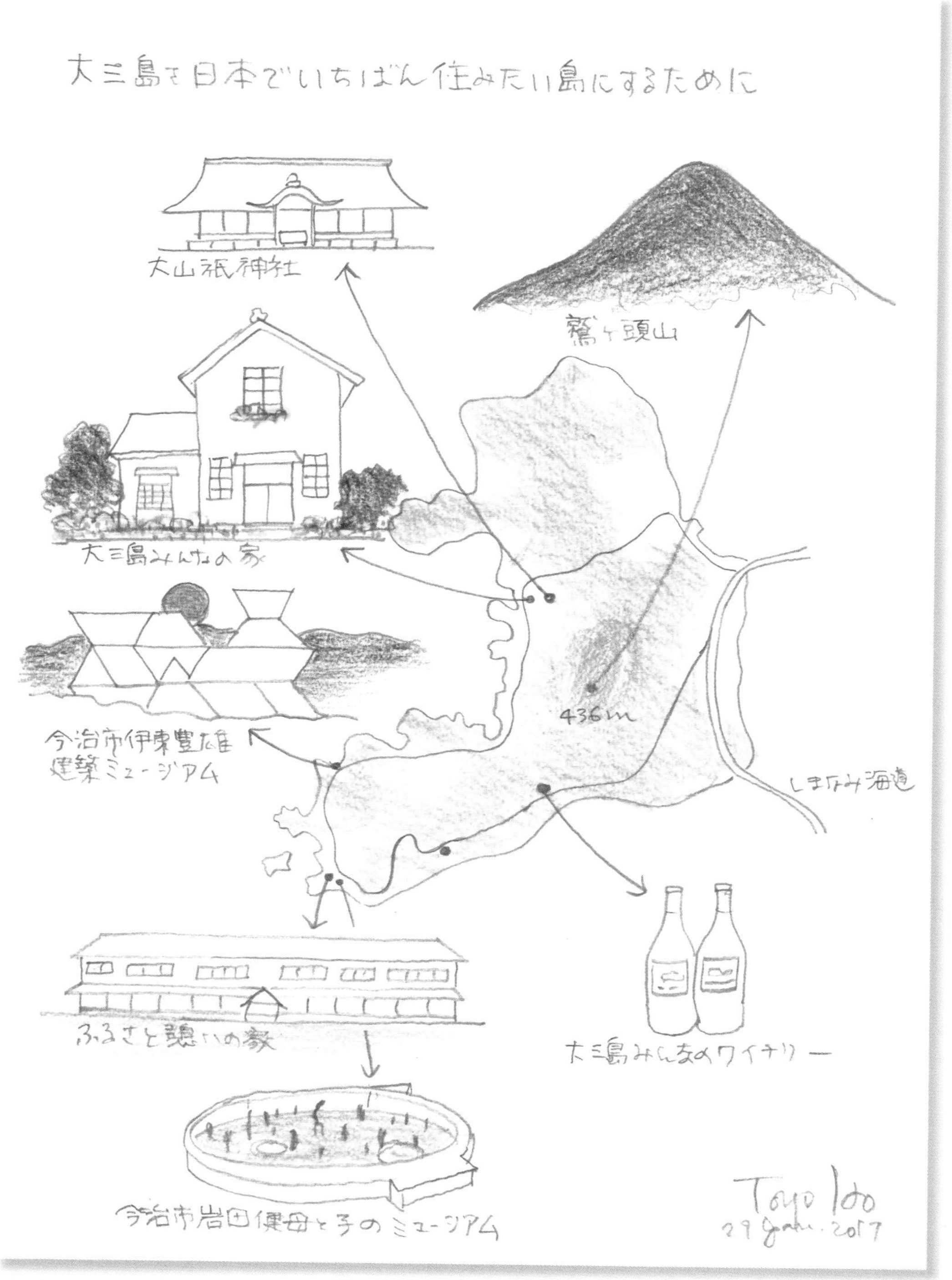
大三島を日本でいちばん住みたい島にするために
大山祇神社
鷲ヶ頭山
大三島みんなの家
今治市伊東豊雄建築ミュージアム
436m
しまなみ海道
ふるさと憩いの家
大三島みんなのワイナリー
今治市岩田健母と子のミュージアム
Toyo Ito
29 Jan. 2017

17

Toyo Ito

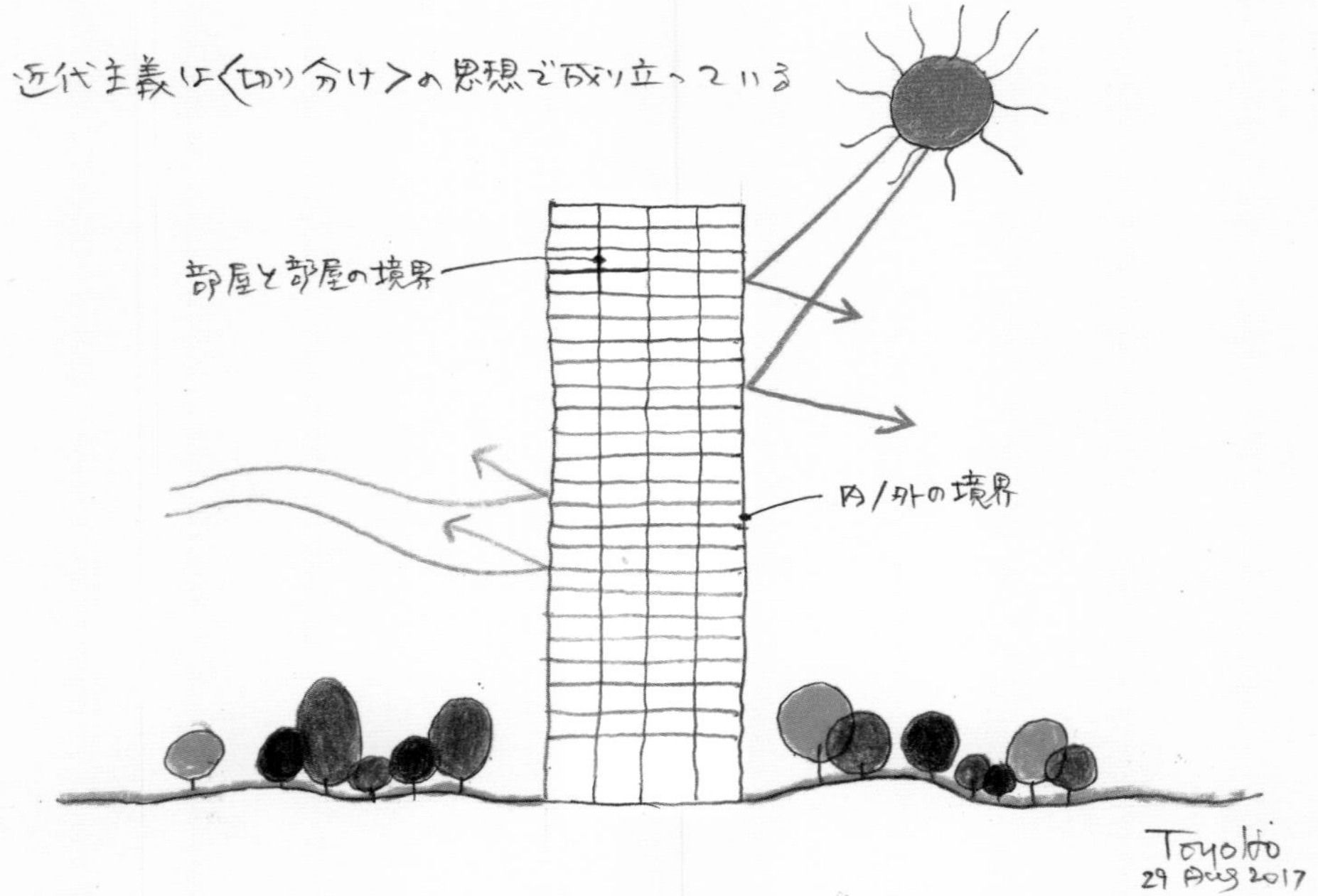
近代主義は〈切り分け〉の思想で成り立っている
部屋と部屋の境界
内/外の境界
Toyo Ito
29 Aug 2017

19

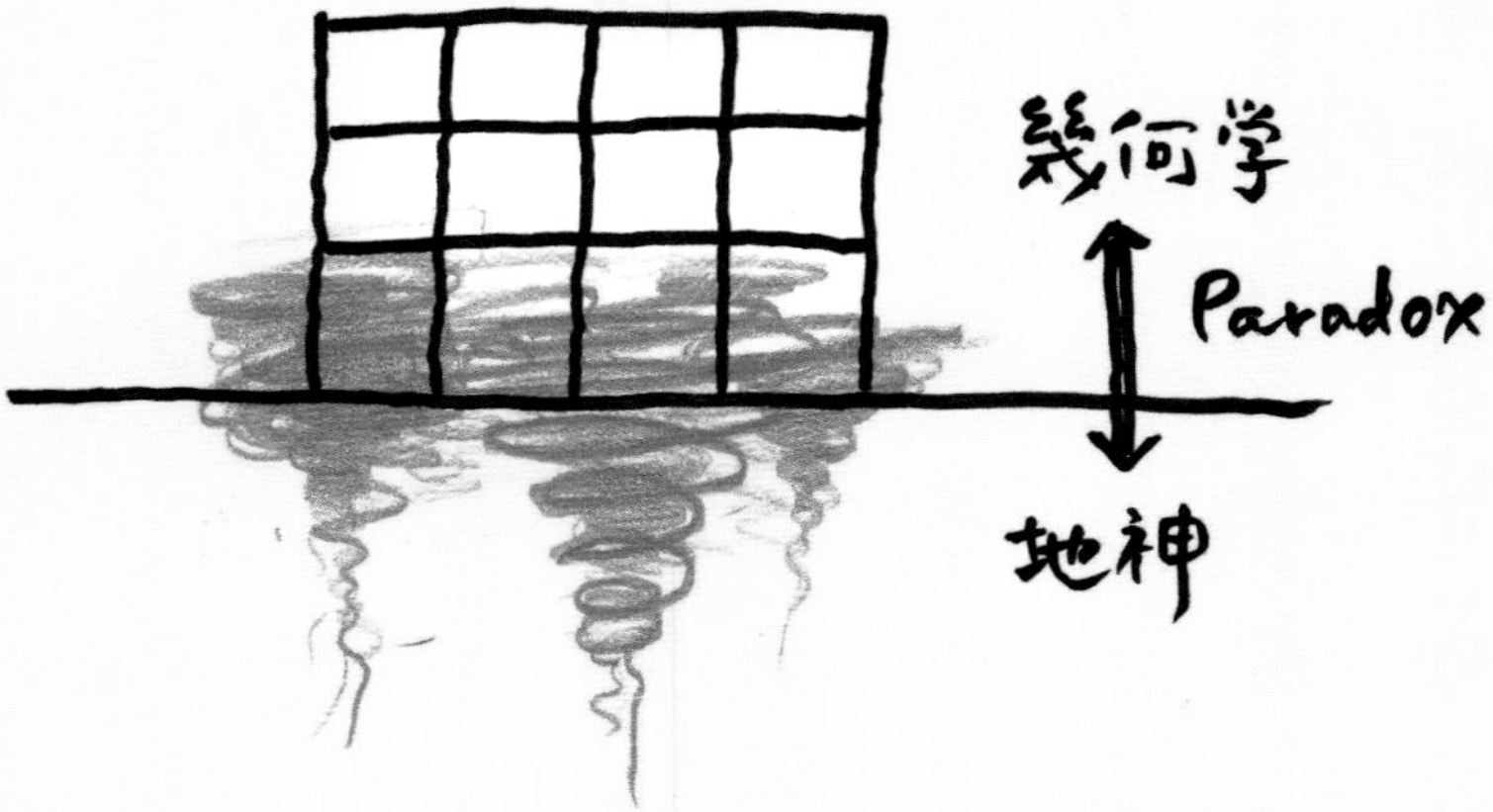
幾何学
Paradox
地神

20

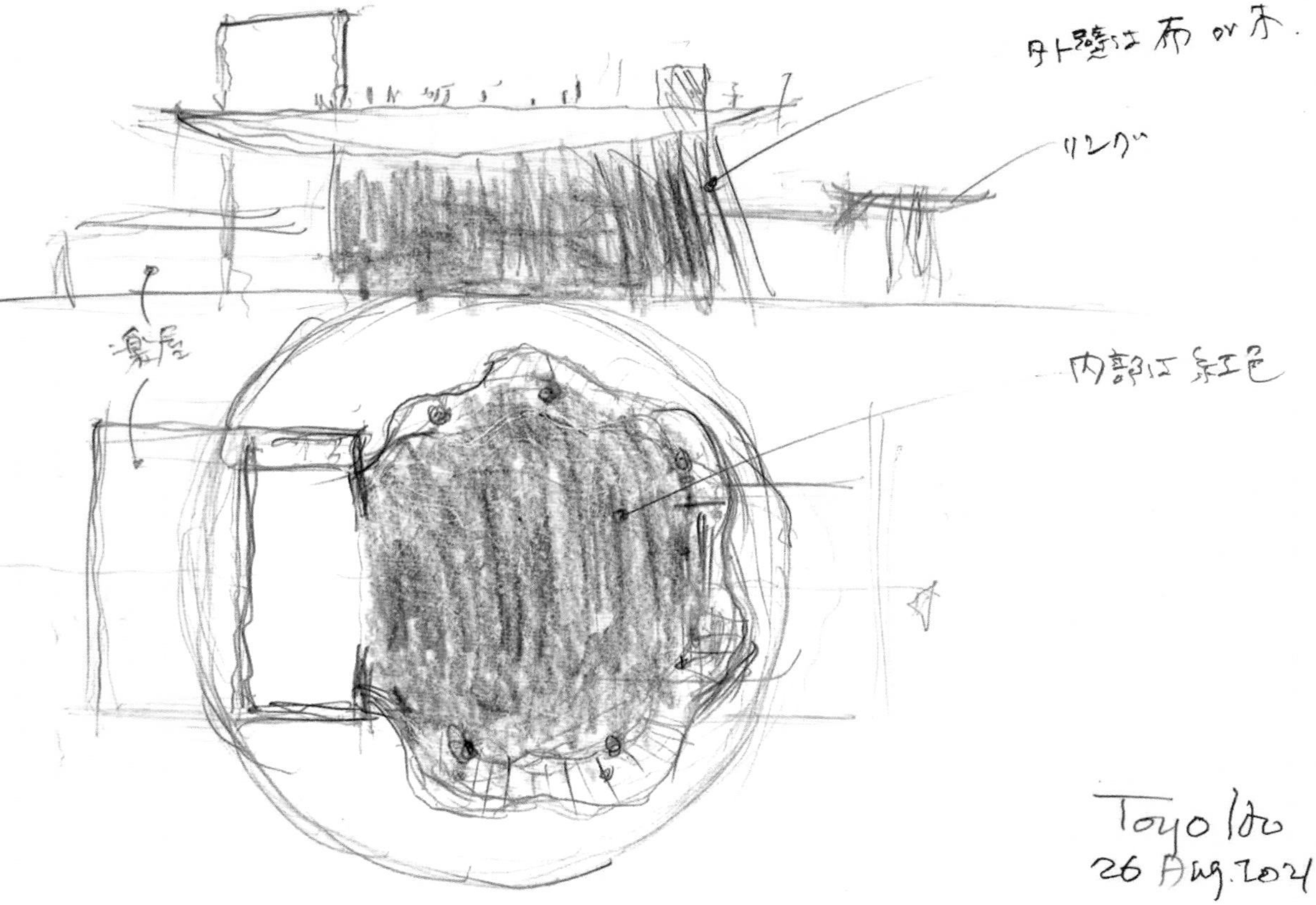
外壁は布 or 木.
リング
内部は紅色
楽屋
Toyo Ito
26 Aug. 2024

21

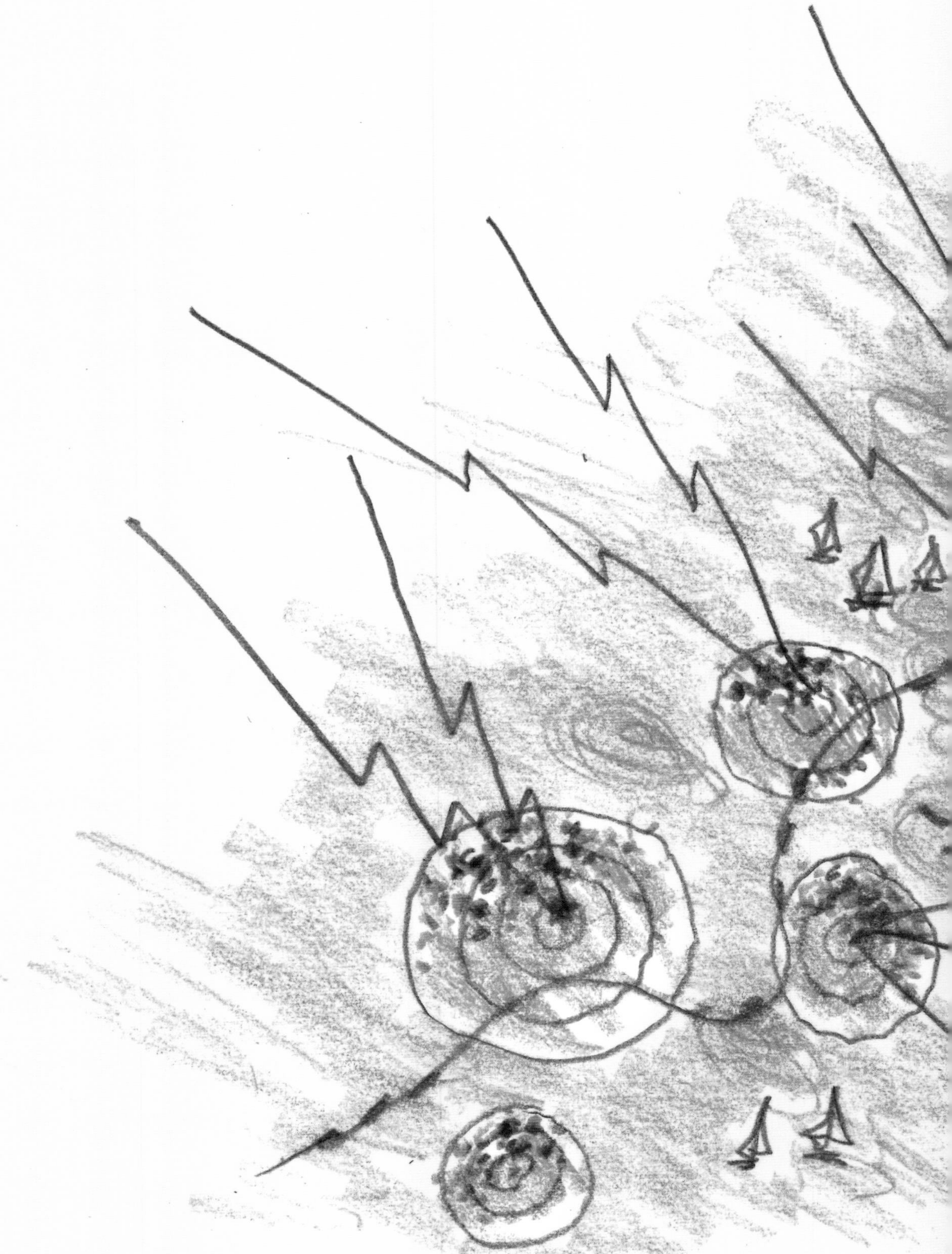

デジタル田園都市の未来像を示すしまなみ海道のスケッチ
1999年に開通したしまなみ海道を結ぶ島々は、 22
デジタル田園都市の思考モデルとして新たなライフスタイルの実験場として位置付けられる。
橋が本州と四国を結び、瀬戸内海に線状に浮かぶ島々は交通インフラによって結ばれ、
新幹線や空港へのアクセスが容易になった。
この中心に大三島があり、橋の両端に尾道と今治がある。
ドローンや空飛ぶ車が物資の供給や人びとの移動手段として普及するために、
瀬戸内の上空域は最も安全で有効な交通インフラとなるだろう。
このデジタル田園都市では、自然の中でブドウを育てレモンを栽培しながら
同時に世界中のメトロポリスでも仕事をするデジタル田園都市のライフスタイルが用意されている。
［014-029頁図：伊東豊雄建築設計事務所］

瀬戸内海、その自然に祝福される建築

［030-031頁写真｜宮畑周平］

エッセイ

「瀬戸内海文明圏、これからの建築と新たな地域性創造・研究会」とは何か?

岡河貢

今、日本全体の大きな問題は、人口が減少して、高齢化が進むと同時に、東京一極集中に向かっていることである。しかし、21世紀には「中央」と「地方」という捉え方でなく、すべて「地域」という考え方で、建築のこれからのあり様を考えるのが有効なことではないかと思っている。20世紀の資本主義が推進する機械と消費の文明と現代を相対化する先に、これからの社会、ライフスタイル、人間の生き方を展望する可能性があるのではないかと考えた時に、ひとつの地域として瀬戸内海でそのことを考えてみようと思った。人間がどこで、どのように生きるかを考えながら未来の希望をみつけようと思うのだ。

この、「瀬戸内海文明圏、これからの建築と新たな地域性創造・研究会」は、瀬戸内海圏として兵庫、近畿の一部も含めて、ひとつの文明圏としてこれからの建築を考えていこうという試みである。

建築に関わるすべてのことが、ここにあるように思える。神戸や広島、福岡というような地方中核都市と呼ばれている100万都市もある。山陰や四国のように、自然や魅力のある文化、そういう場所もある。瀬戸内海の沿岸は、世界でもまれにみる、内海として豊かな気候や自然の恵みがある。

–

また、ここには近代の1920年代の後半から、60年代くらいまでのモダニズム建築をはじめ現代に至る優れた建築が、世界的に見ても類例がないほど高密度に分布している。

–

これからの建築やライフスタイルのヒントになることを、瀬戸内海地域で活動する皆さんと一緒に考えて行きたいと考えた。研究会のシンポジウムは、第1回を広島の尾道市公会堂、第2回を福岡の九州大学、第3回を高松の香川県立ミュージアム、第4回を兵庫の神戸大学出光佐三記念六甲台講堂で開催した。

なぜ瀬戸内海文明圏かというと、この地域は日本の地中海といわれ、欧州の地中海と似た状況があるからだ。ヨーロッパとアフリカに囲まれた地中海の周りにはエジプト、ギリシャなどの優れた文明が交差し、文化が生まれた。そこでは地中海を囲んで人類が交流して、それにより文明が発展してきたと思われる。瀬戸内海もかつては北前船が航行するなど文化が交差する場であった。しまなみ街道や瀬戸大橋、明石大橋でこのエリアを回遊する動線も整った。地中海と同じように21世紀の文明の新たな故郷になるかもしれないと期待を抱いている。

日本鳥瞰中国四国大図絵(吉田初三郎式鳥瞰図)　図

中国四国を中心に東は京都・奈良まで、西は長崎・大分までが描かれ、遠くに朝鮮半島が見える。

提供:国際日本文化研究センター

スクラップ・アンド・ビルドか 建物ストックの再創造か

基調講演―**伊東豊雄**｜伊東豊雄建築設計事務所

講演―**松隈洋**｜京都工芸繊維大学教授

講演―**末廣香織**｜九州大学大学院人間環境学研究院准教授

司会―**岡河貢**｜広島大学工学研究院准教授

@尾道［尾道市公会堂］｜2015.10.28

松隈洋	Hiroshi Matsukuma
1957年	兵庫県生まれ
1980年	京都大学工学部建築学科卒業後、前川國男建築設計事務所に入所
2000年	京都工芸繊維大学助教授
2008年–	同大学教授

末廣香織	Kaoru Suehiro
1961年	大分県生まれ
1984年	九州大学工学部建築学科卒業
1986年	九州大学大学院工学研究科建築学専攻修士課程修了
1986–90年	SKM設計計画事務所
1990年	EAT設立
1994年	ベルラーヘ・インスティテュート建築学大学院修士課程修了、 在学中ヘルマン・ヘルツベルハー建築設計事務所に勤務
1998年–	NKSアーキテクツ共同主宰、2020年にNKS2アーキテクツに改称
2005年–	九州大学大学院人間環境学研究院准教授

尾道

第一回

Chapter 1

Onomichi, Hiroshima

第一回 尾道

スクラップ・アンド・ビルドか建物ストックの再創造か

岡河貢

東京は現在未曾有の再開発が現在進行形で進んでいる。渋谷駅周辺、飯倉、高輪ゲートウェイ周辺、東京駅八重洲口などで、超高層ビル街がつくられる。

モダニズムを常に新しい技術に基づく新しい建築をつくることと定義すると、モダニズムは建設し続ける文化ということになる。資本の論理は巨大な床面積を現在の床面積に加算することと連動する。大都市の再開発とはビルの巨大化システムの上に成り立つ。ジェネリックなモダニズム(一般化したモダニズム)の進化はまるで恐竜の進化のような建物の巨大化として大都市に出現する。恐竜のような巨大なビルの下で小さな人間は生き延びる場所をどのように見つけてゆくことができるのだろうか？ これからの大都市の課題である。

地方都市も広域合併という行政手法によって行政単位が合理化される。その過程で地方都市では戦後の民主社会への理想としてつくられた公共建築が耐用年数や耐震性という理由で建て替えが推し進められる。

一般化したモダニズム(ジェネリックモダン)の波は地方都市の理想の記憶としての戦後民主主義の理想の記憶である公共建築に破壊の波として打ち寄せる。

建築の思い出と建築家の市民社会の理想への夢を消滅させた後、一般化したモダニズム(ジェネリックモダン)の庁舎が古い町に舞い降りる。市民社会の希望に満ちていた思い出の未来は消滅し記憶の摘出手術後、認知症はさらに進行しどこへむかうのか自分でもわからない。記憶をむりやり失わされた地方都市は記憶喪失の痴呆都市、つまり私がだれであるかわからなくなってしまうことしかないのだろうか。

レムコールハースは著書『S,M,L,XL』で、建物の保存再生とモダニズムの問題をクロノカオス(時間のカオス)と呼んでいる。

「歴史保存はその規範も重要性も年ごとに増しているが、この一見縁遠い領域について何の理論も関心もないというのは危険なことだ。ラスキンやヴィオレ・ル・デュクのような思想家の後に現れた近代主義者たちの傲慢さゆえに、保存主義者が取るに足らない、無意味な存在に見えるようになった。ポストモダニズムも過去について調子のいいことを並べてはいるが、実際は近代主義者と五十歩百歩だ。ラディカルな停滞をどううまく共存させていくか、そこにこそわれわれの未来があるのだが、現在のところ策はほぼ皆無だ。」と指摘している。

さらに「時の流れは止められないが、歴史保存がもたらすインパクトをどう管理していくか、どうすれば(保存したもの)を生きた状態に保ち、進化もさせられるか、といった戦略的思考はまったく存在しない。」と述べる。

そして「特殊なものだけが保存に値すると判断し、そこだけに力を入れつづける歴史保存は、それ自体の歪みをつくり出しもする。特殊であることがふつうになる。

平凡なもの、一般的なものを保存しようという考えは存在しない。」と彼が述べる時、新しい開発は現在日常として生きられている地方都市の普通の古い建物の未来の記憶装置としての再生の必要性と可能性を示唆する。地方都市では普通の古い建物の未来が未来の地方都市を切り開くスクラップ・アンド・ビルドの次の時代を示す循環(リサイクル)資源としての可能性を示すものではないだろうか。

上から：解体される公会堂、消えた公会堂、新旧市庁舎、旧市庁舎の解体

尾道市庁舎と公会堂（設計：増田友也）写真５点｜大崎義男

スクラップ・アンド・ビルドか 建物ストックの再創造か

@尾道［尾道市公会堂］｜2015.10.28

［第一回］ 伊東豊雄｜基調講演

瀬戸内の建築との出会い

1964年にオリンピックが東京で開かれたとき、建築学科の4年生だったのですが瀬戸内海周辺の建築を見て歩きました。開通したばかりの新幹線に乗って京都まで行ったことを覚えています。

4年生の夏に、菊竹清訓さんの事務所に1カ月間オープンデスクで行き、建築を実現することの厳しさを学んだ気がして、8月の最後の日に「来年から働いて勉強させていただいていいですか」とお願いしたんです。その場で「いいよ」と言ってくださって、うきうきとしながら、オリンピックの時に岡山を皮切りに倉敷、広島から鳥取、島根を訪れ、最後に高松から今治まで、現代建築を見て歩きました。

その時訪れたのが、前川國男さんの「天神山文化プラザ」（岡山県岡山市、1962）です。

前川さんの当時の文章にはすごく感銘を受けました。本当に日本が未来に向かって進んでいくんだという決意の気持ちが、すごくストレートに出ていて、貧しかったけれども日本が健全ないい時代だったと思います。

倉敷の美術館になっている丹下健三さんの「旧倉敷市庁舎」（岡山県倉敷市、1958）は、ル・コルビュジエのインドの建築を想起させるコンクリートの骨太さを感じさせますね。倉敷も愛媛県の今治も市庁舎と広場を介して向かい合っていて、広場として機能していた時代があったのですね。最近縁があって今治をよく訪れるのですが、以前は公会堂、市民会館、市庁舎が三位一体となって、広場があった。しかし、今は広場が駐車場になっている姿を見て改めて残念に思います。

「広島平和記念公園」（広島県広島市、1955）は言うまでもありませんが、丹下さんの「香川県庁舎」(香川県高松市、1958)は今でも瀬戸内海周辺で最高の建築だと思っています。代々木のオリンピックのスタジアムよりもすごいと思っています。10月でも暑い日差しの昼日中に行ったら、ピロティの下のベンチで地元のおじさんがステテコ姿で昼寝していました。日本のピロティってこういうものなんだと思いました。設計では「ピロティ、ピロティ」って言っている時代でしたけれど、実感としていっぺんに解かったような気がしました。

当時、日本のモダニズムは本当に未来を信じている時代でした。住民の方たちも、市長や市の職員、建築家がひとつになって、俺たちの街で建築をつくるという意気が感じられる時代です。振り返ってこの時代の建築を見ると、今日こんなでは建築はできないと思います。

西洋から入ってきたモダニズムに対して、香川県庁舎などは、日本をどのように意識するか、伝統論争の対象になった建物です。先だって亡くなった川添登さんがおっしゃっていましたが、菊竹清訓さんの建築でも、「東光園ホテル」(鳥取県米子市、1964)は、厳島神社の鳥居ですね。支え柱のある鳥居が構造になっていたり、「出雲大社庁舎」(島根県出雲市、1963)も稲掛けのようなモチーフが全然いやらしくなく表現されている。そういう建築はなかなか今はできません。日本の建築は衰弱していると思います。

大三島で模索する、明日の日本の可能性

今治と尾道の中間である大三島に、私の作品を展示する「今治市伊東豊雄建築ミュージアム」(愛媛県今治市、2011) [fig.01-03]を市がつくってくださったことが縁で、大三島に通うようになりました。東日本大震災が起こった2011年からです。しまなみ海道につながっている瀬戸内海では5番目に大きい、大山祇神社がある島です。

「大三島を日本で一番住みたい島にするために」と、他の島の方に怒られそうなことを言っていますが、僕は「暮らし方」というテーマで建築を考えていきたいし、島の問題、地域という問題を考えてみたい。直島のようにアートと考えるのではなくて、あくまで建築にこだわり、日本の人たちがこれからどのように住んでいくかに興味があります。

大三島は一周すると42km、フルマラソンくらいの距離がある島です。島の西側に大山祇神社がある宮浦地区をはじめ、海沿いに13の集落があり、それぞれに自立心が強く、横のつながりよりも向いの島とのつながりが強いような集落です。近代以前の共同体のようなところも残っていて、そういう人たちが何を考えて何をしようとしているか、どのように暮らしているのかを見てみたいと思いました。

3.11以降に東北の被災地に行って、津波に洗われた小さな海沿いの

町の方たちと話しながら、いろいろなことを感じました。復興のお手伝いをしたいと思ったのですが、何もできませんでした。忸怩たる思いで東北から戻ってきたのです。

大きく立ちはだかっているのが、近代という壁でした。技術によって人間は自然を克服できるという思想です。あんなに簡単に防潮堤があちこちでひっくり返ってしまったのにもかかわらず、また同じことをやろうとしているのです。より巨大な防潮堤をつくることによって自然を克服できるという、本当に愚かなことを考えているのです、人間は。

被災地に住んでいる方たちは全く違うことを考えながら生きてきたのにもかかわらず、その方たちのことを少しも考慮せずに、防潮堤、かさ上げ、高台移転によって、安心安全という言葉だけを頼りに技術による街づくりを東北ではやっている。僕は失望して、それで大三島ではもっとそうではない生活のあり方を考えてみたいと思ったのです。

ここ10年の間に1万2千人いた人口が今6千人と減ってしまい、若い人は日本全国平均の半分、65歳以上の人は日本全国平均の約2倍です。6千人のうち、3千人近くが65歳以上のお年寄りということです。

瀬戸内海の島はみな美しいのですが、とりわけ大三島は美しい島だと思います。夕日の沈む頃の西側の風景は本当に美しい。大学生の時にユースホステルを泊まり歩いた時に見た、瀬戸内海の夕日を思い出しました。島じゅ

01

01 TIMAのスチールハット越しに瀬戸内海を望む
写真｜阿野太一

うがみかん畑ですが高齢化が進んだということもあって、栽培を放棄している土地がたくさんあります。

大山祇神社は、早朝にお参りをすると、気が伝わるというか清々しい気を頂く素晴らしい神社です。四国界隈で一番古い神社だと言われています。

今はサイクリストが年間30万人くらいこの島を通過している。GIANTという台湾の自転車メーカーのショップが尾道にあることもあって台湾からのサイクリストが多いです。

「今治市伊東豊雄建築ミュージアム（TIMA）」は、スチールハットが展

02　TIMAのスチールハット内部の展示
写真｜中村絵

03　伊東氏の元自邸を東京から移築したTIMAのシルバーハット。ワークショップの場として活用
写真｜伊東建築塾

02

03

示、シルバーハットがワークショップのためという、2つの建物からなります。シルバーハットは西側に面しています。かつて東京で私の自邸でしたが、今は3割くらいが内部で、7割方が屋根はある屋外という空間に変わりました。正面に夕日が沈むのです。

この島で何をしようとしているのか。東北で学んだようにそこに住んでいる住民の方たちと一緒になって話しながら、何かを少しずつ変えていきたいと思っています。東北でつくった「みんなの家」を大山祇神社の参道につくろうとしています。

しまなみ海道のない頃には宮浦港に船で降りて、参道を通って参拝をしていたのです。参道の真ん中にあった空き家を我々が借りて、東京の伊東建築塾の若い人たちと2年がかりで改修をして、「大三島みんなの家」[fig.04-07]ができました。普通の2階建ての家で、昔は公共の建物だったものを寄り合いの場として使えるようにしました。

奥の方は改修ができてないのですが、前面の1階、2階の床を張り替えたり壁を塗り直して、とりあえずは使えるようになりました。家具も、地元の高校生たちと、東京から来てくれた家具のデザイナーとワークショップをやってでき

04

05, 06

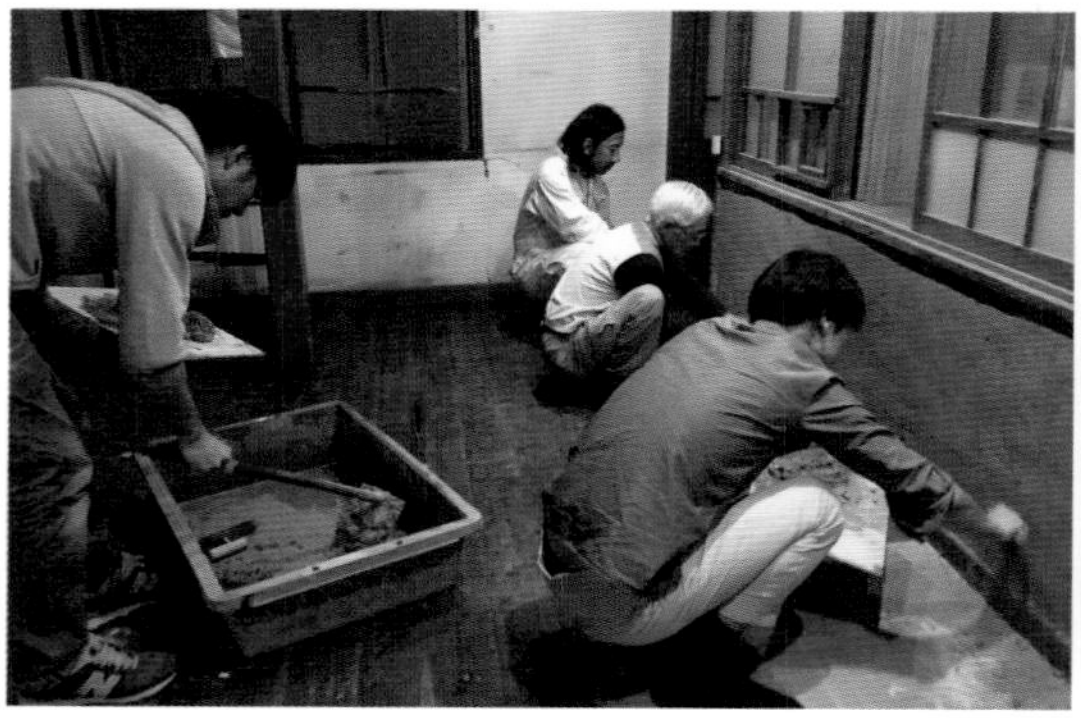

04-07 空き家を伊東塾の塾生らでセルフ・リノベーションした「大三島みんなの家」
写真4点｜伊東建築塾

07

たところです。今、カフェとして使っています。

来年くらいから昼間はコーヒーが、夜はワインが飲めるような場所にしようとしているところです。「大三島みんなのワイナリー」をつくろうと、ワインをつくっています。[fig.08, 09]

島の高校は今治北高等学校の分校ですが、廃校の危機に瀕していて来年の春に30名を切ると廃校になってしまうので、何とかして存続するための活動をしているところです。

しまなみ海道は15年くらい前にできたのですが、それまでは船で宮浦港に降りて参道を通ってお参りしていたので参道が栄えていたそうです。参道はヒューマンスケールでできていて、庇にも手が届きそうな道路です。しまなみ海道ができてから、車を神社の足元のパーキングに停め、お参りしたらまた松山の道後温泉などに行ってしまうので、人通りのほとんどない参道になってしまいました。店はほとんど全部シャッターが下りていて何とかならないかと思っています。きれいな100年くらい経っている民家もあるのですが、庇の瓦が落ちて、放って

08　ぶどうの収穫風景
09　「大三島みんなのワイナリー」の赤ワインとロゼ。ラベルには伊東氏のスケッチが彩りを添える
写真2点｜大三島みんなのワイナリー

08, 09

10, 11

10　現在はシャッター通りになっている大山祇神社の参道
写真｜高橋マナミ

11　1998年の参道。鶴姫祭の様子
写真｜『大三島町あゆみの写真集』より

おくと崩れてしまうのではないかというような空き家があります[fig.10, 11]。

毎年ハーバードの学生を12名くらい預かってスタジオをやっているのですが、大三島の参道をテーマとして、ひとりの女子学生が描いてくれたスケッチです[fig.12]。中国系の女性ですが、昔のようにまた船で大三島にやってくるようにするという提案です。江戸時代のような港の風景でありながら、空き家等を改修して、そこでみかんジュースをつくったりするというストーリー。こんな参道に復活すると素晴らしいですね。

一番我々とコミュニケーションが取りやすいのは、IターンとかUターンで戻ってきた若くて農業をやっている元気な方たちです。

12

12　ハーバード大学の学生によるスケッチ
Sketch by Beining Cheng/ハーバード大学デザイン大学院、Toyo Ito + Jun Yanagisawa Fall Studio 2017

みかん農家の方、有機栽培の野菜をつくっている方もいます。そういう方たちは個人のネットワークで顧客を見つけてビジネスをやっているのですが、食べるのがカツカツだと言っています。

僕らが東京で新しいネットワークを組織化して、販売を拡大できるような組織をつくることぐらいだったらできるだろうと思っていて、先週末から始まった東京デザイナーズウィークで、農家の方たちがつくった蜂蜜、みかんといった農産物をピーアールしながら塾生たちが交代で売ってくれているところです。

開発されずに島の人たちがずっと以前の暮らしをキープしてきたことによって、島の風景が美しく保たれている。そのことを大切にしながら、かつ、神社に参拝に来た人やサイクリストがもう少し滞在してくれるような、観光地にするわけではないのですが、もう少し島が潤ってほしい。なかなかいい宿泊施設や美味しいものが食べられるレストランがないのでそれをもう少しなんとかしたいのです。

「大三島 憩の家」[fig.13-16]という、廃校になった昔の木造小学校を民宿にしているところがあります。校庭に岩田健さんという彫刻家のミュージアムをデザインしました[fig.17, 18]。岩田健さんは現在90歳です。特攻隊員でしたが飛び立つ前夜に戦争が終わって、それから彫刻を学んで何十年も慶應の幼稚舎で教えながら彫刻をつくりつづけたという方で、そんな経歴から母と子の具象の彫刻ばかりをつくっています。

13 廃校を改修して民宿にした大三島 憩の家
写真｜高橋マナミ

14 元の教室を寝室として改修
写真｜青木勝洋

13

14

15

16

15, 16　大三島 憩の家のスケッチ
17　元の校庭に岩田健氏の彫刻ミュージアムをデザインした　写真｜阿野太一
18　岩田氏の彫刻庭園　写真｜阿野太一
19　昭和55年の小学校。秋季運動会の様子　写真｜『大三島町あゆみの写真集』より

僕らも塾の人たちと行くといつもここの1階に泊まって夜、畳の上でワークショップをやったり、ミーティングをやっています。しかし、老朽化してしまっていて、市の建物なのですが、雨漏りしたり湿気が上がったりして、存亡の危機になりつつある。これをなんとかならないだろうかと考えているところです。

廃校になる前に運動会をやっていた時の写真です[fig.19]。海の近くでいかにも島の小学校という感じです。ここから巣立っていった島の人たちが島の中にも外にもたくさんいるわけです。そういう人たちの記憶を留めるという意味でもこの建物が残っていくことは大事なことだと思っています。風呂やトイレなどが貧しいので小さな共同浴場をつくりたいとか、バーベキューができる庭園にしたいとか要望があります。2階の修復ができれば、元々教室ですから島の人たちが集まる場所にはもってこいなのです。

また、トランスポーテーションの問題もあります。島には2台しかタクシーがないんです。尾道から今治までの高速バスで大三島に降り立つことはできる

17

18

19

のですが、そこからの足がない。今はマイカーで来るか自転車に乗るしかないわけで、それをなんとかしたい。島の中を走っている公共のバスは1日に数本しかなくて、しかも大赤字です。

新たにバス路線を増やすとか、小さなバスを増やす余裕はないということで、電動アシストの自転車を改造したようなタクシーがいいんじゃないかなと思い、東南アジアなんかにあるベロタクシーとかシクロといったような乗り物を新たに改良できないかと考えています。イタリアにあるバータクシーは、みんながお酒を飲みながら漕いでいたりします。大三島にこういう車が走っていたら本当にいいと思います。電気自動車みたいな完成された車のシステムじゃなくて、風が感じられる、最低限の雨をしのげるくらいのものがいいと思っています。

ヤマハ発動機が電動アシストの自転車を改良したタクシーのような乗り物を、来年の夏までに開発してくれるということで、長屋明浩部長が頑張ってくれています。

島に行ってもみんな自分の車で移動するしかないので、自分の家でしかお酒が飲めないんです。新しいトランスポーテーションシステムが実現すれば少しずつ変わっていくのではないかと期待をしています。ついこのあいだ伊東ミュージアムの敷地で、ヤマハ発動機がデモンストレーションをした時の写真です[fig.20]。

20

20 ヤマハ発動機による島の新しいトランスポーテーションのデモンストレーション
写真｜吉野かぁこ

10年ぐらいかけて島が元気になる、島が変わると同時に、今ある自然と人間の関係を大事にしながら、島を大きな「未来の庭園」にしたいという夢を持っています。

みんなの家をつくるからといっても、本当に島の方とコミュニケーションをとるのはなかなか大変なのですが、話すとすごく魅力的で、東京にこういう人たちはいないと思うような、それぞれ個性を持った方たちです。こういうところに

21, 22

21 伊東建築塾の塾生による絵本「自分たちが大三島に暮らすとしたら」プレゼンテーション、2012年
写真｜伊東建築塾
22 塾生合宿にて島民との意見交換会、2012年
写真｜高橋マナミ

こそ明日の日本の可能性があると思っています[fig.21-22]。

大きな家と小さな家がつくる2層の境界

「大三島の小さな開発やったり、東北でみんなの家つくることとお前のやってる建築は全然かけ離れている」とよく言われます。少しずつそのギャップを解消しようと考えていて、少しは縮まったかなと思うのが「みんなの森 ぎふメディアコスモス」(岐阜県岐阜市、2015年)[052-055頁]という岐阜市に7月にオープンした建物です。

2011年の震災の1カ月前にコンペティションで、こんな提案をしました。

緑の少ない街の真ん中に、緑に囲まれた建築をつくる。木造で屋根をかけて、信長の居城であった金華山や周辺の山々に調和するような、起伏のある屋根をかける。低層にして、自然のエネルギーを最大限に利用して、消費エネルギーを従来の同じ建物の2分の1にする目標をすべて実現できました。

岐阜大学医学部移転後の大きな敷地で、90m×80mぐらいの平面を2層で実現しました。西側に250mぐらいのプロムナードを石川幹子さんというランドスケープ・アーキテクトと提案しました。南側に広場、ここに向かい合う形で市庁舎が移転してくる予定です。西側のプロムナードは2014年にオープンして、週末になると街の人々で賑わっています。

建築のコンセプトは、「大きな家と小さな家」というテーマです。モダニズム建築は、自然と建築を切り離すことを前提にしてきました。現代建築はほとんど、壁によって内外をはっきり切り分けて、断熱性をよくして、外との環境を絶つことによって、均質な人工環境をつくる。だから、世界のどんなところに行っても、同じ建築ができる。これが近代主義の思想です。

日本の近代以前の建築のように、内外が通じているような建築にするためにはどうしたらいいかをずっと考えていたのですが、難しくて、それならば、内と外を切っていた境界を2段階にしたらどうだろう、一段階多くするぐらいだったらできるだろうと、大きな家の中を微気候空間、空気が流れていくような空間に。その中にさらに、完璧に空調できるような閉じられた小さな家を、と考え始めました。

前から温めていた構想なのですが色々やってみると大きな家の中に、閉じた家があると、他人の家に入ってくるみたいで、入りにくいだろうと試行錯誤して、上から大きな傘を吊って、下はフリーにしておく。中にいると囲まれた感じはあるけれども、そうかといって閉じられているわけでもない。上からは自然光が落ちてきて空気も流れていく。これが小さな家の変形で、「グローブ」と呼んでいるものです。

長良川の伏流水を借りてきて湿気を取り温度を調整し、1、2階は床《ゆか》輻射《ふくしゃ》の冷暖房です。上がってきた冷気と暖気を自然の力で循環させて、夏は一

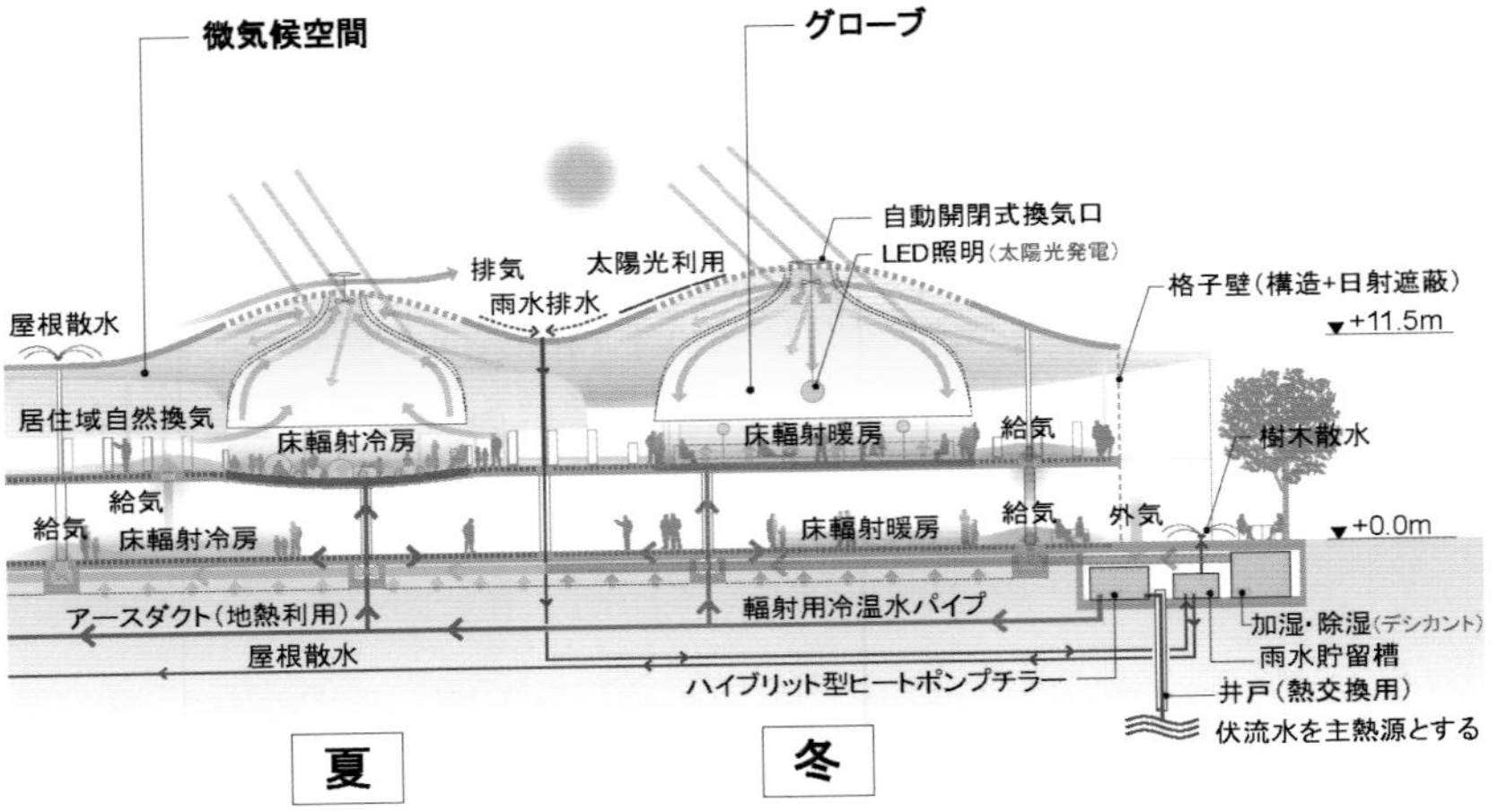

23 ぎふメディアコスモスの輻射冷暖房と自然エネルギー利用

番高いところから排出する。冬は閉じて循環させる。グローブの下が一番読書をするには良い環境の場所です[fig.23]。

このプロジェクトのもうひとつの特徴が、地元産のヒノキを使って木造の屋根をかけるということです。1階の平面では西側のプロムナードに面したところが市民活動交流センターで、ワークショップをする場所です。ここをどう使うかということが一番重要なテーマだったのですが、地元出身のアーティストの日比野克彦さんが、若い人と以前から活動しておられたので、建設中から毎週のように集まって、使われ方などについてのディスカッションをしてくれてうまくまとまりました。

置き畳もあってワークショップスペースとして利用されています。閉じられたスタジオもいくつかあって、夏休みの間は、毎日5〜6,000人の人で賑わっていました。岐阜は40万の人口ですが、年間100万を超える人が利用してくれています。

2階はエレベータやエスカレータ、階段で上がってきて、中央にコンシェルジュグローブという相談をするような場所が2カ所あって、いろいろな家具が置かれている読書や閲覧のための空間、子供の読書空間、西陽を避けるプロムナードに面した長いテラス、広場に面した南側のテラス、金華山を望む東側のテラスもあります。

屋根は、20mmの厚さの平板を3方向に60度ずつ互い違いに組み合わせ、波打つ曲面屋根をつくりました。平板は20層、40cmの厚さです。150人くらいの大工さんがつくってくれました[fig.24]。

グローブはポリエステルの三軸織り、グラスファイバーのリングを回して形をつくり上に布をもう1枚被せて、透過率、透光率、空気の透過を適切に決めています。テキスタイルデザイナーの安東陽子さんと原研哉さんが、パターンも1

個ずつ違い、透過率、透光率がいいグローブにするのに苦労して仕上げてくれました。家具は藤江和子さんがデザインしてくれました。

リラックスしたソファのような家具もありますし、親子で読書できる幼児のためのグローブもあります。日本の図書館で外部の風を感じながら本を読める場所ってほとんどないと思うのですが、平面的に広がりがあってかつ２階で収まっているので可能になりました。

今までの僕のつくってきた建築よりは、少し自然に開いているし、地元の木を使って新しいシステムで屋根を組むことによって、地域とのつながりも実現できたと思います。

一番うまくいったのは、夏の岐阜はとても暑い街ですが、空気を動かすということと、湿気を少し取り除くことで、室内温度をそれほど下げなくても、爽やかな空気が流れている屋外みたいな空間を初めてつくることができたことがこの建築ではよかった。ですから、2階に人がたくさんいるときも、息苦しい感じではなく、街の中を人々が歩いているような建築です。

24 波打つ曲面屋根の施工風景
写真｜中村絵

24

みんなの森 ぎふメディアコスモス

［写真］

1

2

3

1　メインのアプローチとなる南側のファサード
2　それぞれ透過率や反射率の異なるグローブが配置された2階
3　2014年にオープンしたせせらぎの並木テニテオ
4　2階の親子のグローブ
1-4 写真｜中村絵
5　1階の多文化交流プラザ
6　1階のワイワイ畳
38-55頁：特記なき図・写真は伊東豊雄建築設計事務所提供

4

5

6

みんなの森 ぎふメディアコスモス

1階平面図

S=1/1000

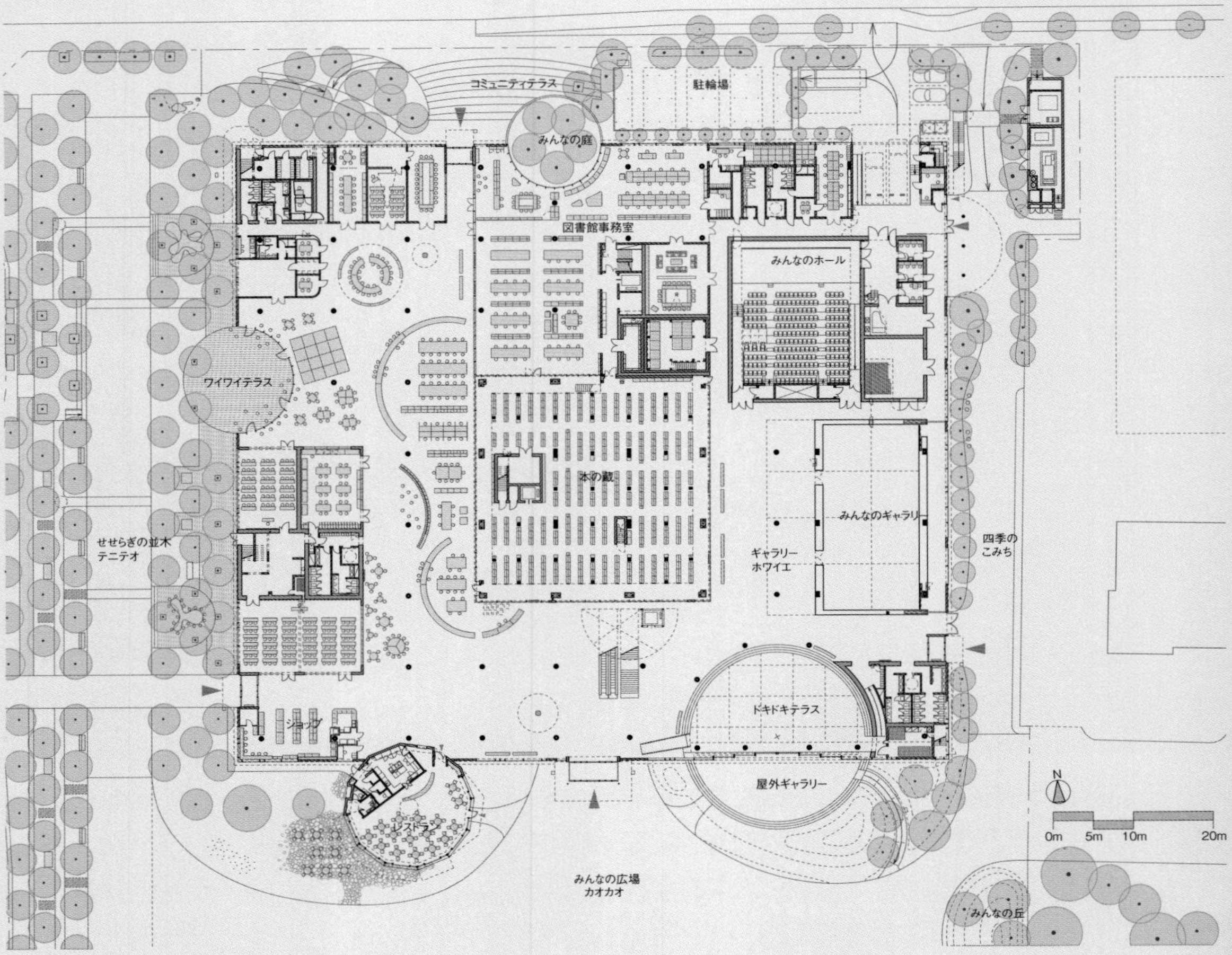

2階平面図

断面詳細、環境ダイアグラム

S=1/200

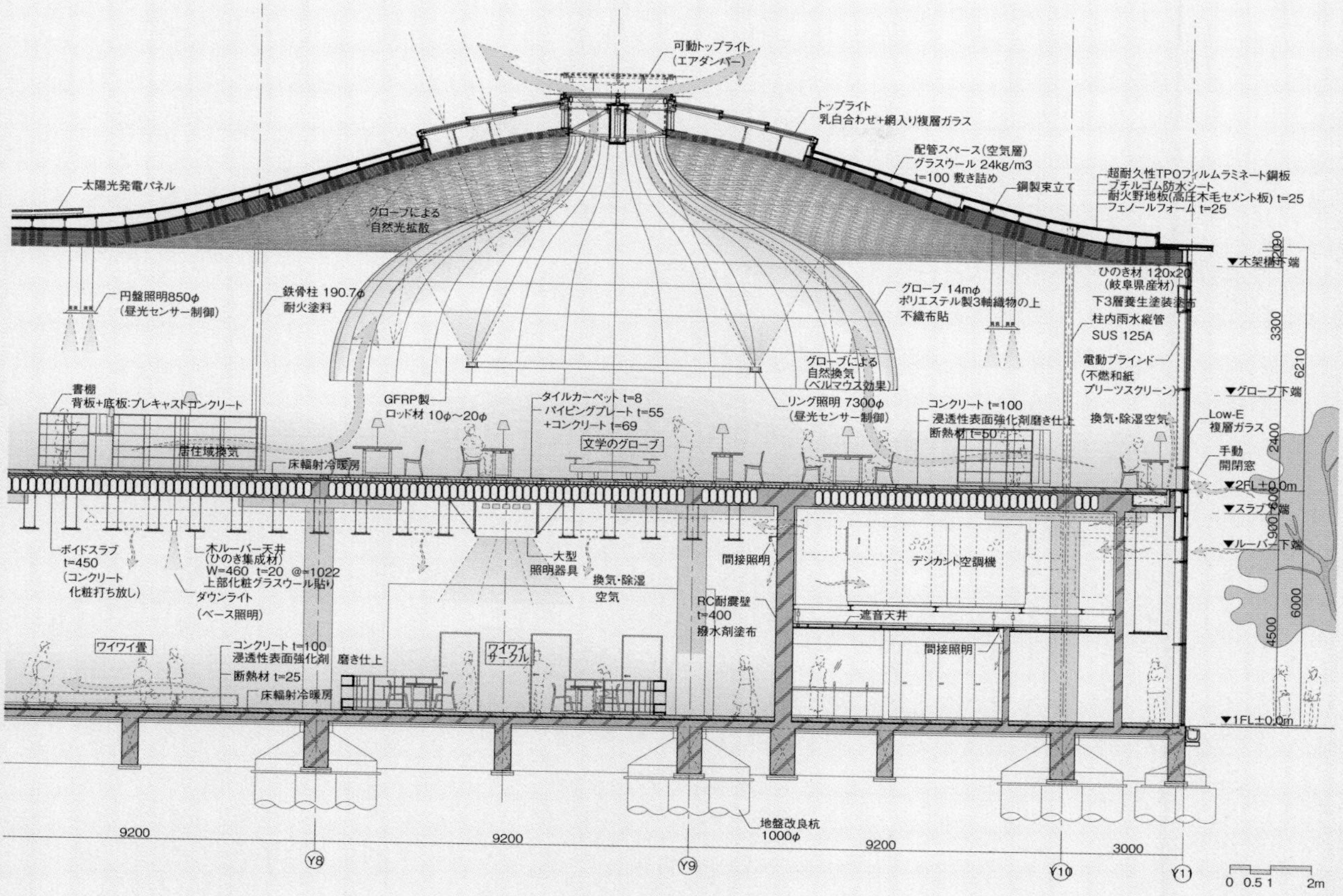

可動トップライト
（エアダンパー）
トップライト
乳白合わせ+網入り複層ガラス
配管スペース（空気層）
グラスウール 24kg/m3
t=100 敷き詰め
鋼製束立て
超耐久性TPOフィルムラミネート鋼板
ブチルゴム防水シート
耐火野地板(高圧木毛セメント板) t=25
フェノールフォーム t=25
太陽光発電パネル
グローブによる
自然光拡散
円盤照明850φ
（昼光センサー制御）
鉄骨柱 190.7φ
耐火塗料
グローブ 14mφ
ポリエステル製3軸織物の上
不織布貼
ひのき材 120x20
（岐阜県産材）
下3層養生塗装塗布
柱内雨水縦管
SUS 125A
電動ブラインド
（不燃和紙
プリーツスクリーン）
グローブによる
自然換気
（ベルマウス効果）
書棚
背板+底板:プレキャストコンクリート
GFRP製
ロッド材 10φ〜20φ
タイルカーペット t=8
パイピングプレート t=55
+コンクリート t=69
リング照明 7300φ
（昼光センサー制御）
コンクリート t=100
浸透性表面強化剤磨き仕上
断熱材 t=50
換気・除湿空気
Low-E
複層ガラス
手動
開閉窓
居住域換気
文学のグローブ
床輻射冷暖房
ボイドスラブ
t=450
（コンクリート
化粧打ち放し）
木ルーバー天井
（ひのき集成材）
W=460 t=20 @=1022
上部化粧グラスウール貼り
ダウンライト
（ベース照明）
大型
照明器具
換気・除湿
空気
間接照明
RC耐震壁
t=400
撥水剤塗布
デシカント空調機
遮音天井
間接照明
ワイワイ畳
コンクリート t=100
浸透性表面強化剤
断熱材 t=25
磨き仕上
床輻射冷暖房
ワイワイサークル
▼木架構下端
▼グローブ下端
▼2FL±0.0m
▼スラブ下端
▼ルーバー下端
▼1FL±0.0m
1090
3300
6210
2400
600
900
4500
6000
地盤改良杭
1000φ
9200
9200
9200
3000
Y8
Y9
Y10
Y11
0 0.5 1 2m

東-西断面図

S=1/1000

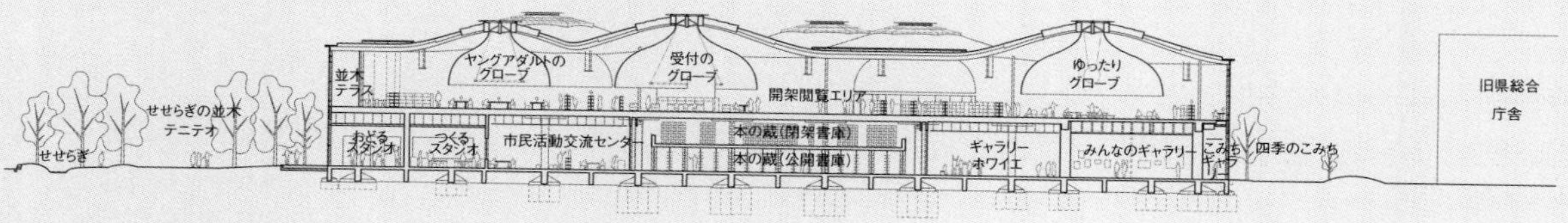

ヤングアダルトの
グローブ
受付の
グローブ
ゆったり
グローブ
並木
テラス
開架閲覧エリア
せせらぎの並木
テニテオ
せせらぎ
おどる
スタジオ
つくる
スタジオ
市民活動交流センター
本の蔵（閉架書庫）
本の蔵（公開書庫）
ギャラリー
ホワイエ
みんなのギャラリー
こみち
ギャラ
四季のこみち
旧県総合
庁舎

南-北断面図

S=1/1000

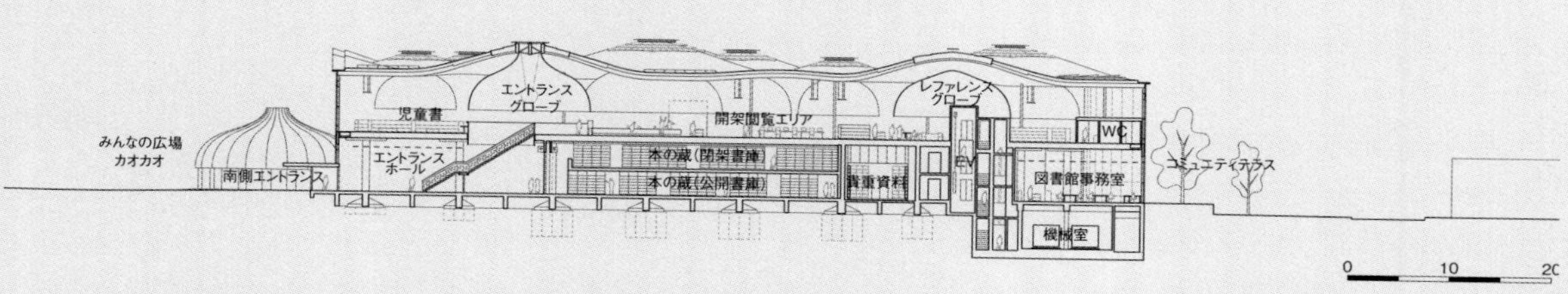

エントランス
グローブ
レファレンス
グローブ
児童書
開架閲覧エリア
みんなの広場
カオカオ
南側エントランス
エントランス
ホール
本の蔵（閉架書庫）
本の蔵（公開書庫）
貴重資料
EV
WC
図書館事務室
コミュニティテラス
機械室
0
10
20

風土に育つ日本の建築

松隈洋

瀬戸内海文明圏——これからの建築と新たな地域性創造研究会｜スクラップ・アンド・ビルドか建物ストックの再創造か

【第一回】

尾道｜尾道市公会堂

直して使う日本の文化

「風土に育つ日本の建築」という話をさせていただきます。

丹下健三設計の「広島平和記念資料館」(1955)[fig.01]です。丹下さんが「平和は祈ることによって与えられるのではない、平和は建設されるものである。新しく設けられる記念館は平和を創り出す工場でありたい」と言っています。建物を何かそこにある経験をも照らすものとして考えてみたいと思います。

01 広島平和記念資料館

村野藤吾設計の「世界平和記念聖堂」(1950)[fig.02]です。2016年から耐震改修が始まるところですが、村野さんは汚れ方もデザインしているので、その汚れを落とすか落とさないかという議論をしながら検討しました。2006年にこの2つが戦後の近代建築として初めて国の重要文化財に指定されました。

02 世界平和記念聖堂

村野藤吾の「宇部市渡辺翁記念会館」(1937)[fig.03]も改修して、今後も大切にしていこうということになりました。

03 宇部市渡辺翁記念会館

04

改修前の八幡市立日土小学校　撮影2009年

05

八幡市立日土小学校の川に迫り出す図書室のテラス

06

八幡市立日土小学校の玄関と廊下

アーキウォーク広島という市民活動のグループがあり、ガイドマップをつくって、日を決めて建物をオープンにして見学できるようにしています。彼らは中国地方の街が美しく元気になるための活動を続けています。

愛媛県にある「八幡市立日土小学校」(1956-1958)[fig.04-06]を紹介します。21年前にこの保存活動をしていた花田佳明さんと初めて行った時、普段使いで子供達が楽しそうに放課後も残って遊んでいました。設計者松村正恒が子供たちを大事に考えていたことが、階段室をゆったりつくったり、色々な工夫で分かります。木造モダニズムの考え方で、全面採光を取る高い天井、構造も工夫しています。2階の図書室ではテラスが川に張り出していて、ここで本を読む。こういうところで子供達が育つことは素晴らしいことだと思います。老朽化に伴いコンクリートで建て直せということも言われていたのですが、愛着を持っている卒業生がたくさんいることも支えになって、改修と増築をして最終的に国の重要文化財にも指定され、ワールド・モニュメント財団からモダニズムプライズという世界的な近代建築の保存活動の賞を受けました(日土小学校改修後の写真は148-149頁参照)。

私も近代建築のDOCOMOMO JAPANという活動を続けていますが、選んだものが順次重要文化財に指定されていっています。ようやく、日常で使っている建物の大切さの意義が少しずつ伝わっていっている気がします。

直して使う文化は実は日本の特徴です。新潮社の『考える人』(2006年春号)という文芸雑誌では、日本の直して使う文化の事例として東京・麻布にある「国際文化会館」(1955)[fig.07]を紹介していました。坂倉準三、前川國男、吉村順三の3人の設計によるものです。これも一時は建て替えるという話があったのですけれども、保存改修工事が行われました。

07 国際文化会館のファサード

建築を市民が大切に育てる

丹下健三の「香川県庁舎」(1958)[fig.08]は、2013年の生誕100周年のプロジェクト「丹下健三　伝統と創造　瀬戸内から世界へ」をきっかけに、免震工法により、柱、梁の構造体をすべて原形を守って上手に直していこうと香川県と浜田恵造知事が決断をして修復の作業に入ろうとしているところです(2019年に改修)。丹下健三展の実行委員の神谷宏治さんが設計チーフを務めた戦後庁舎の先駆的な建築です。

香川県はこの建物を大事にされていて、広報誌で「丹下健三の創造美」という特集を組み、県民にインフォメーションすることもやっています。普段使いしている役所ですが全国からガイドブックをもって観光客が普段使いの建物を見に来ています。生誕100周年の展覧会の時には会場ではなく、このロビーに香川県内の建築の模型の展示がされました。ここから県内の建築を見て回って欲しいという、そういう展示でした。

青森県弘前市は人口18万人ですが、前川國男設計の8つの建物が現存しています。僕が前川國男の建物の改修の仕事で行ったとき、泊まったビジネ

08 香川県庁舎東館。南庭側から見る

スホテルのフロントに前川國男による建築が赤丸でプロットされた弘前市の地図がおいてあり、驚きました」[fig.09]。

病院とか斎場という、観光客が普通は行かない建物も、この地図に全部載っています。つまり前川國男の建築を見て回りたいという人がそれだけいるということです。

09

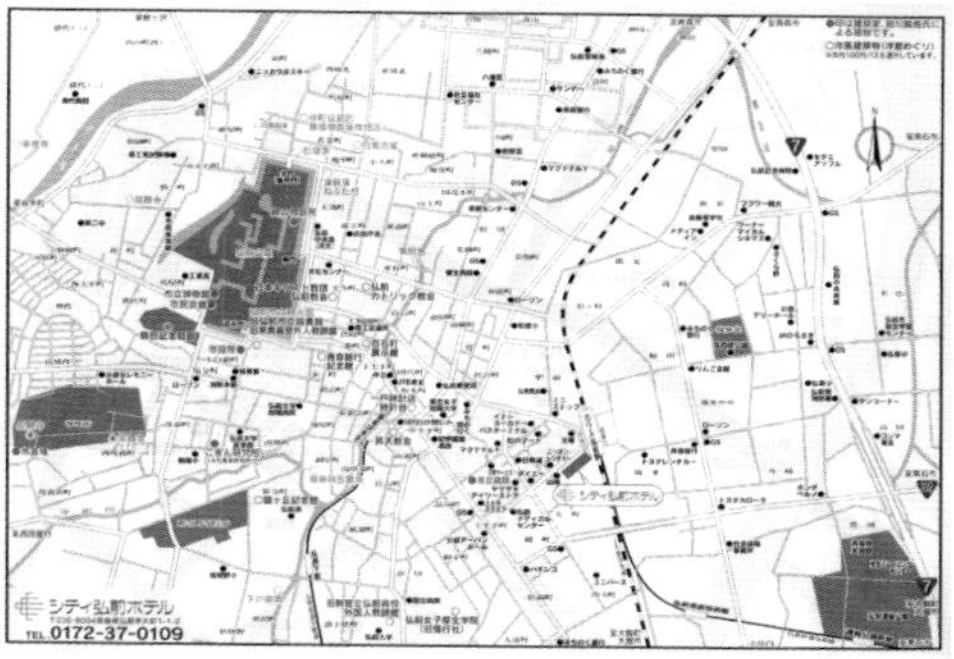

弱冠27歳の時に前川國男が手がけた最初の「木村産業研究所」(1932)[fig.10]も残っていまして、風土が育てるモダニズムという意味では、前川國男の挫折を記録している建物とも言えます。ル・コルビュジエのところから帰ってきて2年後、前川國男は技術を過信していたところがあって、東京と同じ仕様で弘前につくってしまったんですね。バルコニーが雪で爆裂してコンクリートの破片が落ちてくるようになって、現在の研究所理事長の木村文丸さんは危険なので撤去するしかないと判断し、取り払われてしまいました。ル・コルビュジエ風の建築の姿をとどめるこの研究所の理事

10

木村産業研究所

11

木村産業研究所のバルコニーで写真に写る前川國男

長といっしょにこのバルコニーで写った写真です[fig.11]。ポストカードですが、これを友達に送ったんだと思います。今はバルコニーがここから消えています。でも、「前川國男の建築を大切にする会」というのがあり、市民の地道な活動や市の補助金、寄付金を合わせてバルコニーの復元工事が行われてました。木村産業研究所から50年後の前川國男が亡くなる3年前、弘前での最後の建築となる「弘前市斎場」(1983)[fig.12]で初めて前川國男が屋根をかけてます。冬は雪がすごいことになりますから。

12

弘前市斎場

「弘前中央高校講堂」(1954)[fig.13]では、木村産業研究所と違って水平の庇を出しています。雪を防ぐための工夫がいることを前川國男が理解した中間段階の作品ですね。前川國男が初めて手がけた公共建築でした。60年以上前の建物でさすがに座席が痛んでいました。800台の椅子を全部ボランティア活動で修繕しようと、中央高校の先生と市民が背板を1枚1枚外してヤスリがけをして塗料を塗り直すといった活動を2年がかりで

13

弘前中央高校講堂

しておられました。この講堂も耐震改修を終えて大事に使われています。

前川國男がやった仕事を通して、建築の世界の中だけではなくて、市民との交流の中で建築が育てられ守られていく仕組みができ始めているというこ

14 神奈川県立図書館(左)と音楽堂(右)

とをお伝えしたいと思います。

「神奈川県立図書館・音楽堂」(1954)[fig.14]も20年前に再開発により建て替える計画がありましたが、保存活動もあって残ることになり、2014年に還暦のお祝いの大きなイベントがありました。伊藤由貴子館長の企画で、数年間で計6回くらい建築を見て話を聞いて音楽を楽しもうというユニークな公開イベントを続けておられます。

建築の歴史や芸術的価値を継承する

2013年、文化庁国立近現代建築資料館が開館し、近現代建築の図面や模型などの収集、調査の活動を始めました。博物館という立場で、建築の歴史的、文化的価値を次世代に継承する共有の財産だという意識が生まれつつあります。大阪では、生きた建築ミュージアムフェスティバル(イケフェス大阪)という活動が始まっています。毎年秋に大阪の魅力的な建築を一斉に無料で公開するイベントで、昨年は全国から約1万5000人が来ました。こういう建築の活動が日本全国で始まっていくと違ってくるだろうと思います。

残念ながら建て替えられることとなった「尾道市庁舎」(1960)[fig.15]と今いる「尾道公会堂」(1960)[fig.16]について、設計者の増田友也が書いた文章があります。「真の建築に近づこうとした」という下りがあり、「新しい素材とかそういうことではなくて手馴れたものの中での追求である。いろいろな要素をできるだけ省略して排除して純粋なもののみを抽出する。僕の揃えた数少ない要素は各々独自の存在を示しつつも全体の中に統一される。我々は目先の奇抜さを追うよりも時間という厳しい批判に耐え、長く生き残ることを願っている」と、1960年当時、記しながらつくったものです。

この公会堂は、アントニン・レーモンドの名作と呼ばれる高崎の「群馬音楽センター」(1961)の構造を担当した岡本剛さんが手がけたものです。群馬の場合はひとつながりの折板構造で、壁と屋根が同じ折板構造になっていて、最大で70mの空間を柱なしでつくっています。群馬音楽センターができた後にこの公会堂の折板構造を設計したということになります。

最後に、瀬戸内海建築憲章の話をします。1979年に倉敷の浦辺鎮太郎、愛媛県の日土小学校設計をした松村正恒、香川県の建築技師だった山本忠司、明治大学教授で建築評論家の神代雄一郎の4人によって発表されたものです。

「瀬戸内海の環境を守り、瀬戸内海を構成する地域での環境と人間とのかかわりを理解し、媒介としての建築を大切にする。人間を大切にすることから、建築を生み出し、創り出すことを始める。それには、瀬戸内海の自然と環境を大切にし、そこから建築を生み出すことにある。環境と建築とが遊離し、建築が一人歩きすることはない。

先人たちのつくった文明を見究め、これを理解し、将来への飛躍のための基盤とし、足がかりとする。過去および現代において、瀬戸内海が日本

15 建て替え前の尾道市庁舎

16 尾道公会堂
056-061頁特記なき写真・松隈洋

人のための文化の母体であったことを知るとともに、それが世界に開けた門戸でもあったことを確認する。すなわちわれわれは、この地域での文明を守り、それを打ち出していくことと併せて、広く世界へ目をを開き、建築を通じて人類に貢献する。」

こういった言葉を僕達はこの場所でもう一度見直すことが大事になっていると思います。

歴史ある文化遺伝子を引き継ぐ

末廣香織

僕は九州の福岡を中心に活動しています。

九州大学で建築を教えているほか、NKSアーキテクツという設計事務所を主宰しています。

大分の豊後《ぶんご》高田という国東半島の付け根の町の生まれです。瀬戸内海文明圏ということで言うと、豊前《ぶぜん》の国は瀬戸内海、周防灘に面していまして、一時代前の、名残があるような町で、文化も似ていて、言葉も近いところがあります。

文化遺伝子を引き継ぐ

最近手掛けた古い民家の改修のプロジェクト[fig.01, 02]をミーム(文化遺伝子)の記録としてお話したいと思います。200年前くらいの民家で、大分と福岡の県境の山の中にあります。昔の庄屋さんで茅葺の、最後に使われてから40年位経っていますが、そこのお宅の方が老後ここで暮らしたいのでどうにかしたいと相談に来られました。

01
改修前の茅葺きの古民家

茅を葺き替えると膨大なお金がかかってメンテナンスも大変だということで、相談を受けました。大きな主屋、離れは90年前、養蚕室、倉を全部残すのは無理で、主屋と離れは何とかしましょうと今やっています。茅葺きで屋根が大きく、腕木というか支えが出て、天井はスス竹で渋い意匠です。茅を維持するのは難しい。

昔の家は、冬とんでもなく寒いので、全体を外皮としてのカバーと考えました。その中に別の皮膜をつくって、家の高さも屋根の上まで10m近くあり、空調域をうまく限っていく考え方にしました。完全に空調するのは一部としました。内皮という考え方で、その中を完全空調エリアと考えて、その外は半屋外化して、夏だけ使うことにしています。

平面では、リビングルーム・ダイニングルーム的なものをつくって、ご夫婦で2室と和室をつくりました。

ところどころ吹き抜けをつくって上の空間が見えるようにして、断面は下の部分だけでも相当な天井高さです。

熱取得を夏と冬で計算してシミュレーションをしてみると、夏は屋根が熱を受けますので、外壁が日陰になるようにして、壁から熱が入らないようにしています。頂部に排熱のためのダクトを付けて、トップライトから入ってきた光を間接的に部屋の中に入れていく。冬は屋根面で集熱したうえで温まった空気を下に落として全体を暖めることを考えています。

材料はガラスと板金で昔の雰囲気を残しながらも現代的にしていこうとしています。

文化財でもないし、かと言って壊して完全に新しいものにしてしまうんのではなく、歴史的な文脈が持ってる遺伝子（ミーム）を引き継ぎながら、新しい建築として蘇らせて、次の世代に継承できないかなと思っています 。

02
茅葺き屋根を板金に変更し、大きな家屋の一部のみを完全空調とすることで快適な住空間を提案
062-063頁写真・末廣香織

地域で建築設計をする

基調講演—**伊東豊雄**—伊東豊雄建築設計事務所

講演—**伊藤憲吾**—伊藤憲吾建築設計事務所

講演—**内田貴久**—内田貴久建築設計事務所

講演—**西岡梨夏**—ソルト建築設計事務所

講演—**平瀬有人**—佐賀大学准教授・yHa architects

司会—**末廣香織**—九州大学大学院人間環境学研究院准教授・NKS2アーキテクツ

@福岡［九州大学旧工学部本館］—2016.11.5

伊藤憲吾	Kengo Ito
1976年	大分県生まれ
1995年	大分県立鶴崎工業高校建築科卒業
1995–2003年	辻設計
2003年	ラッツ・アーキテクツ
2009年–	伊藤憲吾建築設計事務所

内田貴久	Takahisa Uchida
1972年	福岡県生まれ
1996年	九州大学大学院建築学専攻修士課程修了
1996–98年	有馬裕之＋Urban Fourth
1999年	JUN建築まちづくり研究所
2000–09年	日建設計 九州
2010年–	内田貴久建築設計事務所
2019年–	崇城大学工学部建築学科助教

西岡梨夏	Rinatsu Nishioka
1980年	大分県生まれ
2003年	九州芸術工科大学（現九州大学）卒業
2003–11年	大石和彦建築アトリエ
2011年–	ソルト建築設計事務所、九州大学非常勤講師

平瀬有人	Yujin Hirase
1976年	東京都生まれ
2001–07年	早稲田大学大学院修士課程修了後、早稲田大学古谷誠章研究室・ナスカ
2003–06年	早稲田大学理工学部建築学科助手
2004年	早稲田大学大学院博士後期課程修了
2007年–	yHa architects
2007–08年	文化庁新進芸術家海外研修制度研究員
2008年–	佐賀大学理工学部准教授

Chapter 2

Fukuoka

福岡

第二回

地域で建築設計をする

岡河貢

20世紀の初頭、ル・コルビュジエやワルター・グロピウスなどの少数のモダニズムのパイオニアたちが書籍や雑誌メディアを通じてモダニズム建築を世界に伝播することで建築の革新を示した。その後モダニズムの建築は20世紀を通じて工業化社会の進展とともにジェネリック（一般的）になり、建築設計組織や大手ゼネコン設計部が自動的に多少のアレンジを加えながら巨大都市を覆い尽くすまでに増殖するだけでなく、地方都市にもジェネリックなモダニズム建築が浸透しやがては覆い尽くすほどになる。20世紀の後半から21世紀にかけて、メディアはスター建築家の虚像を伝播させ情報商品としての流行建築を流通させることになった。いまやファッションデザイナーのように建築家タレントは情報として消費される建物の表面で華やかに仕事をする。建物ファッションデザイナーの誕生である。

しかし地域で建築をすることは華やかなメディアの虚構がつくり上げる虚構としてのスター建築の情報の流通と消費から一線を画した場所での建築つくりである。その場所の特性を確認しながら建築をひとつひとつ、つくり上げる作業のなかから建築の地道で確実なリアリティを結実させる小さな試みを積み重ねるのである。地域では建築家は不特定多数のために虚像を生み出す虚構の生産業ではない。ここにいる隣人のためにここで何がつくれるのかを問う。報酬は金額で測れるものだけではなくそこに集う隣人と建築の喜びを共有することの中にもある。

一方でジェネリック・シティ（一般的なモダニズム都市）のつくられ方は匿名の巨大な技術者集団のたえまない設計活動によって作られる。大手設計事務所やゼネコンの設計部には有能な数百人という建築学を専攻した設計技術者がいる。かれらは現実の条件のなかで、誠実な仕事としての建築設計を日々繰り返しながら、アトリエ事務所と呼ばれる少数のデザイン重視の建築設計事務所とは異なったスタンスで現実の都市の要素としての建物を設計する。彼らの建築のディテールは多くの建築設計の蓄積と実践のなかから洗練と同時に安定性をもつという神業のような形態と性能を持つだけでなく、彼らのつくる平面図も一点の隙もなく合理的な平面が完璧な構造計画と統合されて非の打ち所のないモダニズム建築として都市をつくり上げる。

地域で建築を設計することはこの2つの建築設計の領域が踏み込むことのできない等身大の全体性としての建築を回復しようという試みである。つまり虚像としてのイメージとしての建築をつくるのでもなく、建築の部分の専門家として巨大組織の一部として建築をつくるのでもなく、建築を場所に応じて使う人に対して等身大のリアルなものとしてつくり上げようとする試みである。

大三島での伊東豊雄のプロジェクト　スケッチ｜伊東豊雄

アジアから発信する建築 ―明日の建築を考える―

@福岡[九州大学旧工学部本館]|2016.11.05[第二回]

伊東豊雄|基調講演

今回は「明日の建築を考える」というテーマです。

ここ福岡はアジアの中心とも言えます。21世紀に「我々はアジアからどういう建築を発信できるのだろうか」という視点から、日々建築を考えているという現実をお話させて頂きたいと思います。

木造仮設住宅と「みんなの家」

熊本の地震の話から始めます。今年(2016年)の4月14日、16日に2回にわたって大きな地震がありました。熊本では「八代市立博物館・未来の森ミュージアム」をはじめとして、他に2つの建築を設計させてもらい、第二の故郷ともいうような場所に思っていたのですが、そこで大きな地震が起こりました。

僕は2011年の東日本大震災以来東北に通っていて、その間くまもとアートポリスのコミッショナーも務めておりました。東北から熊本にやってくると、「ああ、なんて豊かな場所なんだろう」と、いつもほっとする気持ちで熊本の空

01

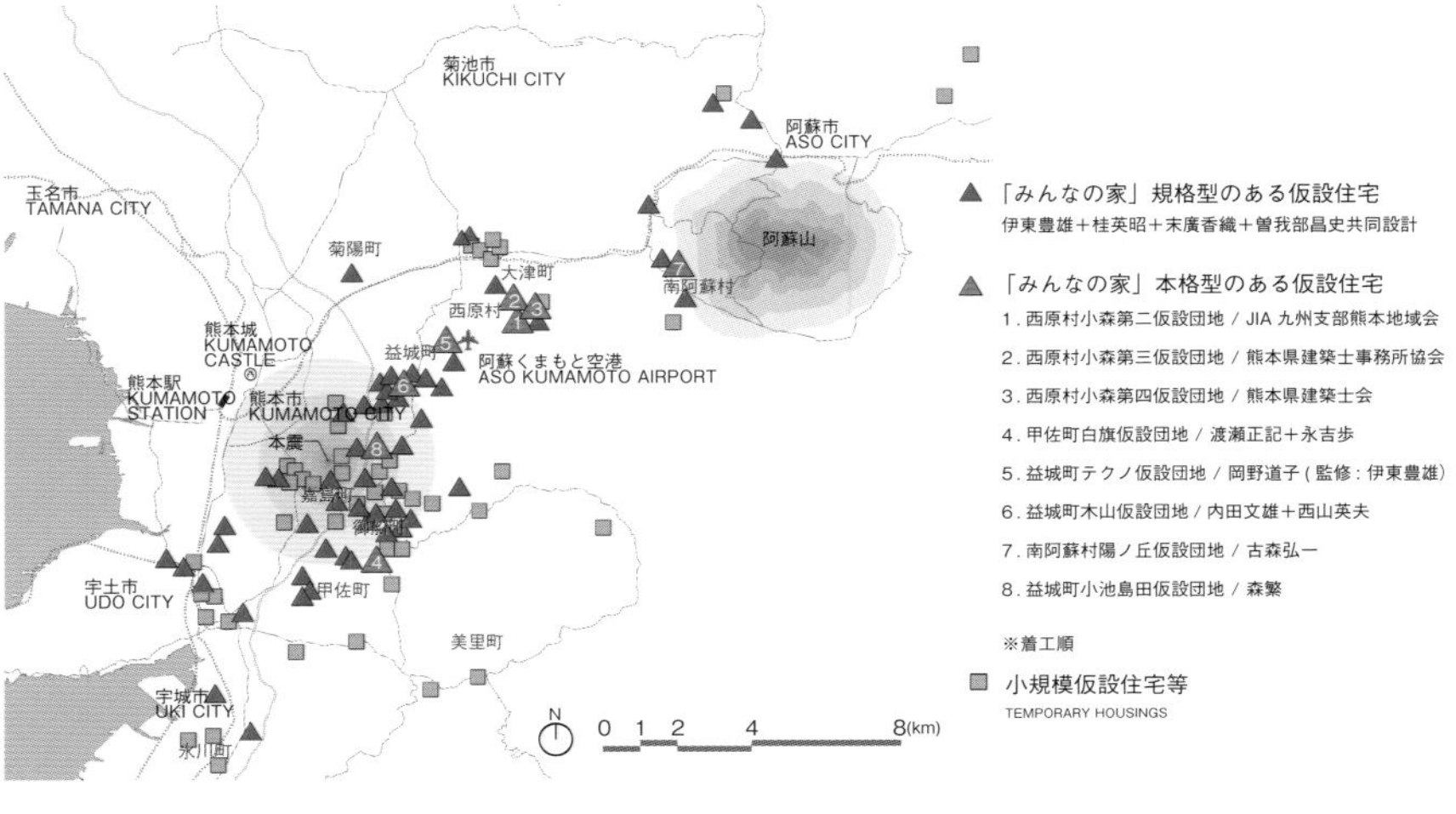

01 熊本地震後に伊東氏を中心に計画した「みんなの家」のある仮設住宅

港に降り立っていたのですが、空港ですらトイレが使えなくて、被災をしてこんなことになるとは思ってもいなかったので本当にショックでした。熊本市内もいまだにブルーシートばかりですよね。熊本のアートポリス、九州大学の末廣香織先生、熊本大学の桂英昭先生、神奈川大学の曽我部昌史先生たちに大きな力になっていただいて仮設住宅とみんなの家をつくっています。

最新の情報で4,200戸の仮設住宅が完成しました。そのうちの約600戸くらいが木造です。仮設住宅50戸ごとに、集会所とか談話室をひとつつくることが国で認められていますが、熊本の蒲島郁夫知事が今回は全部木造の「みんなの家」にしようと決断されて、60戸ぐらいのみんなの家が進行しています。最終的に100戸近くができるはずです［fig.01］。

空港に近い西原村の仮設住宅です［fig.02, 03］。写真03の右がプレハブ建築協会がつくる鉄骨系の仮設住宅、左が木造でつくられた仮設住宅です。従来のプレハブ協会の計画だと、レイアウトはほとんど自動的に決まってしまいます。震災後僕が熊本に最初に行った日に県の担当者から「配置をその場で描いて下さい」と言われ、直ちに描いたのですが、一般的には住棟間隔が4mだったものを、熊本では6.5mまたは5.5mまで、1.5倍近くに広げました。1戸あたりに100㎡の敷地だった仮設住宅が、150㎡になったのです。パーキングもできる限り各仮設住宅に近いところにして、その中央部にみんなの家をつくっていきたいという提案をして、実現しました［fig.02］。

環境がだいぶ良くなっています。桂先生の提案で、仮設住宅が3戸並んだところに縦通路をつくる。庇の下にベンチが置かれているのですが、これだけでも東北での仮設住宅に比べると、ほっとするような感じがあります。東北ではほとんど掃き出しの窓はなかったのです。それができて、ささやかながら縁

02

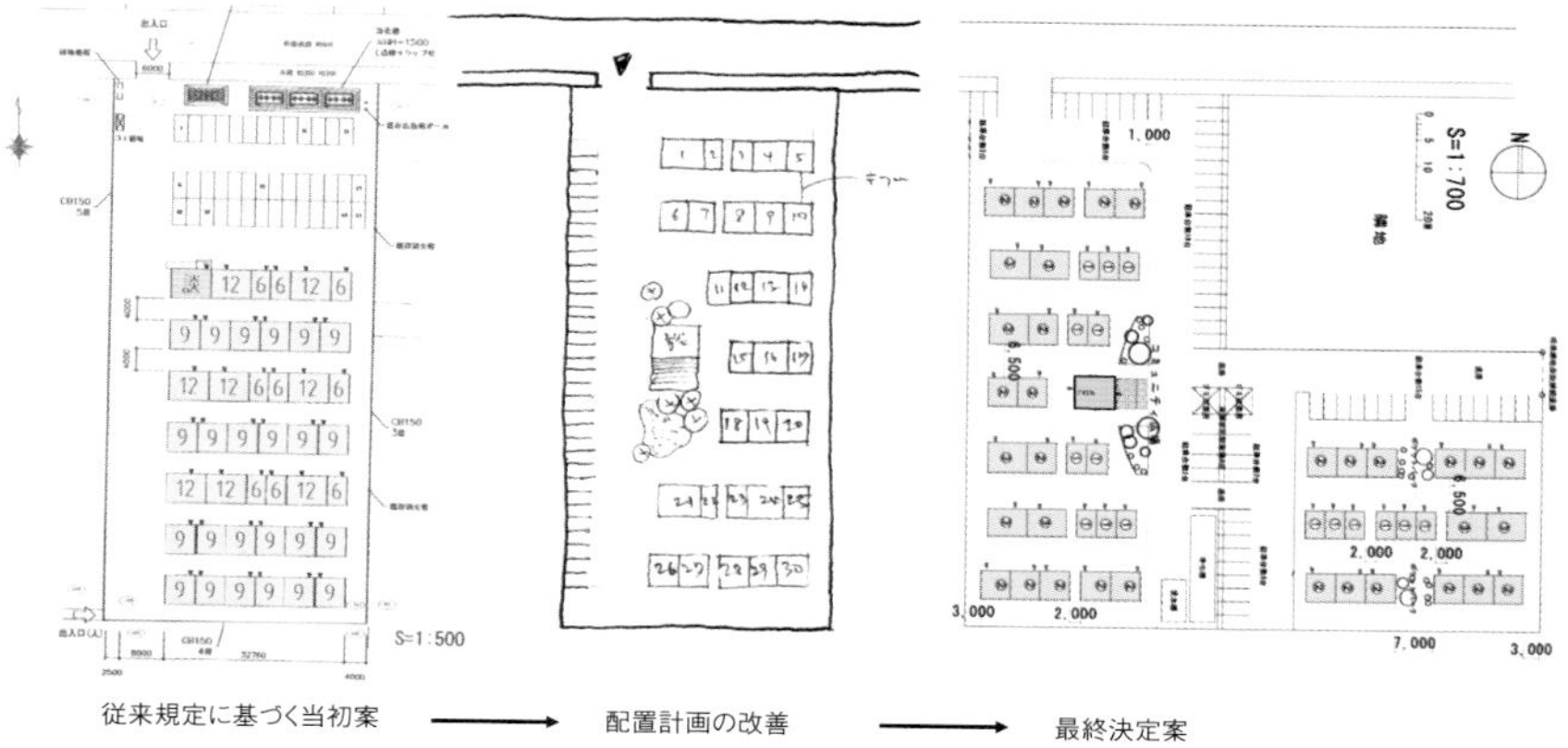

02 伊東氏による仮設住宅の配置計画
03 西原村の仮設住宅。左が木造のもの
写真｜くまもとアートポリス

03

04

05

・自由に立ち寄れるテラスを中心に、みんなの家と地域支え合いセンターを向い合せに配置します.

・みんなの家は広々としたワンルームで、大きなイベントができます. また、窓際にくつろげるコーナーが沢山あり、日常的にも憩う場として利用できます.

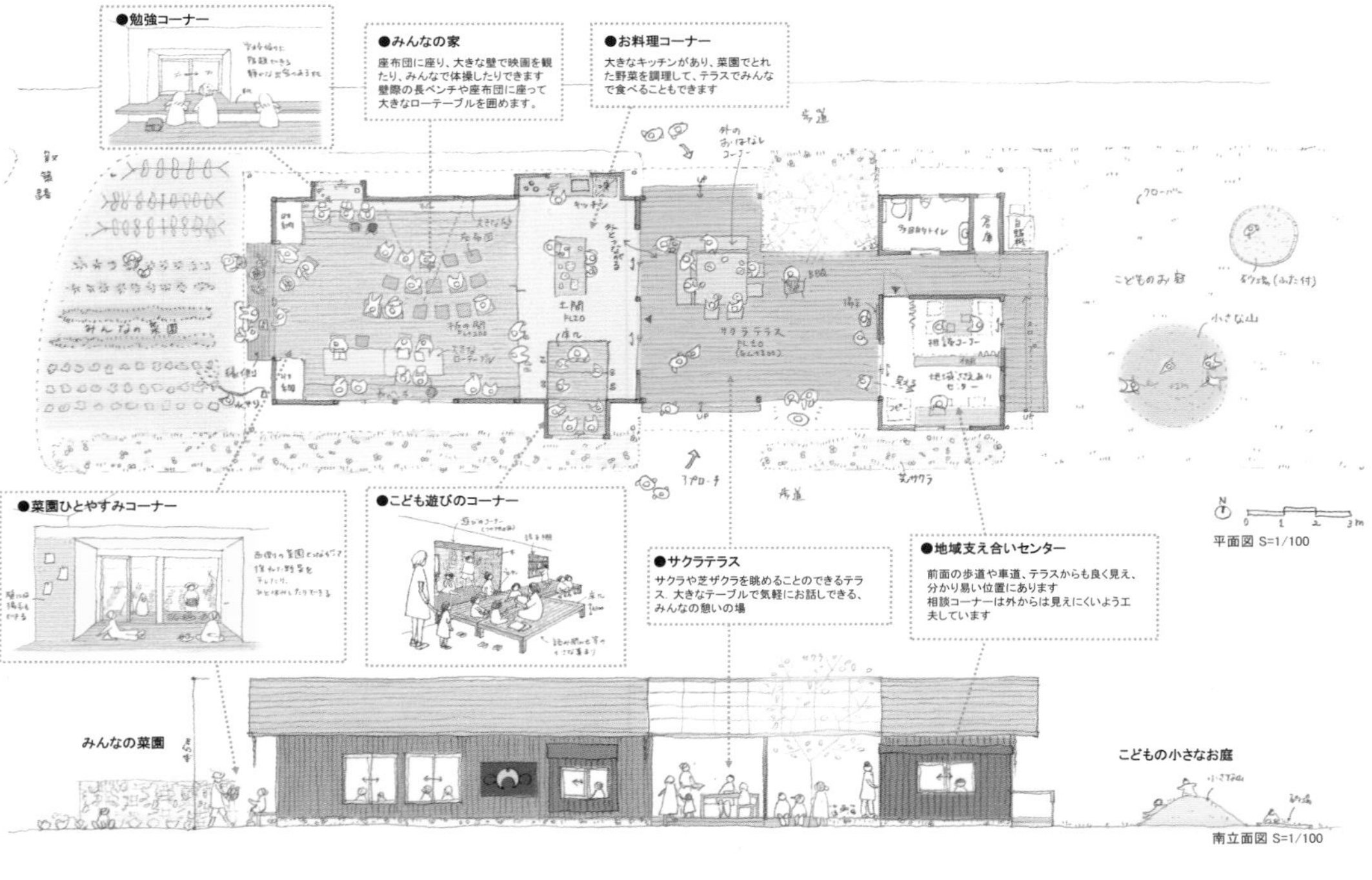
●勉強コーナー
●みんなの家
座布団に座り、大きな壁で映画を観たり、みんなで体操したりできます
壁際の長ベンチや座布団に座って大きなローテーブルを囲めます。
●お料理コーナー
大きなキッチンがあり、菜園でとれた野菜を調理して、テラスでみんなで食べることもできます
●菜園ひとやすみコーナー
●こども遊びのコーナー
●サクラテラス
サクラや芝ザクラを眺めることのできるテラス. 大きなテーブルで気軽にお話しできる、みんなの憩いの場
●地域支え合いセンター
前面の歩道や車道、テラスからも良く見え、分かり易い位置にあります
相談コーナーは外からは見えにくいよう工夫しています
平面図 S=1/100
みんなの菜園
こどもの小さなお庭
南立面図 S=1/100

06, 07

側、濡縁もできました。

コストも若干は高くなりますが、鉄骨系の従来の仮設住宅より住民にとってははるかに心穏やかな環境になります。熊本県の知事からは、「できるだけ木造の仮設をつくりたい。できることだったら本設にしたいくらいだ」と言われました。東北で一番最初につくられた木造の仙台市宮城野区のみんなの家はくまもとアートポリスの支援でつくられました。2012年に熊本で土砂災害があったときにアートポリスで木造のみんなの家を2棟つくったのですが、それが今、移設して使われていて、規格型のモデルになっています。

みんなの家の前に1本ずつ桜の木を植えることになりました。我々が東北のみんなの家のその後を支援するためにつくったNPOのHOME-FOR-ALLがスポンサーを募って、80棟に対して80本近い桜の木が植えられることになりました。ささやかな緑の庭園を敷地内につくっていって個々の環境を少しでもよくしていきたいと考えたからです[fig.04]。

家具までお金が回らないということで、全国の家具屋さん、九州でも建築家の松岡恭子さんが音頭を取って、寄付を募って何十個かの椅子を集めてくださいました。テーブルは九州の学生たちが頑張って自分たちでつくってくれました。

仮設に住んでいる人たちは早ければ2年以内、長い人でも、5〜6年で出て行ってしまうかもしれない。でも、今僕らが頑張って、素晴らしい仮設住宅をつくったら、これからまた日本で災害が起こったときに必ずこのレベル以下にはならないはずだと思うのです。だからここで頑張らなくてはいけない。くまもとアートポリスを40年以上もやってきて、知事がそれを支援してきたから、こういうことができるんです。

一番大事なのは、これからそこに人々が集まってどうやって暮らしていくか。そのために人と人のつながりをつくっていく。僕はそれを学生の皆さんにやってほしいのです。単に仮設のサポートではないのです。本当に小さな新しいまちをつくる。こういうケースだからこそ、できることがあるはずです。それが普段のまちでも可能になる、そういうつもりで頑張っていただきたい。僕も頑張ります。

これは規格型のみんなの家です[fig.05, 06]。土間があって畳があって、家具は徳島や大三島の高専の学生や大人たちがつくってくれました。ばらばらの家具のほうが気持ちが伝わると思い、あえて同じ家具を集めずにばらけた配置をしてもらっています。熊本に送った家具は、大三島の高専の学生たちとのワークショップで制作されました。指導してくれたのが家具のデザイナーの藤森泰司さんです[fig.07]。

東北のときも神戸の震災のときも、家もまちも崩壊してしまった。こういうときには人びとは欲がなくなるというか、笑顔がすごくよくなります。そういう時

04 熊本のみんなの家と桜の木
05 規格型みんなの家の平面、南立面
提供｜岡野道子
06 規格型みんなの家内部
写真｜くまもとアートポリス
07 伊東建築塾で家具製作
写真｜伊東建築塾

08, 09

08　仮設住宅でのそうめん流し
写真｜くまもとアートポリス

09　仮設住宅の人々
写真｜曽我部昌史

10　益城町テクノ仮設団地のみんなの家で行われた棟上げの風景
写真｜くまもとアートポリス

にこそ人のことを考えようという、そういう機会を皆さんが体験してほしいと思います。

そうめん流しをやっている風景［fig.08］。涙が出るような風景ですよね。いい顔してるでしょ、このおじさんおばさんも、つやつやしている。こんな笑顔見たことないですよ［fig.09］。

木造の仮設住宅をつくった時の残滓でテーブルもつくりました。これは九州大学の学生たちが制作してくれて、学生のプロジェクトで花壇もつくってくれました。

益城町テクノという仮設団地にある建設中の本格型のみんなの家には大きなテラスがあって、ここには支えあいセンターがあります。仮設住宅に住んでいる方たちが相談に来て、町の職員が相談に応じてくれるコーナーです。学校帰りの子供たちがここで勉強できるような少し余裕のあるみんなの家です。週末に棟上げが行われました［fig.10］。伊東豊雄建築設計事務所OGの岡野道子さんが設計をしてくれたのですが、半月で設計をやって、2カ月でつくってしまいました。桜もでき上がったその日に植わるはずです。

10

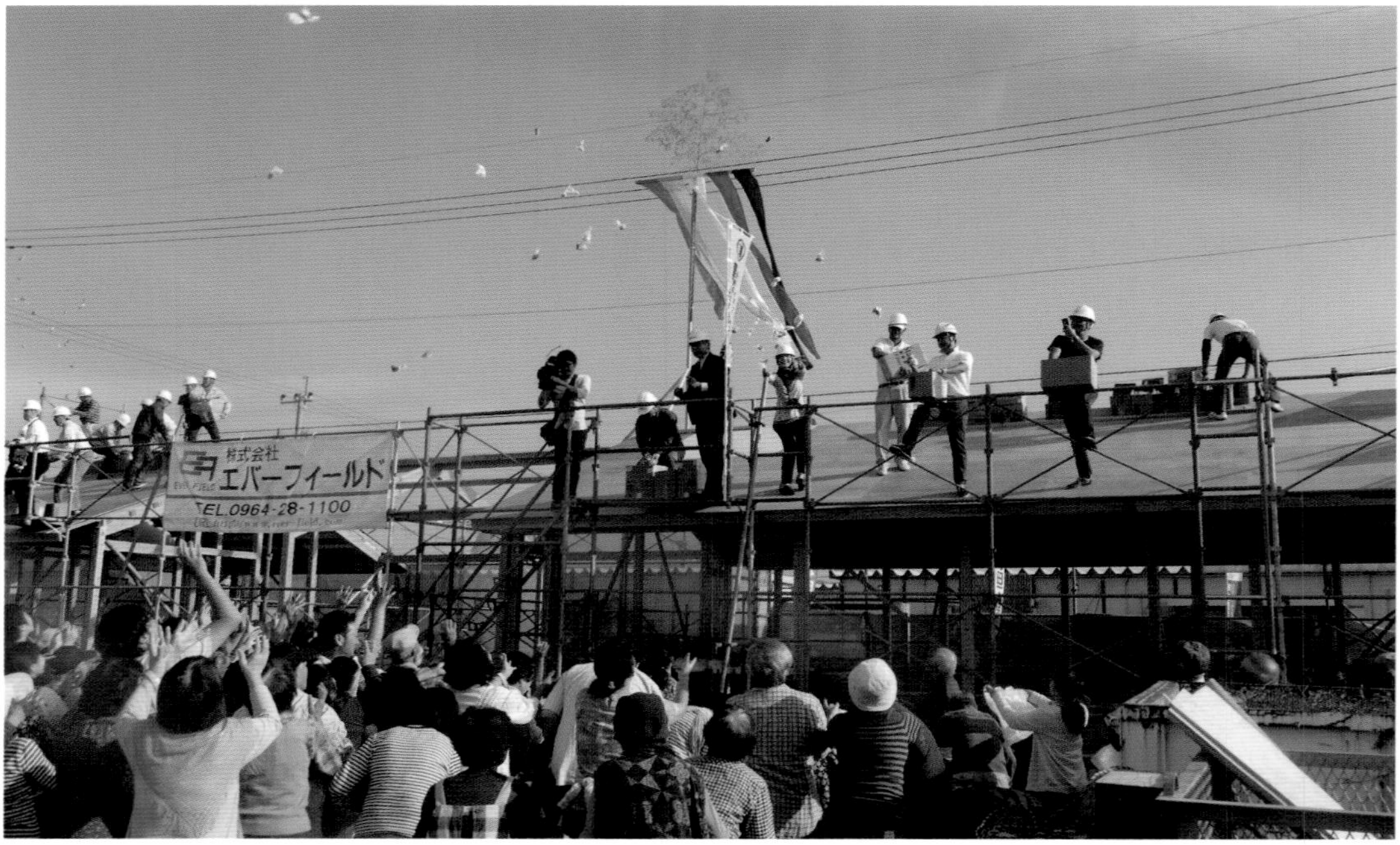

アジアの生活と建築を再考する家

福岡という街は、東京に住んでいる我々にとってもかなり憧れの街ですよね。非常に住みやすくていいまちです。人口が150万人。アジアのハブだと言われながら、最近は香港や上海、シンガポールなどに中心が移ってしまって、日本の都市は若干寂しい感じはありますが、そうはいっても一番日本の都市の中でアジアを感じさせてくれる。屋台がいまだにあるというのは、東南アジアの暖かい地方でないとあり得ないし、政令指定都市でありながら、こういう屋台を認めているところが素晴らしいですね。

80年代に、タイのバンコクの運河に沿って水上生活している人たちの家を、船で巡った時の様子で、一番ショッキングな風景がこの写真でした[fig.11]。彼らは雨水をためて生活し、交通路がこの運河です。皿を洗い、洗濯をして、

11, 12

13, 14

11　タイ、バンコクの水上生活者
12　タイ、チェンマイの屋台、1987年
13, 14　ネパールの風景
写真4点｜伊東豊雄

水浴びもする。カエルのような生活をしているわけですが、僕の小さい頃までは、日本もそんなにかけ離れた生活ではなかったのです。川で洗濯をして、井戸の水を飲んで生活をしていました。それがどうしてこの半世紀の間に、こんなになってしまったのか。その隣はタイのチェンマイの屋台です。こういう匂いのある都市がいいですよね[fig.12]。

今でも我々の中にアジアの血は流れているはずで、それが新しい建築をつくる根底に絶対になくてはならない。西洋やアメリカからいろんな文化が入ってきて、ここにいる若い方たちにはこういう生活なんて想像もできないことかもしれないけど、皆さんの中にもDNAとしてアジアの血は流れているはずです。

その下はネパールの風景です[fig.13-14]。動物と人とが、一体化してい

15, 16

15　看板で埋まる香港の街
16　香港の九龍城。1994年に取り壊された。
写真2点｜伊東豊雄
17-18　伊東氏がイメージする東京の街のイメージ

る、いろんな動物の彫刻が建物に飾られていて、その下に人間が並んでいる。人も動物も植物もみんな一緒になって、ひとつなんだという思想がアジアにはあるわけですから、それをどうやって新しい建築に我々は生かせるか。コンクリートを打つときに、子供も学校なんか行ってないですから労働者のひとりなのです。お母さんだって重要な働き手だし、子供も重要な働き手なのです。アジアではそうやってコンクリートの建物ができてきた。ル・コルビュジエのインドの建築なども、そういうコンクリートでつくられたはずです。

次は香港です[fig.15]。香港の空港の近くにあって壊されてしまった九龍城と言われていた無法地帯[fig.16]。すさまじい生活だけれども、生きることのエネルギーがにじみ出していますよね。このエネルギーこそ、もう一度我々が回復しなくてはならないものではないでしょうか。

これは今の東京のイメージ[fig.17-18]。この中にみんな住んで働いています。ますます高層化していって、その足元にあった東京の歴史、人間関係などが毎日のようになくなっていく。どこも同じ。建築が均質なだけでなくて、人の表情まで均質になってきているような気がします。僕も反省しなくてはいけないけれど、東京のまちを歩いていたら無表情になってしまう。それは恐ろしいことですよね。

17, 18

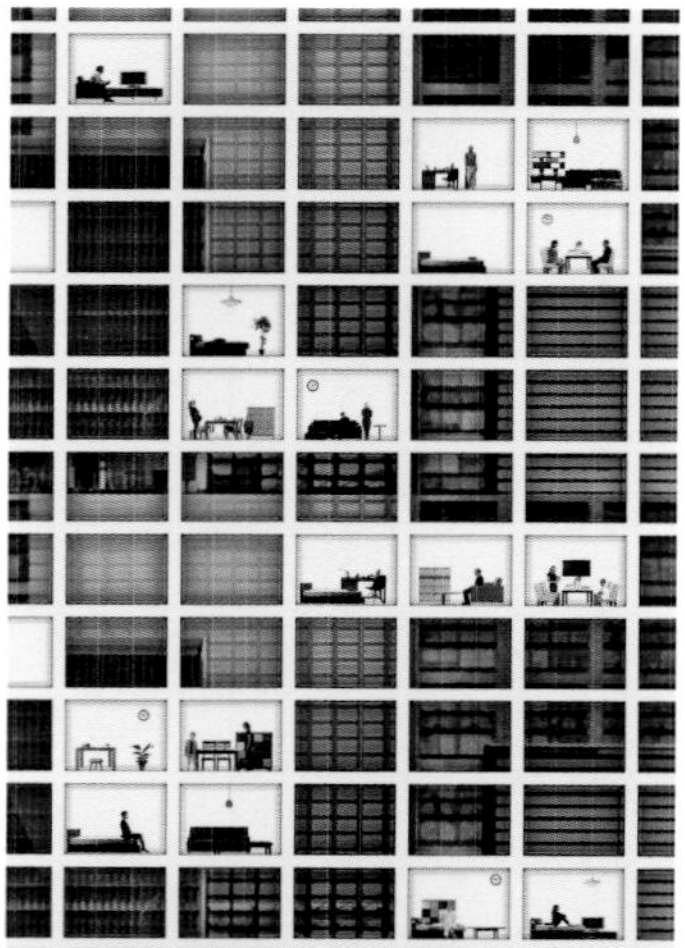

自然のかたちと幾何学

アジアの建築って何なんだろう。

僕がすごく尊敬している中沢新一さんが33歳のとき、1983年に書いた「建築のエチカ」というエッセイがあります。中沢さんが若いころに修行に行ったチベットの体験で、今回、震災の後読み直してみると改めて素晴らしいと思いました。

彼が言うにはチベット密教寺院は外観は現代の建築とそんなに変わらない、つまり直交する幾何学でできているのだと。チベットの人ですらやっぱり幾何学を使って建築をつくらざるを得ない。外部は直交する幾何学でできているのですが、内に入るとまったく幾何学を感じさせない。大地のエネルギーが伝わってくる。極彩色、それからランプのオイルの匂い、さまざまな光が五感に訴えてくる。それが母胎の中にいるようだと、中沢さんは書いているんですね[fig.19, 20]。

19, 20

19, 20　チベット密教の寺院

大地の中には「サタク」と呼ばれる大地の神様の女神がいて、顔は美少女なんだけども下半身は蛇のような鱗を持っていて、普段は母親のように豊かで包容力があるけれども、時々少女の気まぐれさでとんでもないことを起こす。自然の中には幾何学なんてものはないのですから。直交するような幾何学はほとんどない。だからチベットの人たちはこういう密教の寺院をつくる時に、決してすごいものをつくると誇るんじゃなくて「どうか建築をつくることを許してください」とお願いして、大地の神を鎮めるという。地鎮祭って、そういうことだったんです

21

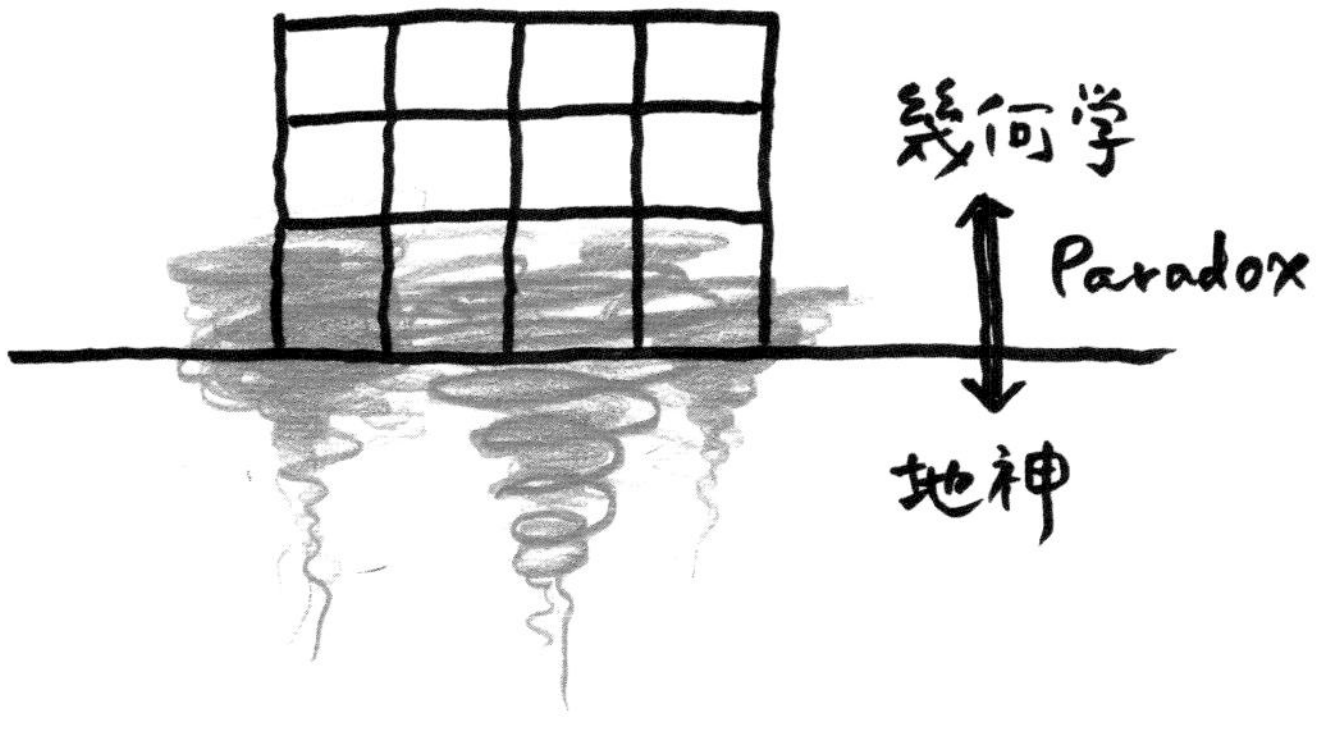

21　伊東氏スケッチ「建築システムと大地のエネルギーのパラドックス」

ね。僕はそういう空間にすごく憧れるのです。

つまり人間は直交する幾何学で建築をつくらざるをえない。でも大地の神はいつも渦巻くように存在している。大地の上に建築をつくる以上、それは矛盾しているのではないか。その間にどういう関係をつくるのかが問われなければならないのに、幾何学でつくって凄いんだ、自然を征服した、と人間が思っていたらとんでもない間違いです[fig.21]。

自然にはもともと人間は勝てない。でも、今の日本は自然を克服できる、技術により自然を克服したような思想に満たされています。東京のように幾何学で建築をつくることを、技術によってすごいものができたんだと誇っているということでいいのでしょうか。

東北に行ってもう嫌と言うほど、僕はそれを痛感しました。あの防潮堤、あれで本当に津波を防げるのか。そんなもんじゃ防げない。防潮堤のためにどれだけの土木工事をやっているのか、あれは一体誰のためにやっているのか。仮につくったとしてもそこに住んでいる人も「こんなもんつくられたら、俺たちもうここで漁師なんかできないよ」と言っているのです。じゃあ何のために防潮堤はつくってるのか、かさ上げは何のためにやってるのか。結局別の目的があるわけですね。

ル・コルビュジエとアジア

そんな話は今日はあんまりしたくないので楽しい話をしましょう。

インド、チャンディガールのル・コルビュジエがつくった3つの大きな建築の中で僕が一番好きな州の議事堂の建物です[fig.22]。円筒型の中に大きな議事堂があるのですが、メインエントランスには10mくらいあるような大きな扉があります。幾何学を崇拝して幾何学によって建築をつくるのが最も美しいと言っていたコルビュジエが、アジアに来たらヨーロッパと違うんですよ、まるっきり。議事堂の内部は、真っ黄色と真っ赤を連ねて凄い。

エントランス扉の絵はいかにもル・コルビュジエらしい絵で上に太陽が

22, 23

あって、緑があって川が流れていて人もいて牛や蛇、亀、鳥もいて、といったようにアジアの宇宙を彼なりに描いた絵ですね。素晴らしいです[fig.23]。

コルビュジエは日本には1回しか来てないんです。京都なんか全然興味がなかったらしい。でもインドには20数回、死ぬ前年ぐらいまで行っているんです。インドの自然に彼は触発され、そこからものすごい力をもらって、ちょうどロンシャンの礼拝堂をつくっていたのとほぼ同じ時期ですが、ロンシャンと比べて見るとこちらの方がはるかに荒々しい。すごいエネルギーを感じます。近代主義者のコルビュジエでさえアジアに来たら変わったんですね。それほどアジアという地域は凄い力を持っているはずです。

我々は今、どうやってもう一度、自然と一体化した、動物や植物とも一体化したそういう世界をつくれるんだろうか。そのことこそ問われなければならない。

その力を我々は皆受け継いでいるはずで、それをどんな風にかたちにしていくことができるのか、そのことを今考えなければならない。

幾何学と自然とがどんな関係をつくったらいいんだろうかという事例を2つ、ご紹介します。

バロック・インターナショナルミュージアム・プエブラ

これは今年(2016年)の2月にメキシコでオープンした「バロック・インターナショナルミュージアム・プエブラ」です[fig.24, 80-83頁]。

プエブラという街にはバロック時代の教会がいくつもあって、スペイン人が入植して来た時にメキシコの職人を使ってピラミッドを壊してその上に教会をつくったのです。実に可愛いエンジェルとかマリアが見られますが、それをテー

22 ル・コルビュジエ設計の「チャンディガール州議会議事堂」の内部
写真｜北田英治

23 「チャンディガール州議会議事堂」の壁画
写真｜伊東豊雄

24 バロック・インターナショナルミュージアム・プエブラ

24

25, 26

25, 26　メキシコの教会内の彫刻
写真2点｜伊東豊雄
27　直交するキューブが湾曲していくスタディ

マに考えました[fig.25, 26]。

このミュージアムは一見モダンな建築に見えますが、プレキャストのコンクリートを使って1年足らずでこういう構造ができました。ミュージアムって本当にグリッドが求められていて、いわゆるホワイトキューブをつくるしかないのですが、その壁を曲げたり開いたりして組み合わせることによって、地下から立ち上がってきた植物のようなイメージをつくり出したいと思いました。

幾何学なのですけども、最初にいわゆるホワイトキューブをつくるグリッドから始まって、それを歪ませていくのです[fig.27]。

これが基本形です。中庭をずらしていくとその中に小さな正方形がいくつかできて来ます。卍型の小さな正方形の角を曲げるのです。そうすると構造的にも強くなるし、空隙ができていくので部屋から部屋へ渡っていくのに、この緩衝地帯を渡って流れるように入り込んでいくことができる。幾何学を用いていますが、幾何学をトランスフォームさせることによって、生き生きとした壁にしたり、すり抜けていくような流動性に溢れた壁にしたかったのです。

バロックにまつわる展示室は、音楽、演劇、彫刻、絵画、建築などさまざまなジャンルに亘って部屋ごとに分かれています[fig.28]。

28　バロック・インターナショナルミュージアム・プエブラの展示室

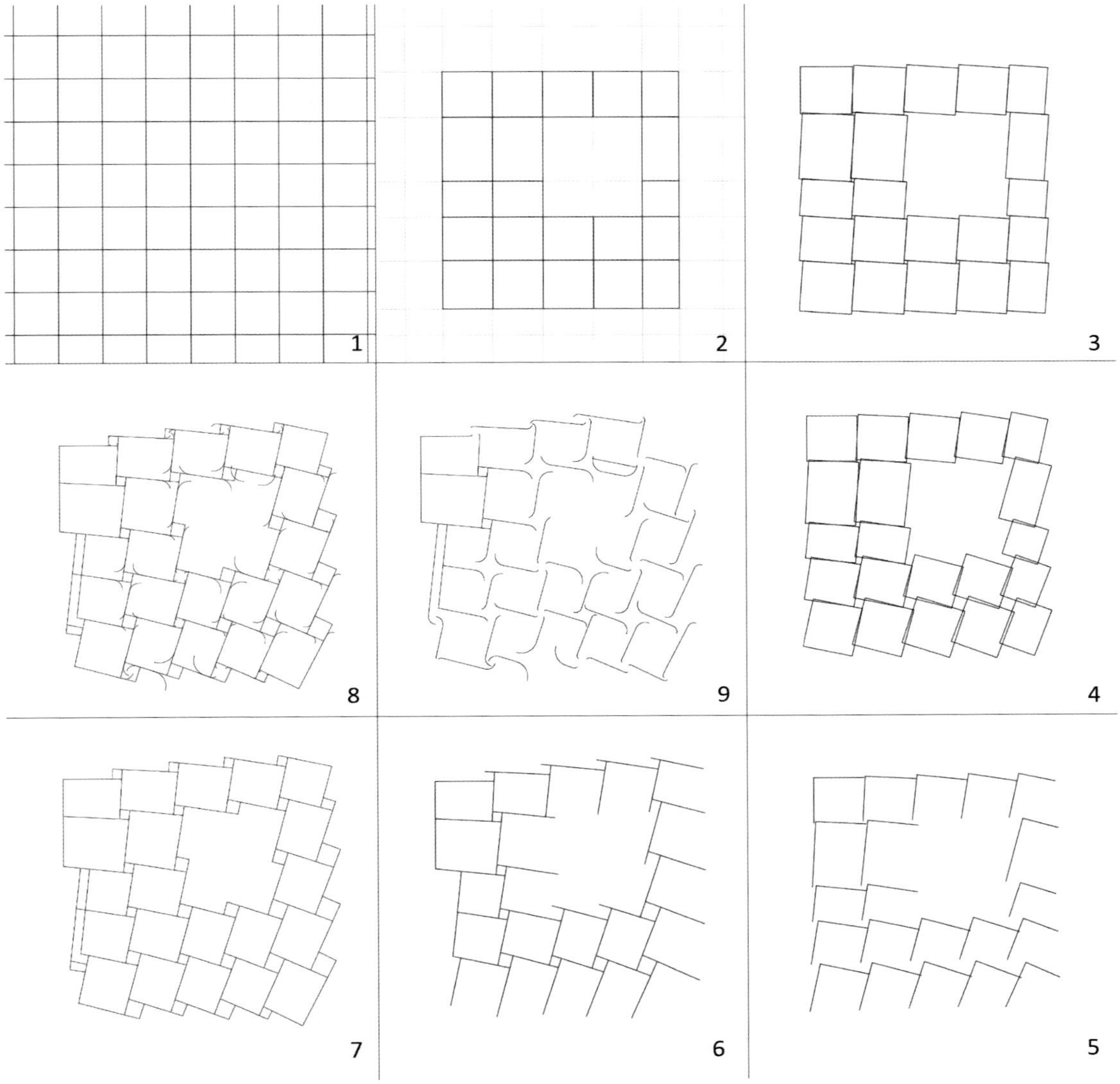
1
2
3
8
9
4
7
6
5

バロック・インターナショナルミュージアム・プエブラ

[写真]

1

2

3

1　メインアプローチ側から見る
2　中庭
3　階段

1階平面図

S=1/1200

1. エントランス・ホール
2. 大階段ホール
3. エレベーター
4. クローク
5. 救急医療質
6. 展示ホール
7. 企画展示室
8. 企画展示室
9. 特別コレクション展示室
10. 常設展示室1: 世界劇場
11. 常設展示室2: 天使達のプエブラ
12. 常設展示室3: バロックの感覚
13. 常設展示室4: 時代の新秩序
14. 常設展示室5: 知へのアレゴリー
15. 常設展示室6: 喜びと感動
16. 常設展示室7: 聴覚の技巧
17. 常設展示室8: 今日のバロック
18. ミュージック・ボックス
19. ショップ
20. パティオ
21. オーディトーリオ・ ホワイエ
22. オーディトーリオ
23. 楽屋控室
24. 一時保管収蔵庫
25. 検疫室
26. ローディング・ドック
27. 昇降機
28. テラス
29. 鏡池
30. キオスク
31. 池

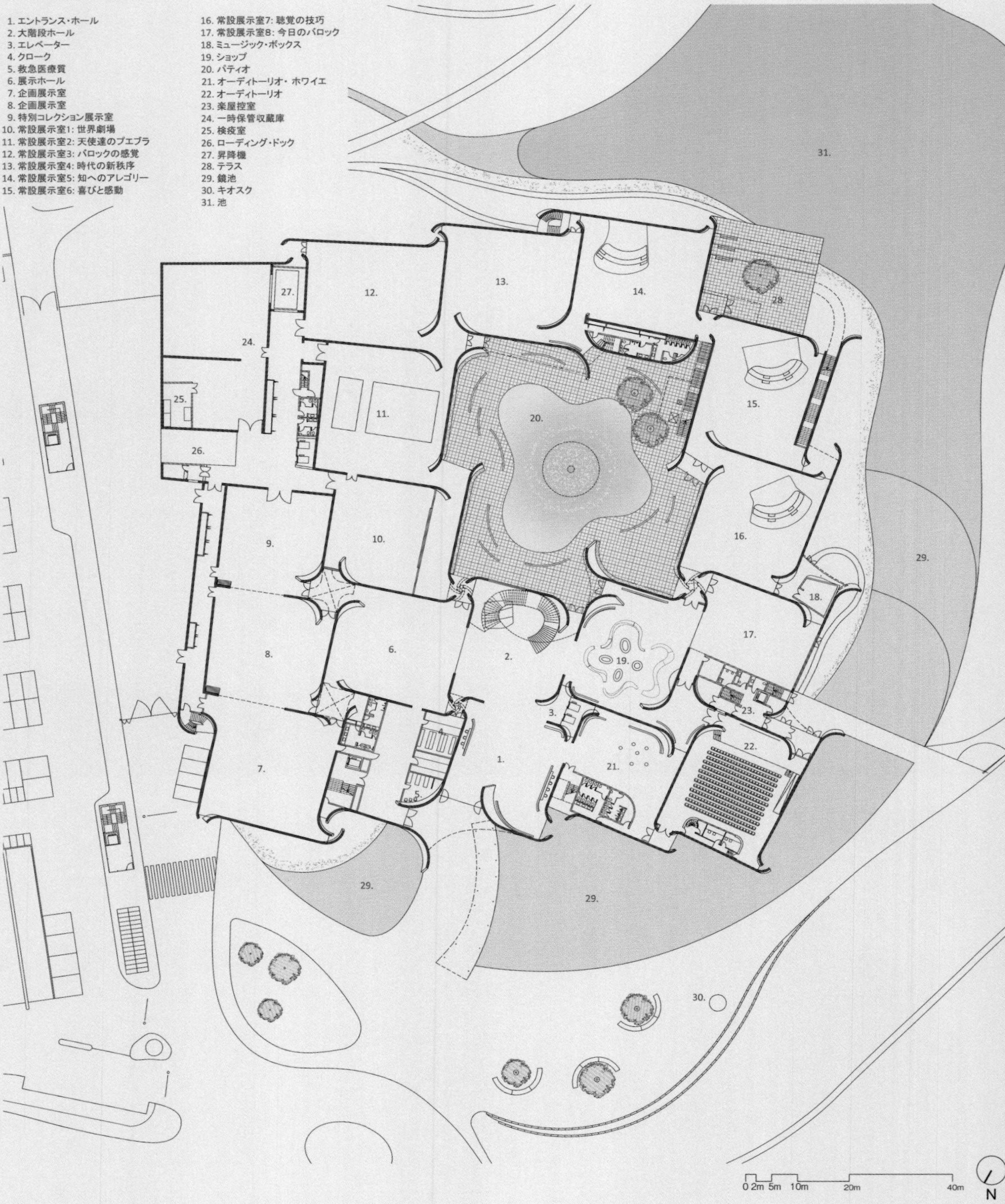

A-A' 断面図

S=1/1200

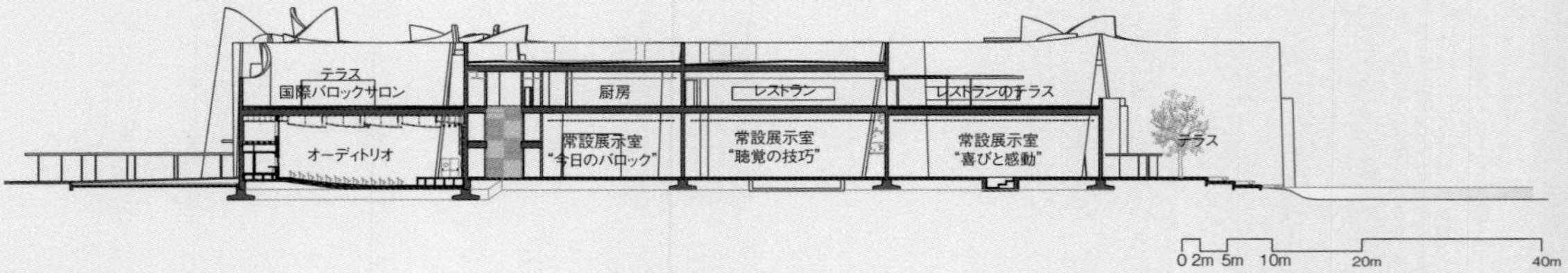

2階平面図

S=1/1200

1. 大階段ホール / 大階段
2. エレベーター
3. テラス
4. 修復作業工房
5. 教育リンク
6. 教育リンクの事務スペース
7. オフィス
8. 更衣室
9. サーバー室
10. ライブラリー・アクセス
11. 図書室
12. 図書アーカイブ
13. 展示施設工房
14. 展示施設マテリアル収蔵庫
15. ペイント、ニス作業スペース
16. 昇降機
17. コレクション収蔵庫
18. オフィス
19. オフィス
20. カルチャー・ディフュージョン
21. 国際バロックサロン
22. 会議室
23. テラス
24. カフェテリア
25. 厨房
26. レストラン
27.テラス

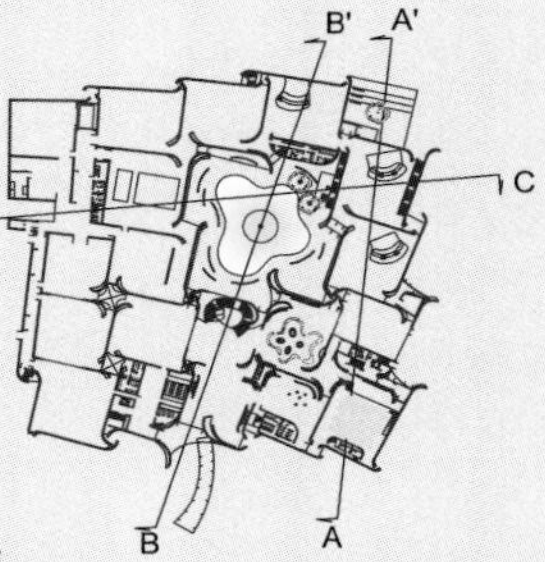

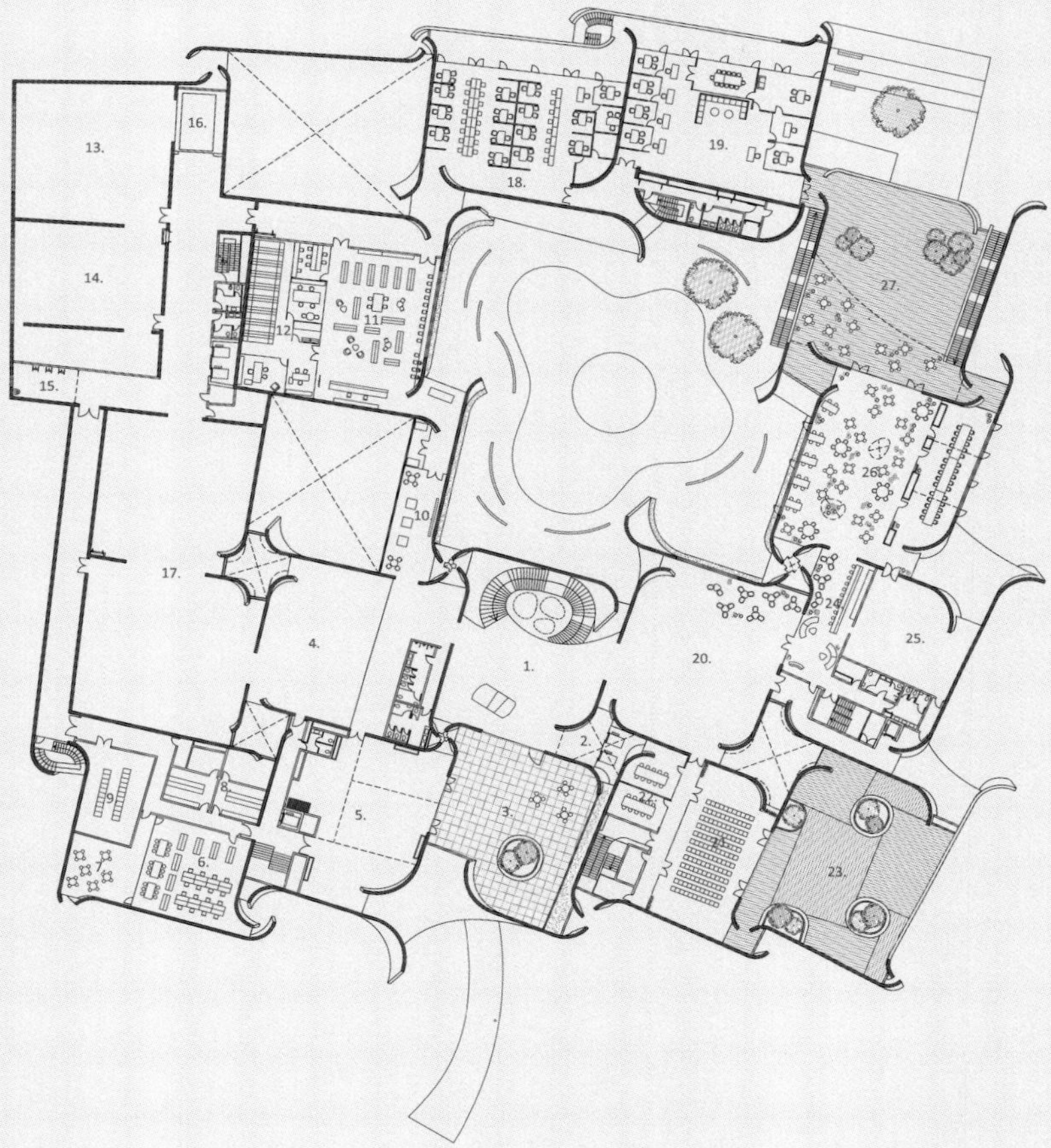

B-B' 断面図

S=1/1200

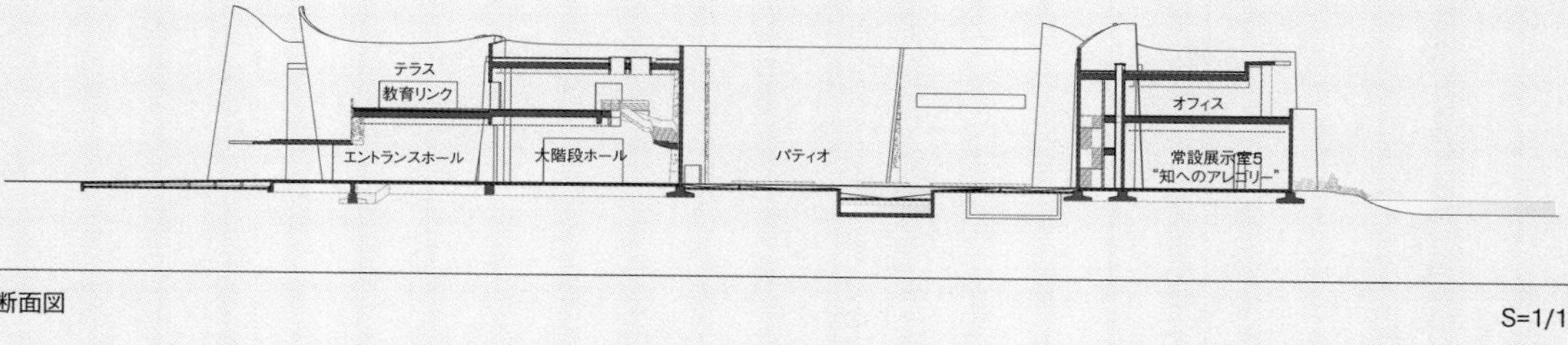

C-C' 断面図

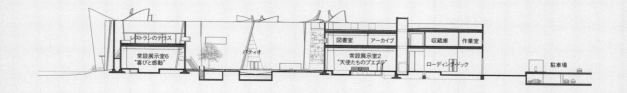

S=1/1200

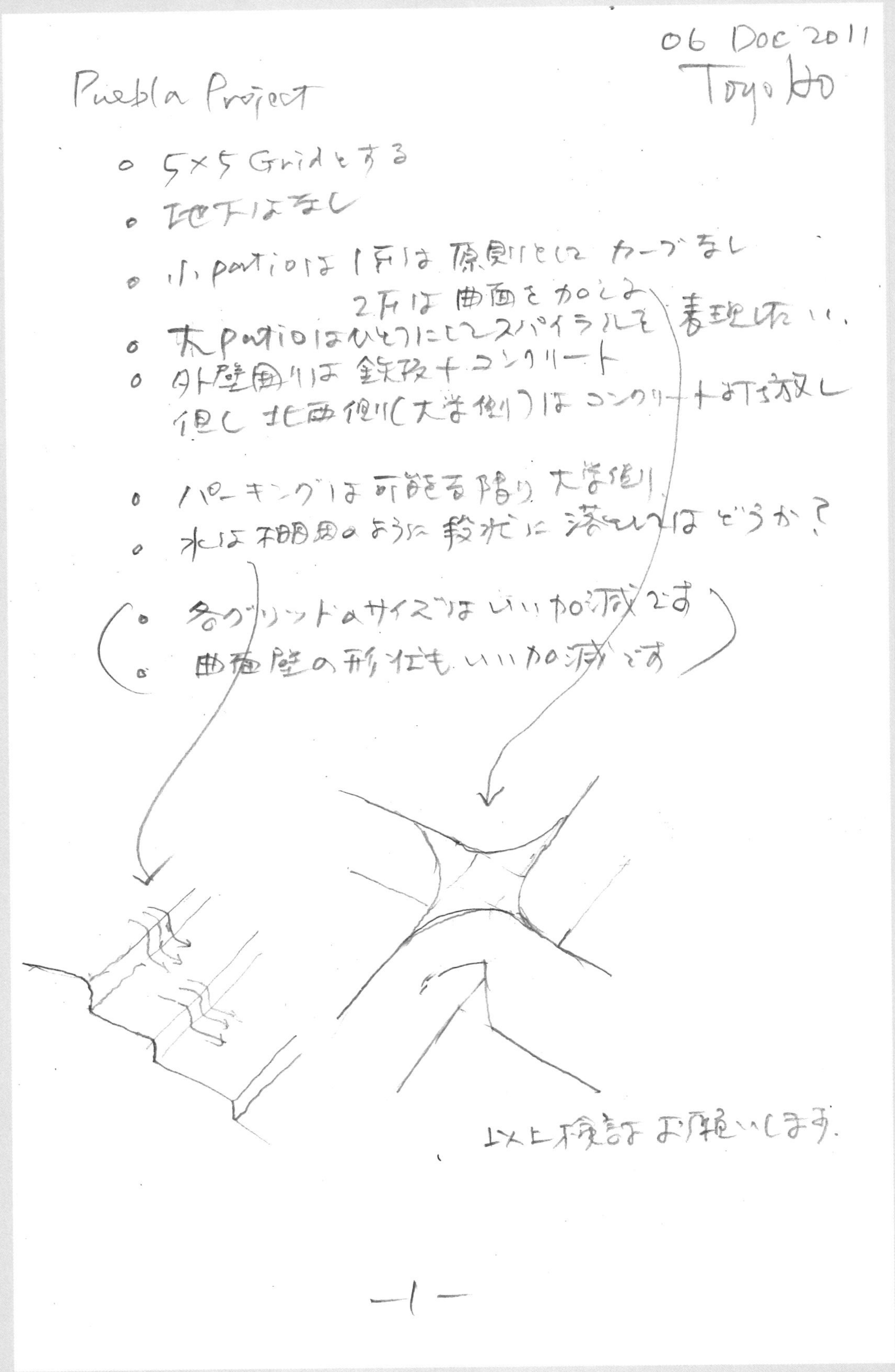
06 Dec 2011
Toyo Ito

Puebla Project

○ 5×5 Gridとする
○ 地下はなし
○ 小patioは1Fは原則として カーブなし
2Fは曲面を加える
○ 大patioはひとつにしてスパイラルを表現したい。
○ 外壁回りは鉄板＋コンクリート
但し 北西側（大学側）は コンクリート打放し
○ パーキングは可能な限り大学側
○ 水は棚田のように段状に落としてはどうか？
（○ 各グリッドのサイズはいい加減です
○ 曲面壁の形状もいい加減です）

以上検討お願いします。

—1—

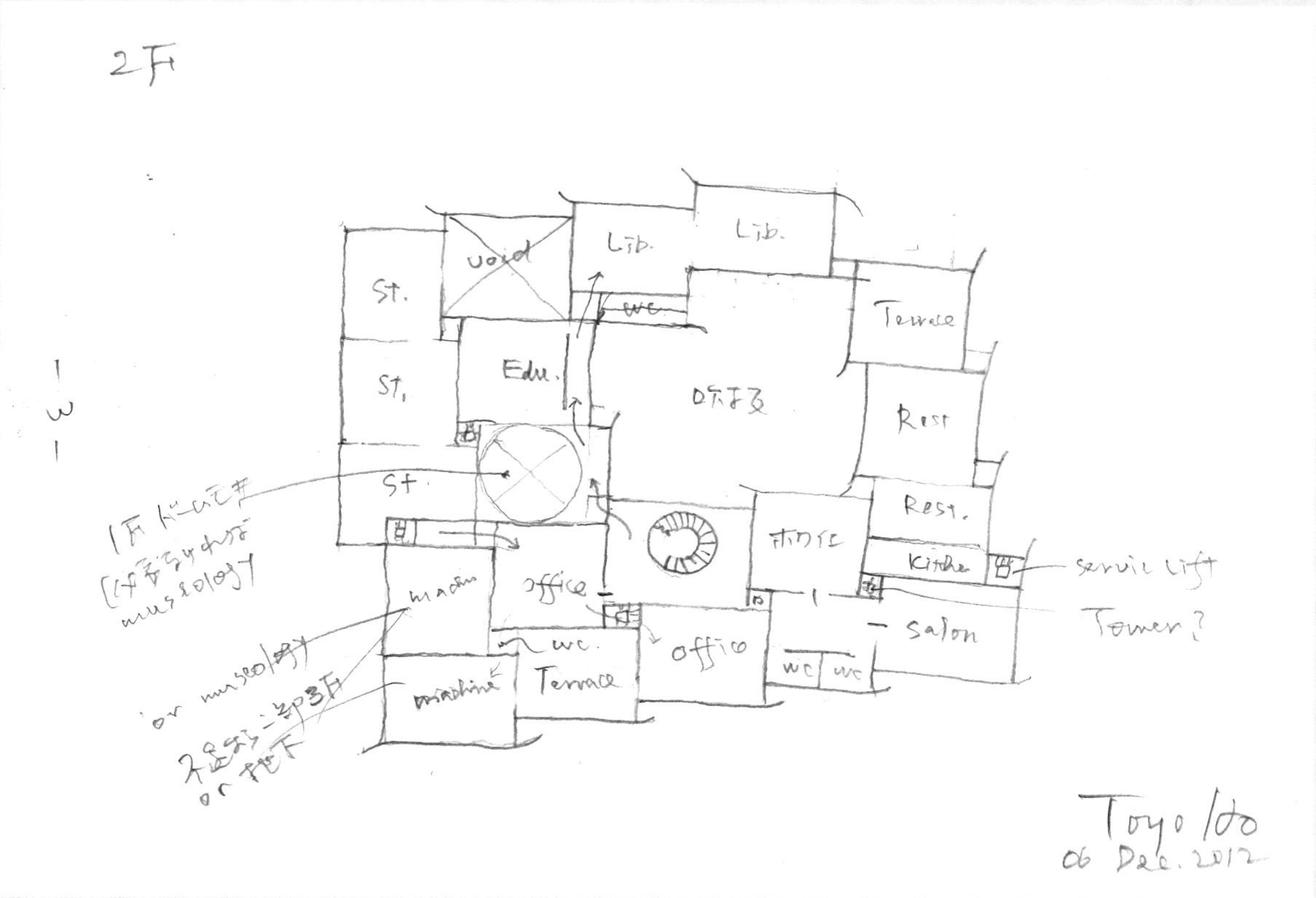
2F
Lib.
Lib.
void
St.
St.
St.
Edu.
Terrace
吹抜
Rest
Rest.
ホワイエ
Kitchen
service lift
Tower?
office
office
salon
wc
wc
wc
Terrace
machine
Toyo Ito
06 Dec. 2012

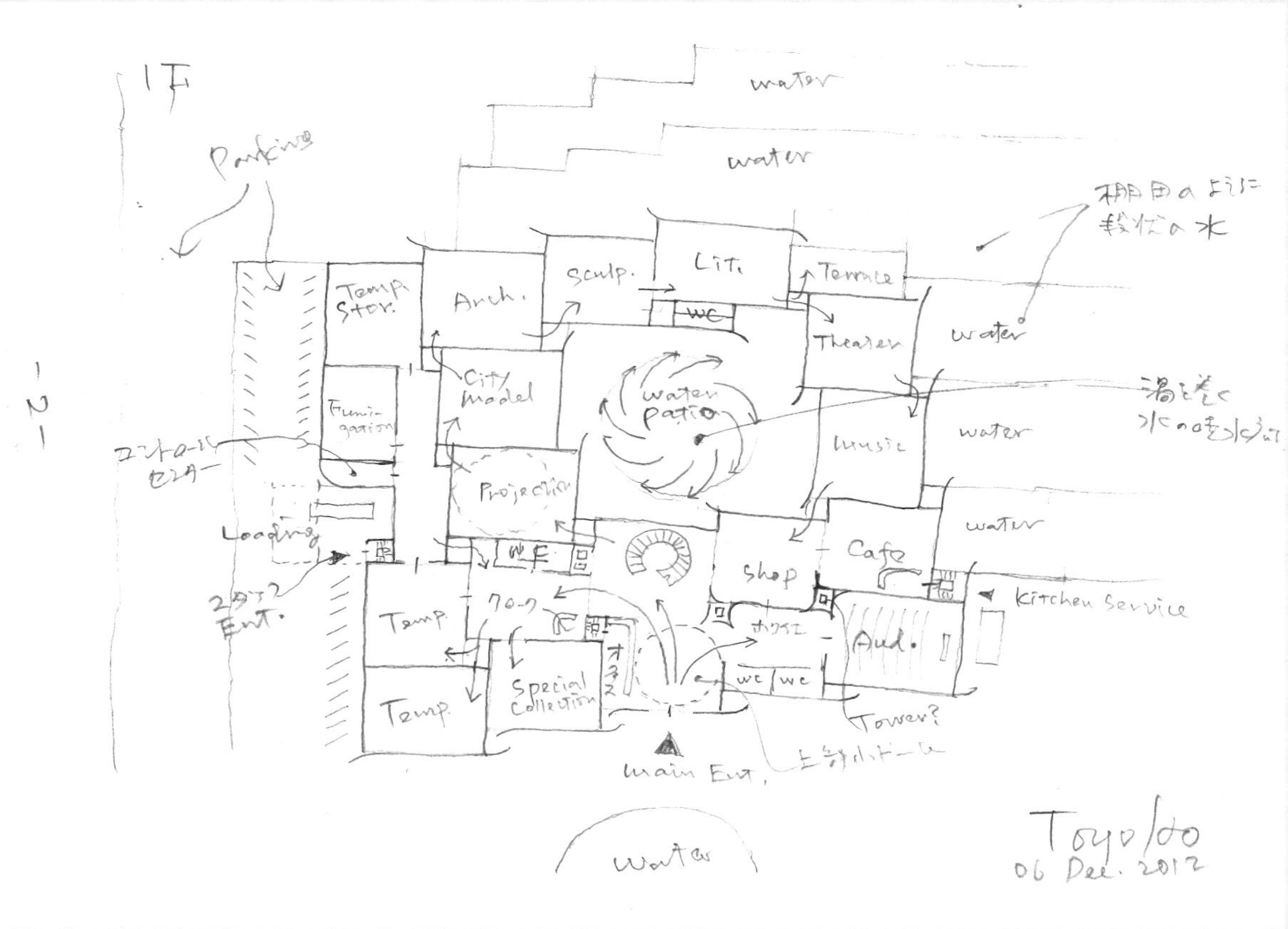
1F
Parking
water
water
棚田のように
段状の水
Temp. Stor.
Arch.
Sculp.
Lit.
Terrace
wc
Theater
water
City model
water patio
Fumigation
music
water
コントロールセンター
Projection
Loading
water
Cafe
shop
Kitchen Service
スタッフ Ent.
Temp.
クローク
ホワイエ
Aud.
Special Collection
wc
wc
Temp.
Tower?
Main Ent.
water
Toyo Ito
06 Dec. 2012

台中国家歌劇院

2016年にオープンした台湾の「台中国家歌劇院」を紹介します[fig.29]。周りは本当にグリッドシティです。そういう中に異様な建築として存在しているのですが、周りの公園は1年半ぐらい前からオープンしていました。今は、毎日相当な人で賑わっています。

これが構造体です[fig.30]。ここでも幾何学はまたグリッドからスタートしました。新しい開発地域ですから周りには何もないエリアで、コンテクストの取りようがない。巨視的に見ればチューブでできたグリッドのような空間です。

断面を20cmごとに切って、それを繋げると流動体の空間が見えてきます[fig.31]。これをトラスウォール工法というシステムでつくりました[fig.32]。基本的に2次元のトラスをつくってそれを並べていって3次元にして、その両サイドに網を張ってコンクリートを打つという、3次元曲面をつくるための工法です。これはもともと旭ビルウォールが開発したものです。2次元のトラスを現場の足元にある工場でつくっていくのですが、1本1本形が少しずつ違います。20cmごとに縦に並べていくと、少しずつ形が違うのでそれを面にすると3次元の曲面になるのです。

2年半ぐらいこの構造体の制作をやっていました。現場で釣り上げて、繋げて網を張ってコンクリートを打つ。コンピュータで設計すればするほど、最

29 広場に面した台中国家歌劇院

30 構造体モデル

31 20cmごとに切った断面を映像でつなげると、流動体のように見える

32 2次元のトラスから3次元曲面をつくるトラスウォール工法

29

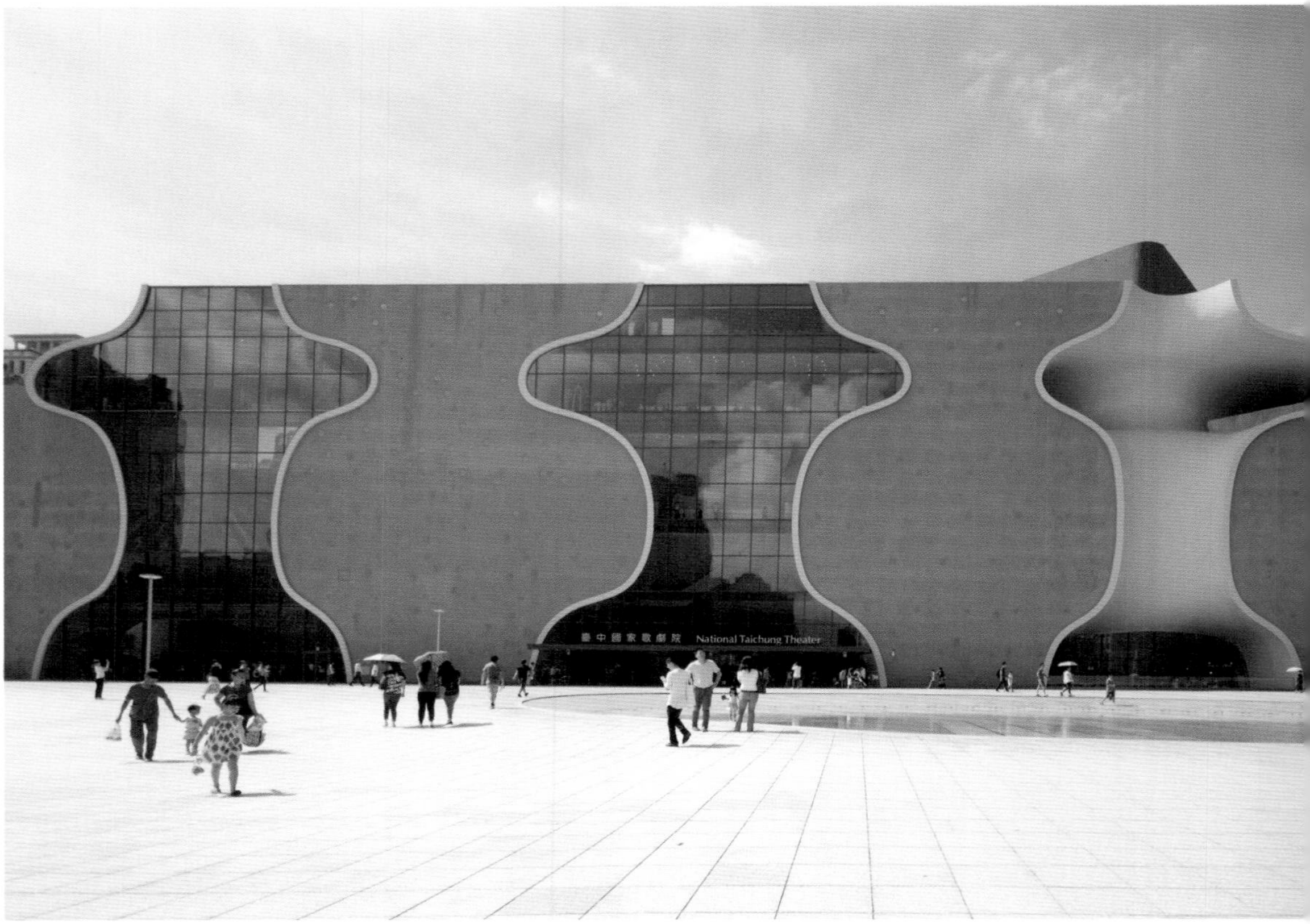

32

トラスウォール: 組立て
トラスウォールユニット: 組立て
トラスウォールユニット: 組立て
トラスウォールユニット: 現場設置
曲面RC躯体: 鉄筋施工
曲面RC躯体: コンクリート打設

30

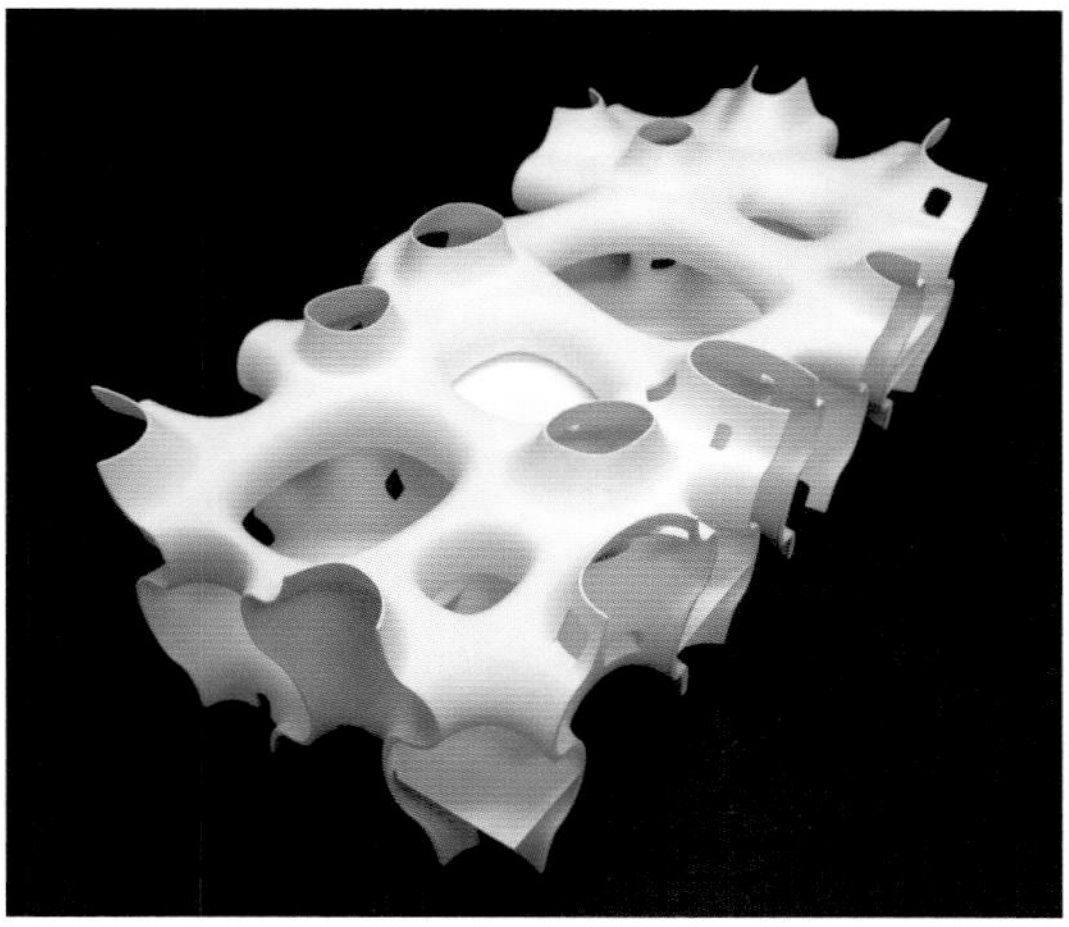

31

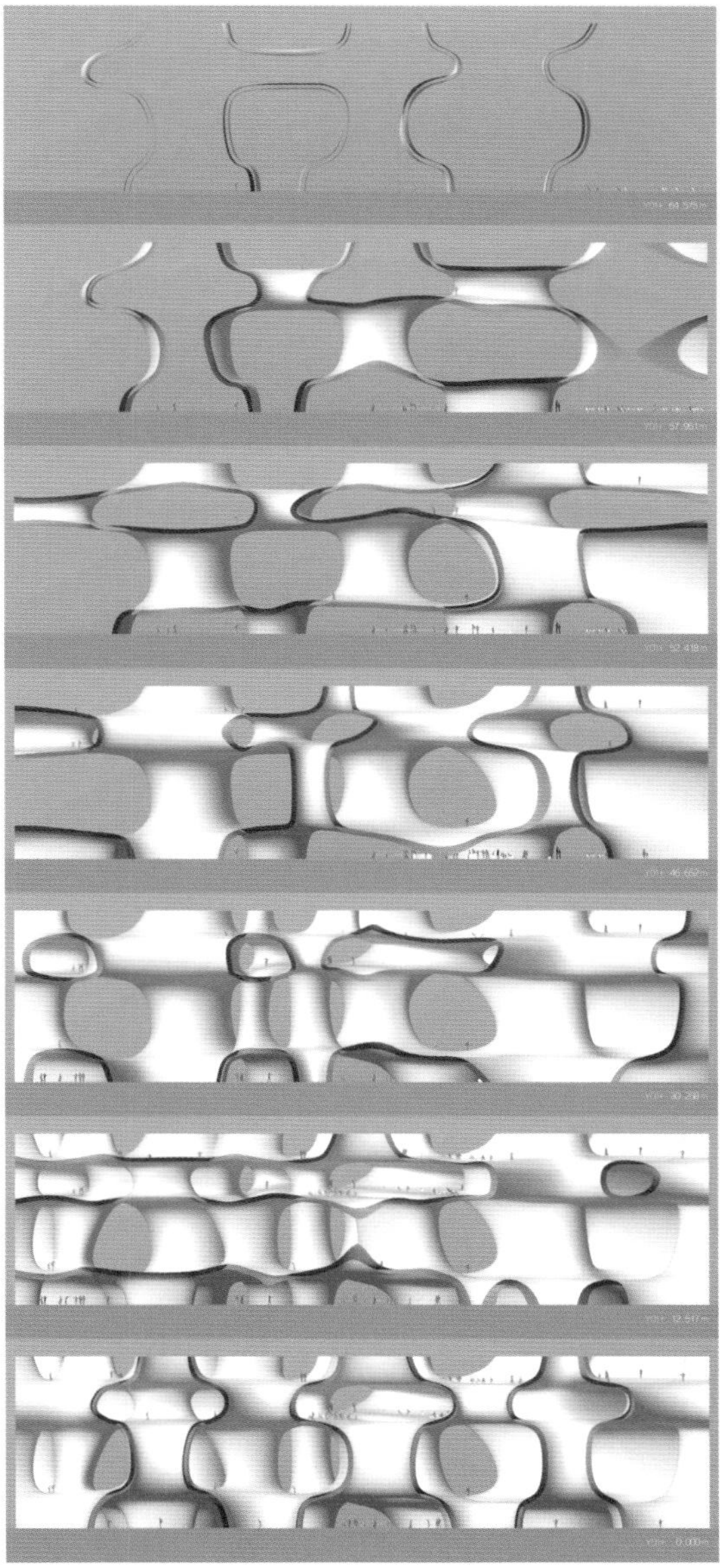

33, 34

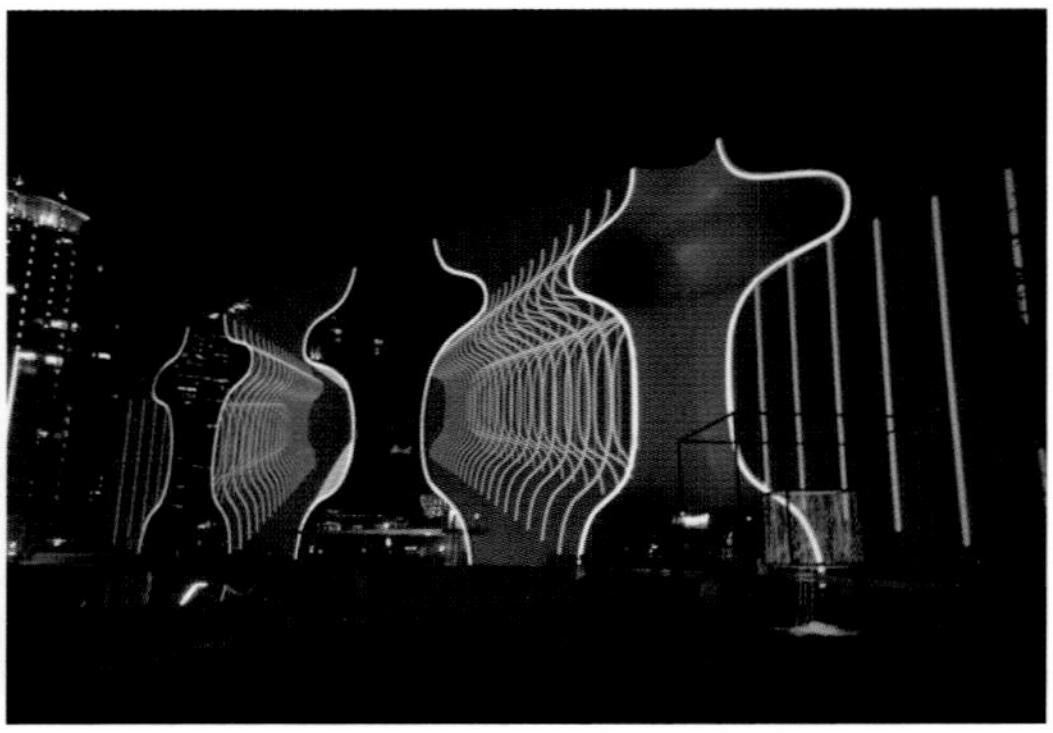

後は職人の手が必要になるという逆説になるのです。

建築がオープンする前から壁にプロジェクション・マッピングを映しながらコンサートをしたり、イベントを行っていたりと、内で工事をやってるのに前面の壁は使っていました[fig.33, 34]。そういうおおらかさが日本にはなくて、それが元気を生む違いになっているような気がしますね。

2,000席のホールへ入ると、藤江和子さんがデザインしてくれた家具が入っています。レストランに行く前の入口のトンネルは床も壁も天井も曲面で連続しています[091頁 -5]。

2016年8月末にプレオープンしたとき、噴水の池は観賞用のはずだったのですが水着で来る子もいて、笑い話ですが、子供の親が受付のカウンターに行って「なんでタオルがないのか」って[fig.35]。ここは、オペラハウスですよ。オープニングに、ヨーロッパや日本ならタキシードを着てくる。でもサンダルを履いていたり、ベビーカーを押してやってきたり。随所で小さなコンサートが行われている[fig.36]。これが想像以上にいいなぁ、アジアだなぁと思っているのです。

階段を上っていくと、ホワイエから大劇場に続いています。チェンマイの屋台の風景に繋がっていますよね、こういうのは。大劇場でオープニングに公演されたワグナーのオペラも外壁に映して、雨の日だったので入れない方は傘をさして、たくさんの方が見てくれて感激しました。大半の方たちは中のホールには入れない、でもこうやって楽しんでくれる。

地下には200席の劇場があって、ステージを開けると野外劇場に繋がっています。夜、内外をつないだコンサートが行われていました。屋上でもイベントが行われて館全体が劇場です[090-093頁]。

33　台中国家歌劇院のプレオープンの様子
34　ファサードのプロジェクション・マッピング

35　広場にある噴水の池で遊ぶ人びと
36　大劇場に続くホワイエと階段ではさまざまなアクティビティが生まれる

35, 36

8月の末から僕の展覧会をやってくれています。幾何学の10の動画が、床から壁天井を通して投影されて床の上にクッションが30個あって、みんなその上に寝っ転がって見るのです。もともと直交する幾何学を歪めていこうとしているのですから、それが3次元の曲面に映し出されて二重に歪められているわけです[091頁-6]。

中劇場でオープニングの際に行われたのは向井山朋子さんの『La Mode(ラ・モード)』というパフォーマンスでした[fig.37]。向井山さんは、日本のアーティスト兼ピアニストでオランダ在住、世界中を渡り歩いている素晴らしいパフォーマーです。観客が座り込んでいる間で10人のダンサーがパフォーマンスをします。

建物のチューブの一部の縮小モデルを布で安東陽子さんと一緒につくって、それが舞台装置になっていました。最初は真っ黒いベンチのようなオブジェクトが、どんどんダンサーに変わっていくアバンギャルドなイベントでした。ダンサーのひとりが衣服という形式も剥いでいく。境界をなくすボーダーレスの世界を求めるという主題を、紙でつくった洋服を自分で切り裂いていく。それを観客が移動しながら見るという迫力のある光景でした。ボーダーをなくして自然と建築、人と人、部屋と部屋を溶融してしまうことに、このパフォーマンスを見ながら刺激を受けましたね。

アジアの建築とは何かというのは、僕の結論を一言で言うと、“自然に祝福される建築である”ということで、今日のレクチャーを終わらせていただきます。

37

37 中劇場のこけら落としとして公演した向井山朋子氏のパフォーマンス「La Mode(ラ・モード)」
写真上:National Taichung Theater

2

1

3

4

1 俯瞰　写真｜中村絵
2 2階ホワイエ
3 空中庭園
4 地下の劇場は扉を開放すると屋外の円形劇場につながる
5 レストランへのトンネルは、床・壁・天井が曲面を描く
6 幾何学をテーマとした伊東豊雄氏の作品展の様子。曲面を描く作品のシルエットが曲面に映し出される

066-093頁｜特記なき写真・図は伊東豊雄建築設計事務所提供

5

6

配置兼1階平面図

S=1/2000

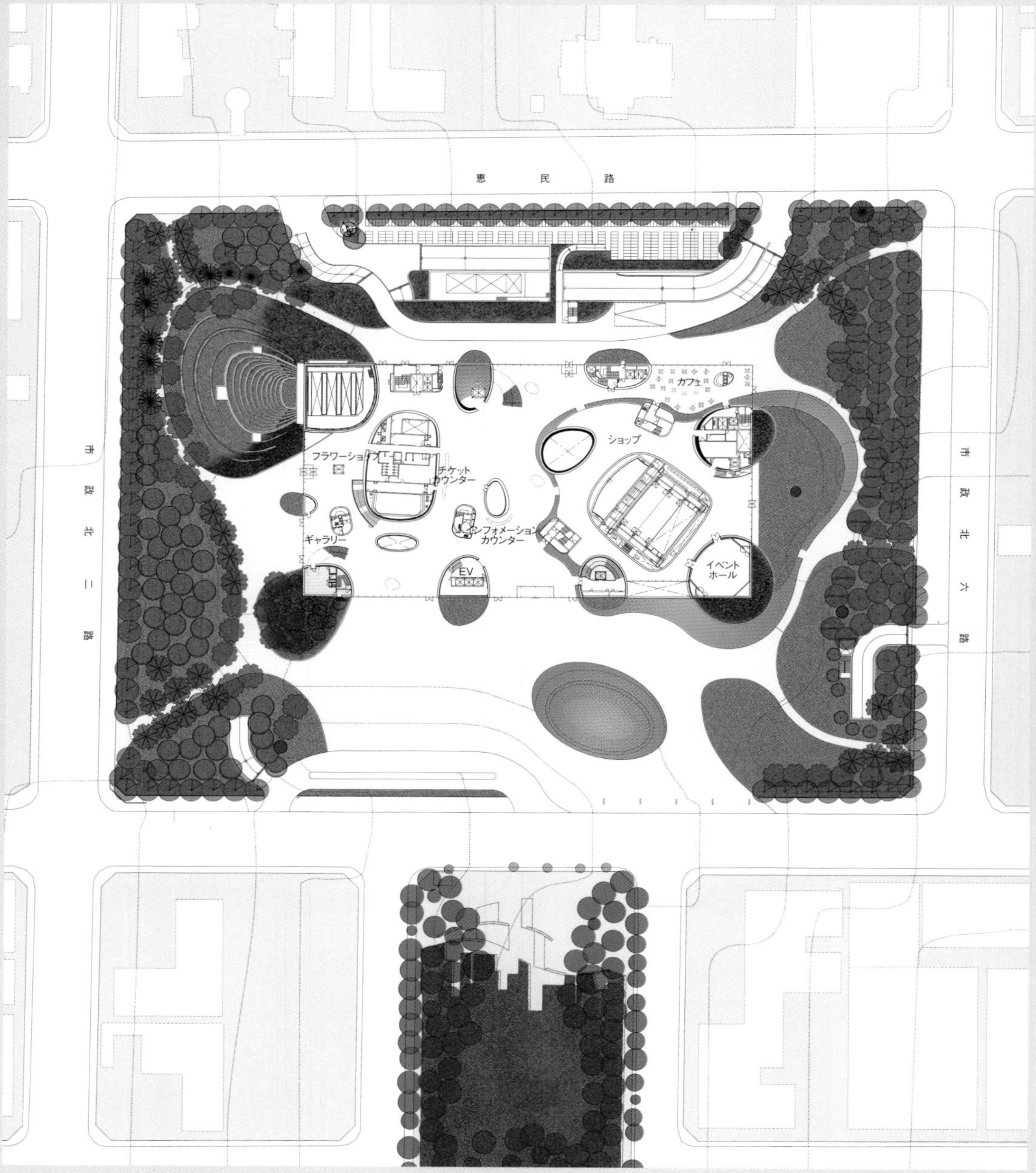

長手方向断面

S=1/1200

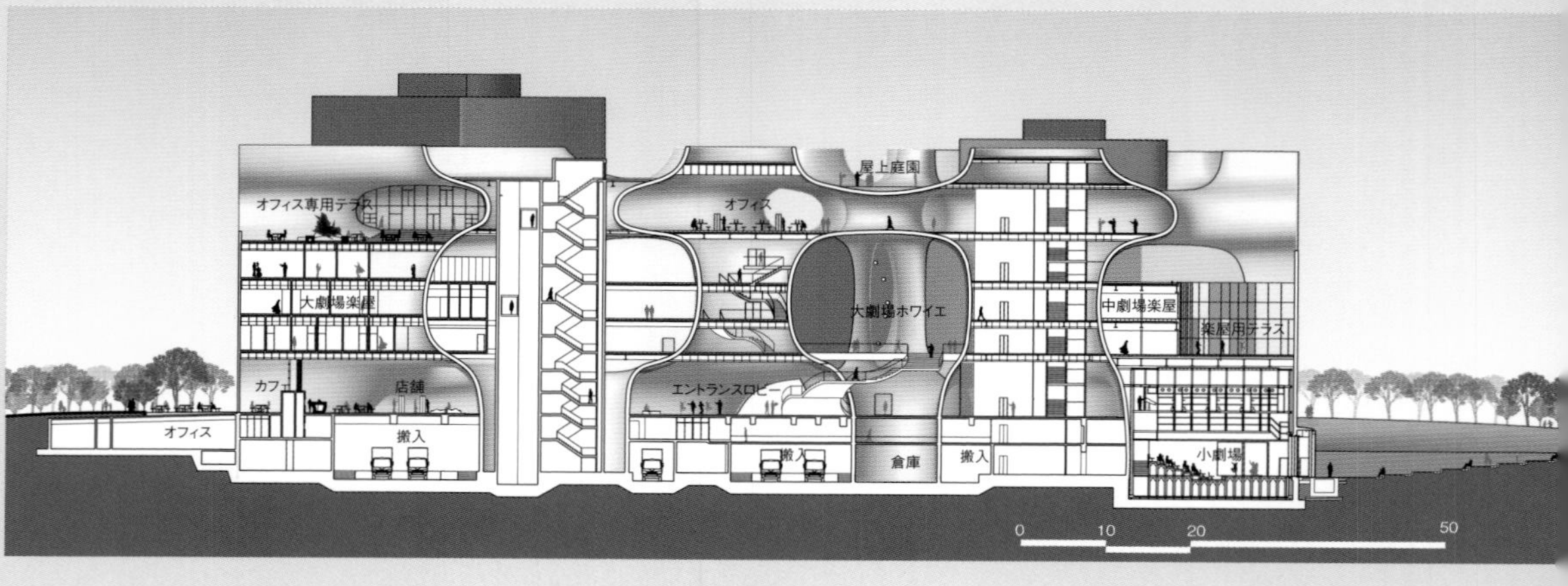

5階、6階平面

S=1/2000

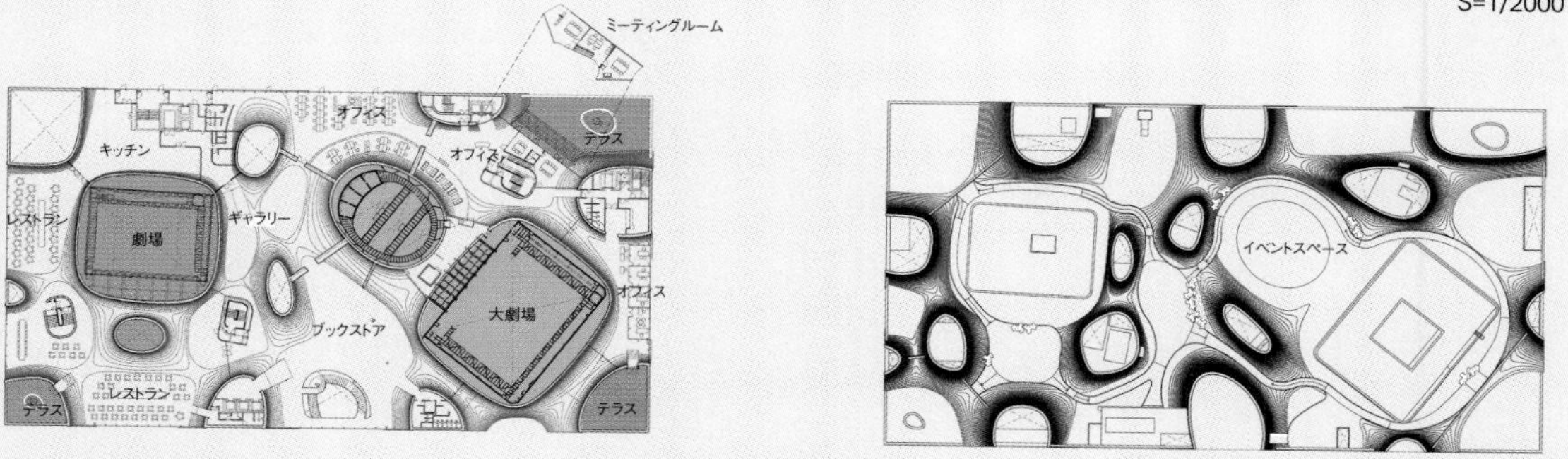

2階、4階平面

S=1/2000

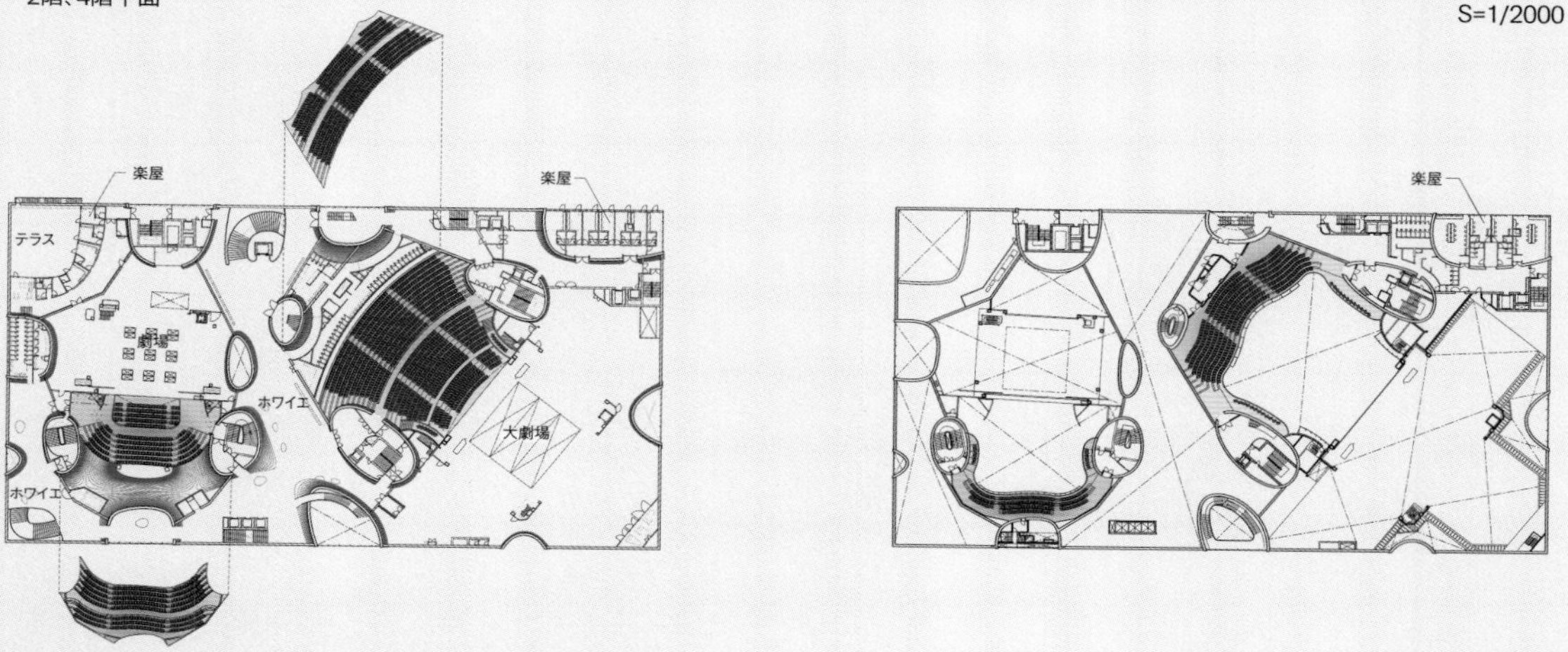

地下1階平面

S=1/2000

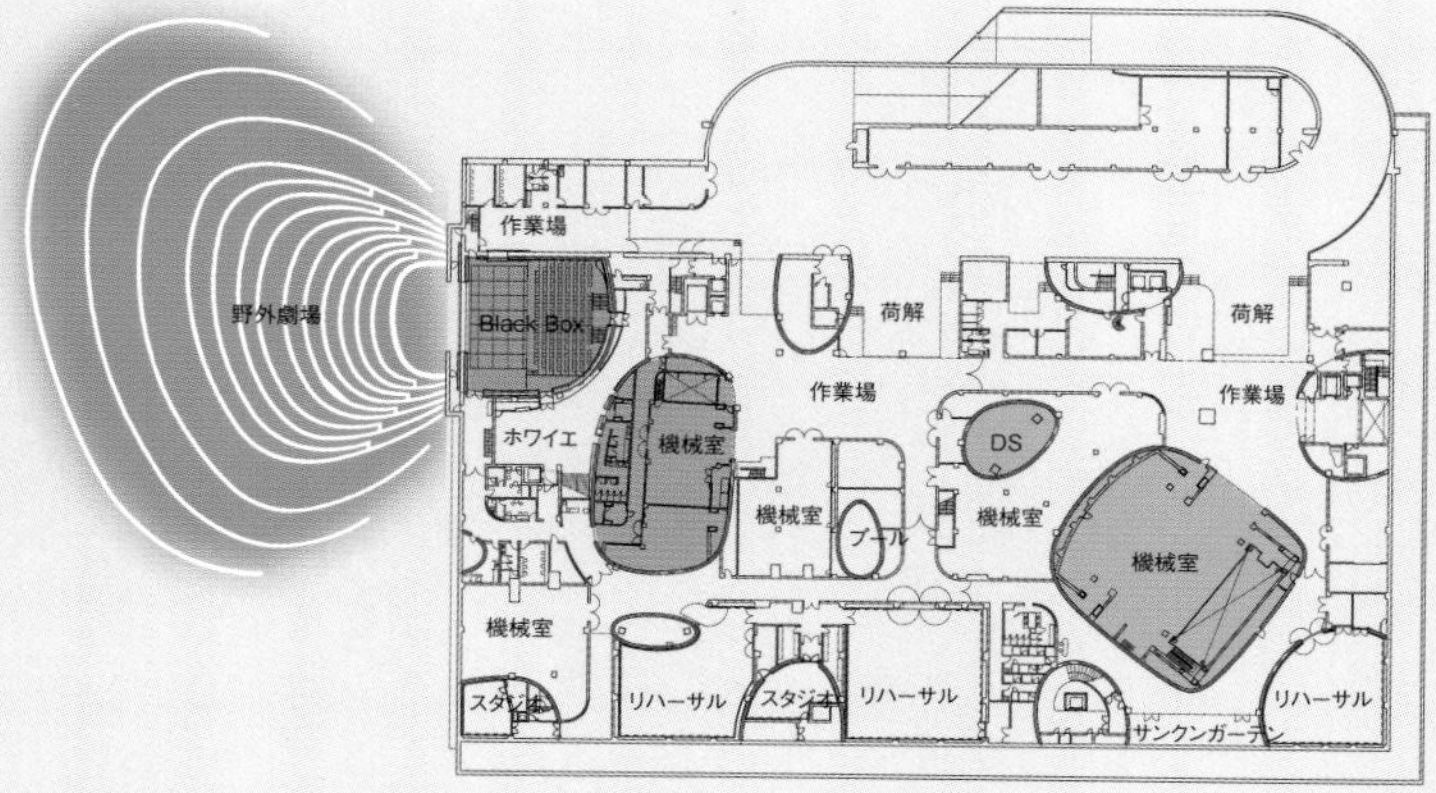

短手方向断面

S=1/1200

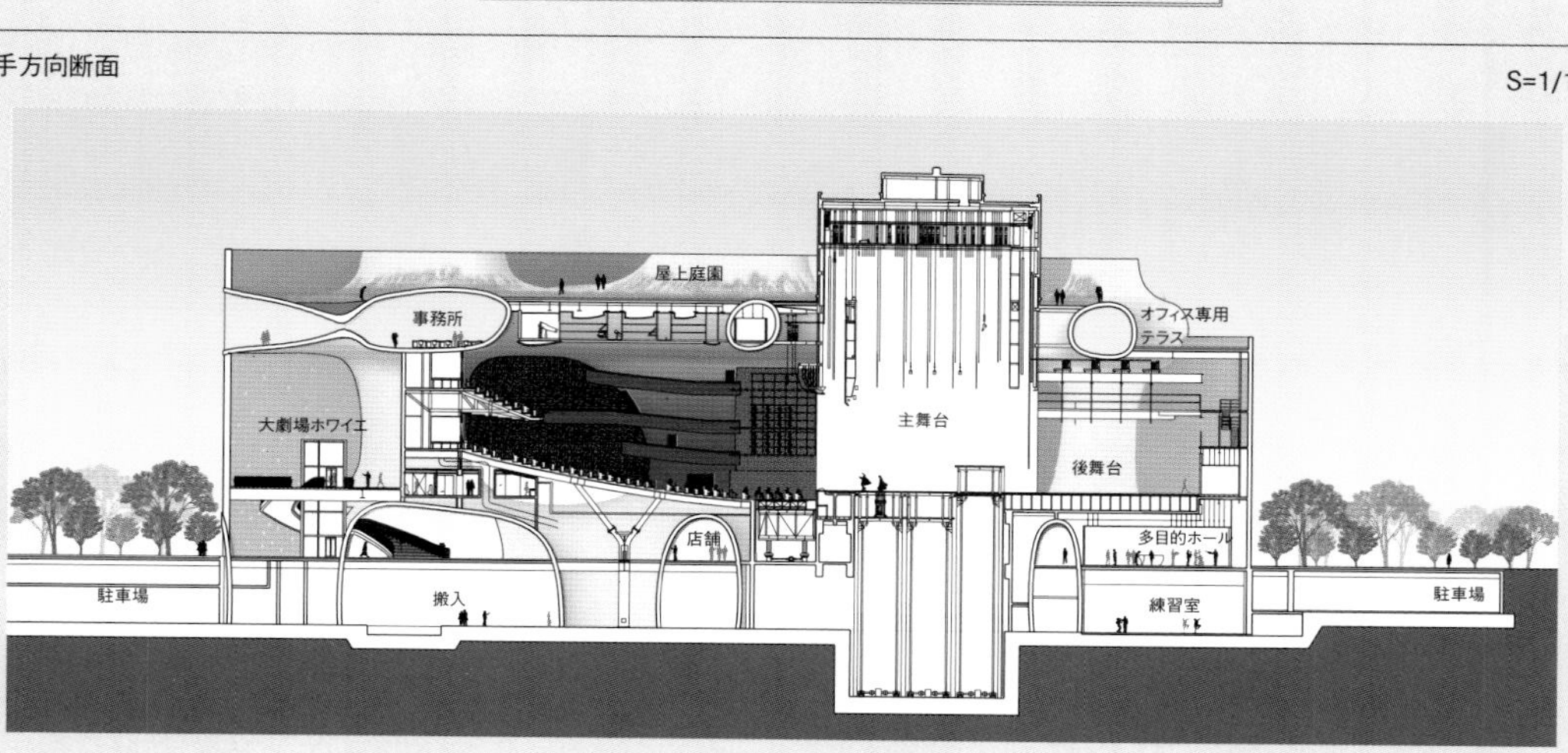

みんなの建築家になる

伊藤憲吾

瀬戸内海文明圏――これからの建築と新たな地域性創造研究会｜地域で建築設計をする

［第二回］

福岡｜九州大学旧工学部本館

切磋琢磨する大分U-40建築家たち

大分県大分市生まれです。そのままここで活動しております。生まれたのは1976年なので伊東さんの「中野本町の家」ができた年です。地元の工業高校の建築学科を出て、建築設計事務所に入りまして、2009年に独立起業です。働きながら社会教育の中で建築を学んだと思っております。

2010年から磯崎新さんがコンバージョンされた大分市アートプラザで、「ARTPLAZA　U-40建築家展」をやっています［fig.01-03］。2016年が7回目となります。アートプラザとの共催というかたちで、出展条件を「40歳以下の建築家」、出身が大分か、大分大学で学んだということを「大分に縁《ゆかり》がある人」として、IターンやUターンをして出展していただきたいということにしました。

アートプラザでは磯崎新さんの常設展があり、そこに模

01　U-40建築家展を開催している大分市アートプラザ。磯崎新氏がコンバージョン

02　ARTPLAZA U-40建築家展2016のポスター

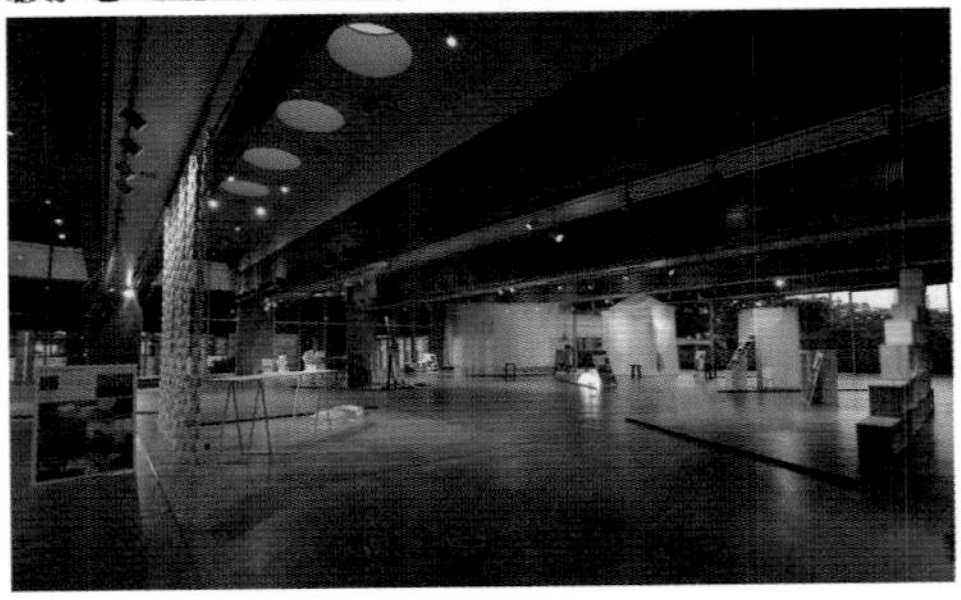

03　U-40建築家展の展示風景

型などが展示されています。時折展示替えをして、常に磯崎さんの建築に触れる場所になってます。大分では磯崎さんは一般の方でもご存じ

なので、我々が建築展をする時にも「建築」を見に来る感覚で来てくれます。会場はもと図書館で自然光が明るいのでギャラリーとしてはやりにくい部分もありますが、ここをどうやって使っていくかが我々の使命と思ってます。

約20年前にアートプラザの保存運動が地元の建築家を中心に起きました。壊さずに残して、この後使われる空間となっていかなければならない。我々は使っていくことを覚悟して挑んでおります。

2016年に40歳になったのを機に、自分自身のU-40の活動は2015年を最終にして、「建築家のDIY これまでこれから」というタイトルにしました。いろんな周期で建築家というのは職能が変わっていくかなと思っていまして、2015年はそういう年だったと思ってます［fig.04］。

04
建築家のDIYこれまでこれから展のポスター

この問題意識を説明します。伊東さんが中野本町をやられた1970年代半ばぐらいは建築家は住宅からやり始める時代だったと思います。それから約20年経った、私どもが社会に出た1995年頃は、バブルもはじけて、windows95が出て、それからずいぶん世の中が変わりました。そして、それから20年後の2015年、どうしていくべきなのかを考えた時、違うジャンルに踏み込まなければだめだなということで、「建築家のDIY」という企画のタイトルにして開催しました。

今度の2016年の12月11～23日にU-40建築家展があります。今回も大分に縁がある若手建築家が15組で東京、北海道の方も集まって切磋琢磨、凌ぎを削っているという状況です。

地場の木材を使う

私は大学で建築を学んでいないのですが、尊敬している木質構造の井上正文先生という方がいらっしゃいます。大分大学を今は退官されたんですが、先生からCLTというものがあるということを何年か前に聞くチャンスがありました。そこで今日は、私が設計したCLTの建築を紹介させていただき

05
大分県前のまちなか案内所。CLTを用いている
写真2点・イクマサトシ

06
まちなか案内所立ち寄りやすいように大きな開口を設けた

ます。まちなか案内所［fig.05, 06］という建築です。

大分は最近駅ビルができたんです。駅から人が動いて町に人をガイドしていく、そういった施設が欲しいということで、歩道の上につくった仮設の建築です。最初は半年の予定だったんですけど、賑わいがあったので1年に延びました。予算的に厳しかったこともあり、CLTを内外に現しにしています。結果1年で閉じることになったんですけども、現しによる耐久性の問題は、設置が短期間なので何とかなるかなとパネルをそのまま積み上げた箱みたいな形になっています。

しかしパネルのジョイント部のところから水もしみ込んできて、設置期間を半年延長することになったときにはひやひやしました。

駅ビルのオープンに間に合わせてくれというお話しをいただいたのがオープンの2カ月半前で、現場事務所みたいなものでいいんではないかというような話でした。発注先の行政としては来年度の予算でやってほしい、年度初めの4月に着工するという形です。完成までに2週間しかないときにCLTがちょうどよかったんです。

加工までして持ってきて組み立てるという短工期化できるので仮設建築に向いてるなと思いました。

駅の近くにあるバス停です[fig.07]。これはCLTパネルを斜めにカットしたらどうなるんだろうかという話です。

大分県日田市で日田杉で有名な林業のまちでもCLTの東屋も設計させていただきました[fig.08, 09]。香山壽夫さんが設計されたパトリア日田の前にある公園にあります。CLTに関わっていくと同時に林

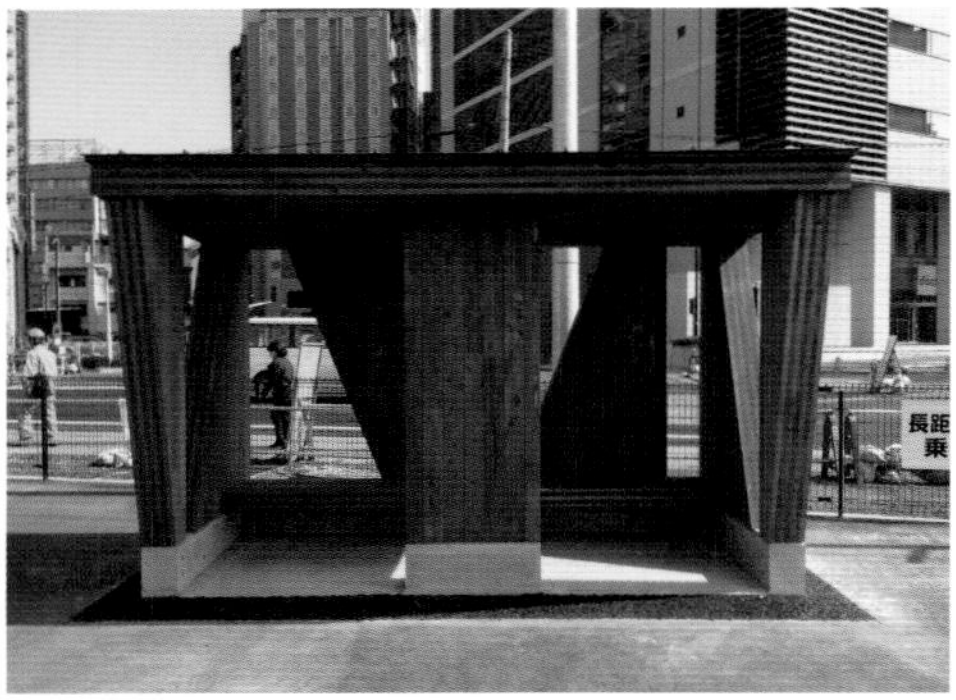

07
大分駅近くのバス停。CLT材を斜めにカット

08, 09
CLTを用いた公演の東屋

業に関わらないといけないと思っています。

普段木造住宅の設計が多いのですが、林業を知らなくて木造を設計するのはおかしいなと思い始めていましたのが、林業の街である日田市や小国町というエリアに顔を出すようになったきっかけでした。

それと林業と最新の木造工法との間にいる職人さん達をどうしたらいいんだろうというのがあり、30歳くらいの若手の細工さんと仕口と継手でつくった組み立て式の椅子をプロトタイプとしてつくりました。そのプロトタイプをイタリアのミラノに持っていくことになりました。ミラノサローネの本会場の次に人が集まるスーパースタジオというところに出展しようと友人の誘いがあったためです。バッドブランドという企画名称です。BUD[バッド]、つぼみ、これから何か芽が出てくるんではないかという、日本のブランドを紹介しようという企画で若手の建築家などが10人くらい集まってきました。

出展してみて自信を持つことができました。いろんな人にいろんな声をかけてもらった。ミラノの家具職人の方や、大工さんが来てくれて、日本はすごい機械の技術だねと言われたとき、「大工によるハンドメイドだ」と言ったら驚いてましたね。[fig.10, 11]

10, 11
ミラノデザイナーズウィークに出展した組み立て式の椅子

明日の建築

このとき熊本地震が起きました。遠く離れてすごく不安でした。帰ってきて何かしなきゃいけないということで、地元で起きた震災、何をしたらいいんだろう……と。

南阿蘇プロジェクトという任意団体では、山崎亮さんの事務所のstudio-Lの内海慎一さんという方と一緒に、熊本の建築家を中心に団体を設立して集まって「今後、どうしよう?」ということを話してたんです。

小倉の駅ビルの中にあるアミュプラザ小倉の方たちが、被災地でお店を失った方たちに商売ができるスペースを与えたいということが企画として挙がりま

した。

小国町の観光協会、北九州市などの皆さんが動いてくれました。企画を進める中で「熊本をもってこなきゃいけない」ということになり、小国町に知り合いも多かったので皆さんの協力を得て小国杉で会場のフレームやテーブルもつくりました。

基本的にこれらをデザインしたのは私の友人です。空間デザインをした建築家も材料も出展者も全員が熊本の方です。私は取りまとめをしていたという状況です。

主催したアミュプラザさんが関わった方々の名前を全部会場に貼り出してくれました。手伝ってくれるボランティアに、ありがとうの気持ちがちゃんと返ってくることが大切だと思います。九州大学からも何人か手伝っていただきました。、復興支援、被災地にも行ってできることをいろいろやってみたという状況です。

今、竹田まちホテル[fig.12]というプロジェクトをやっております。

竹田市は、藤森照信さん設計のラムネ温泉があるところです。人口は2万4千人くらい。大分県が120万人くらいなのですごく小さな町です。過疎化率が日本で1位です。空き家も多い。一生懸命、移住促進もしてるし、文化的な匂いのするいい町です。アルベルゴ・ディフーゾ（まちやどモデル）という仕組みがイタリアにあります。ホテルのフロント機能とかラウンジ機能を町の中に分散させるという仕組みです。それを模して、竹田の駅で受付・チェックインをして、鍵を預かって自分で歩いて空き家を改修した宿まで来ることをやっています。建築としてものが終わったあとの使い方、町のネクストステージを考えたいと思ってます。

明日の建築というタイトルをいただきましたので、明日の建築家ということを考えさせてもらいました。

建築のとらえ方を変えなきゃいけない。つくるから使う、つくる立場の人は使い方も知らなきゃいけないなと思うので、どうやって使い倒せるかなと今思ってます。

Architect の翻訳を、建築家ではなく構築者にしたい。私は一切設計デザインをしなかったとしても、いろんな問題を取りまとめる構築者でいたいなと思います。職能領域の拡大、設計事務所で設計するだけはなく、相談先としていたいなと思っています。

伊東先生の言葉をお借りすると“みんなの建築家”になっていかなきゃいけなと思っています。

人から信頼され、相談される建築家の姿勢を日常的にしていきたいと思い活動してきたように思います。みんなと触れ合える、雑誌などを通してではなくて、直接会える。そういう立場になりたいと思っています。私はスーパーローカルアーキテクトと言ってます。ローカルで活動しますけども、動き方はスーパーでいたいと思っています。

12
竹田まちホテル　094-097頁特記なき写真・図版提供・伊藤憲吾

木で建てる

瀬戸内海文明圏——これからの建築と新たな地域性創造研究会｜地域で建築設計をする

[第二回]

内田貴久

福岡｜九州大学旧工学部本館

木材の流通への視座

福岡で設計活動をしている内田です。

3つの作品を紹介します。ここ数年設計した建物が木造平屋建てばかりなので、木の種類や品質、日本全体の木造の構造材の流通システムや、コストパフォーマンスとかを最近は考え続けています。デザインや空間という話より、材料とか構法という話を紹介させてもらいます。地味かもしれませんが……。

だいぶん前に設計した建物ですが、阿蘇くじゅう国立公園内に建っている別荘「W-HOUSE」で、内装から外装までスギ板材でつくった約60m^{2}木造平屋の小さな建物です。360度緑の山々に囲まれたところに建っています。建物全体を独立直交壁構造で構成しました[fig.01-03]。

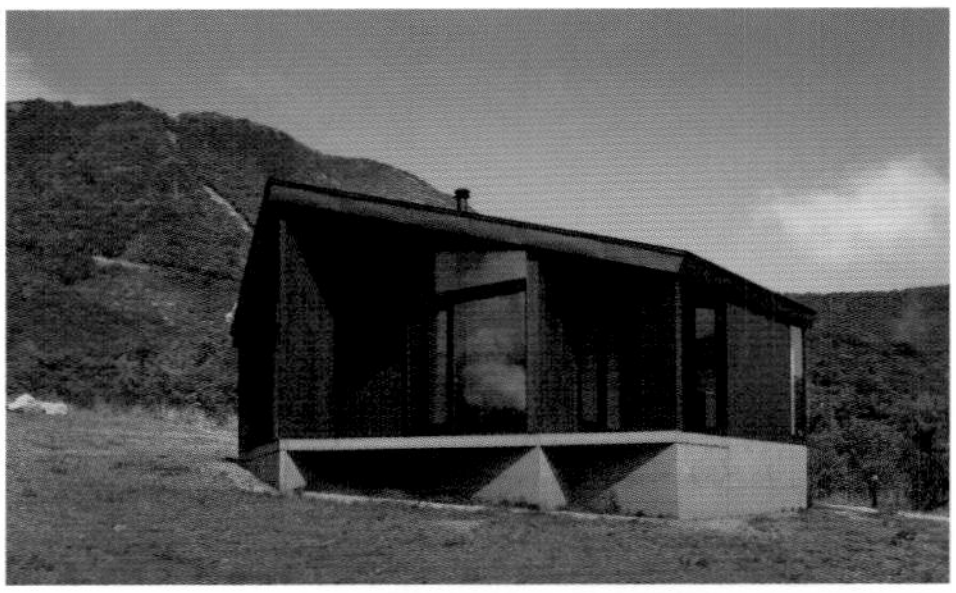

01
W-HOUSE外観
写真2点・河野博之／西日本写房

02
直交するスギ板の壁で空間を分節

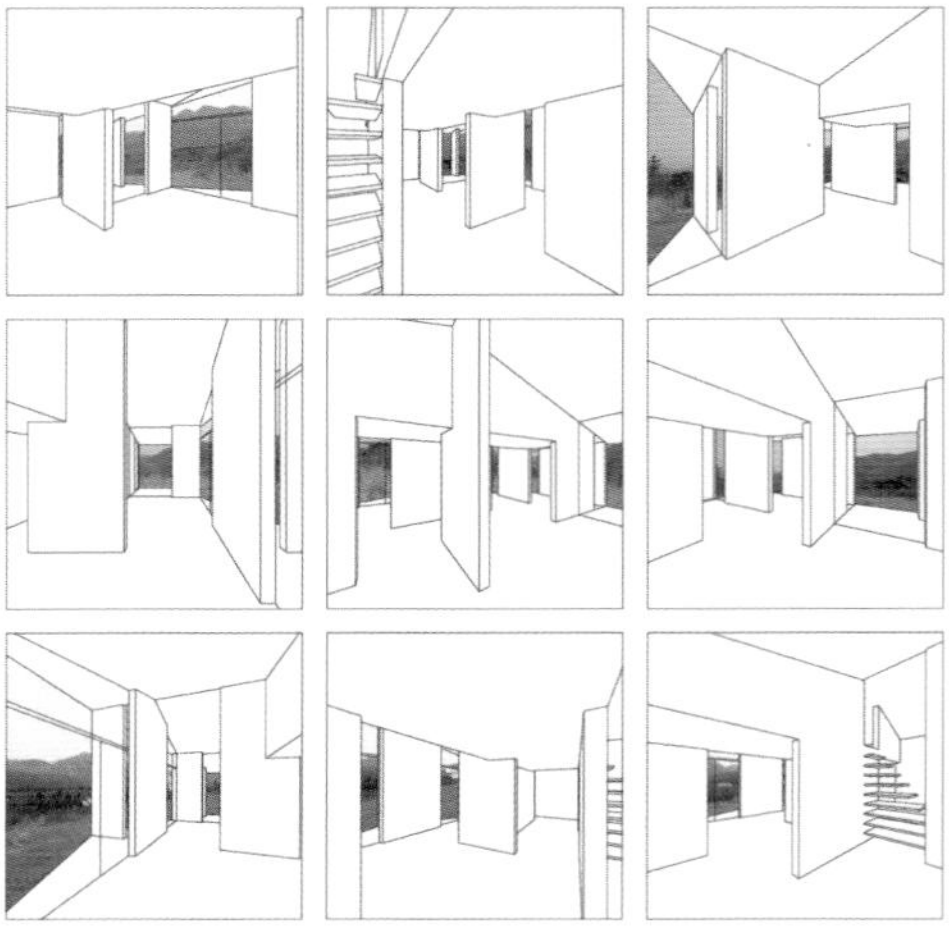

03
開口や内部の空間のつながりを表現したパース

山登りが趣味のご夫婦から、ベースキャンプのように使いたいという要望を受けた別荘で、寝る場所以外は小さな食事スペース、キッチンと風呂トイレ程度しか設けられていません。外に出れば360度きれいな景色が見えるので、この建物ではプライバシーが微妙に確保されるような内部空間があればよいと話しながら設計を進めました。結果的に室内からどこを向いても外の景色が見えるようにしてあります。内観写真も撮るアングルによって、壁ばかりが見えるところもあれば、外が開けて見える写真が撮れるアングルもあります。

スギの産地として九州で有名な小国、木材の集積地の日田にも近い建設地だったので、工務店の方に「この木材どこから来ましたか」と聞いたところ、広島から持って来たと言われました。このシンポジウムは「瀬戸内海文明圏」というキーワードから、このことを急遽思い出し、この別荘を紹介することにしました。

中国木材というプレカットで有名な会社が広島の呉にありまして、工務店はそこの九州支社に発注していたそうです。小国とか日田のスギを使った方が安いのではないかと私は思っていましたが、実際にはプレカットの会社に一括で依頼し、ストックされた木材に工場で切り込み加工してから九州に運ぶほうが安いという話しでした。外装にも内装にも貼っているスギ板は地元の小国のスギですけど、メインの構造材の柱と梁は、海外から入っている木材を使っているということです。この別荘を建てたことは、木の材料とか大工さんの技術力だけでなく、日本全国の木材の物流まで考えた上で何かできることないかなと思うきっかけになりました。

木材の流通への視座

県産材の木を使って太宰府市に小さい保育園の分園[fig.04-08]を、プレファブリケーション(工場組み立て)を駆使して建てました。

保育園は、住宅と違って面積が広めの保育室が必要になりますので、梁構造を工夫して柱無しで9mスパンを飛ばしました。保育環境的に木にこだわり、地場産材、県産材の木を使って構造計算から担当してくれる会社と協力して設計を進めました。この建物は保育園の分園で、0歳児と1歳児の部屋だけです。この長方形の1歳児保育室の一番長いところが9m無柱で飛ばした部分です。

04
大宰府の幼稚園。木造トラス梁で9mのスパンを飛ばし、無柱の空間をつくった
写真・河野博之／西日本写房

大分県日田市にある木構造製作会社と協力して設計したのですが、福岡県の太宰府市の建物ということで、日田市から一山超えた福岡県に入ってすぐのうきは市の木を使用しました。その木を日田市に運んで工場でカットし、トラス梁まで工場で組み立ててから現地に運んで組み上げました。工費の余裕がなかったこともあり、構造材は現しでそのまま見える内観になっています。

構造構成図で説明すると、トラス梁で構成した屋根構面によって建物中央部に柱がないのが分かると思います。

木造軸組みの考え方だと耐震壁、筋交い壁が必要になりますが、ブレース材の入った耐震壁をコの字型

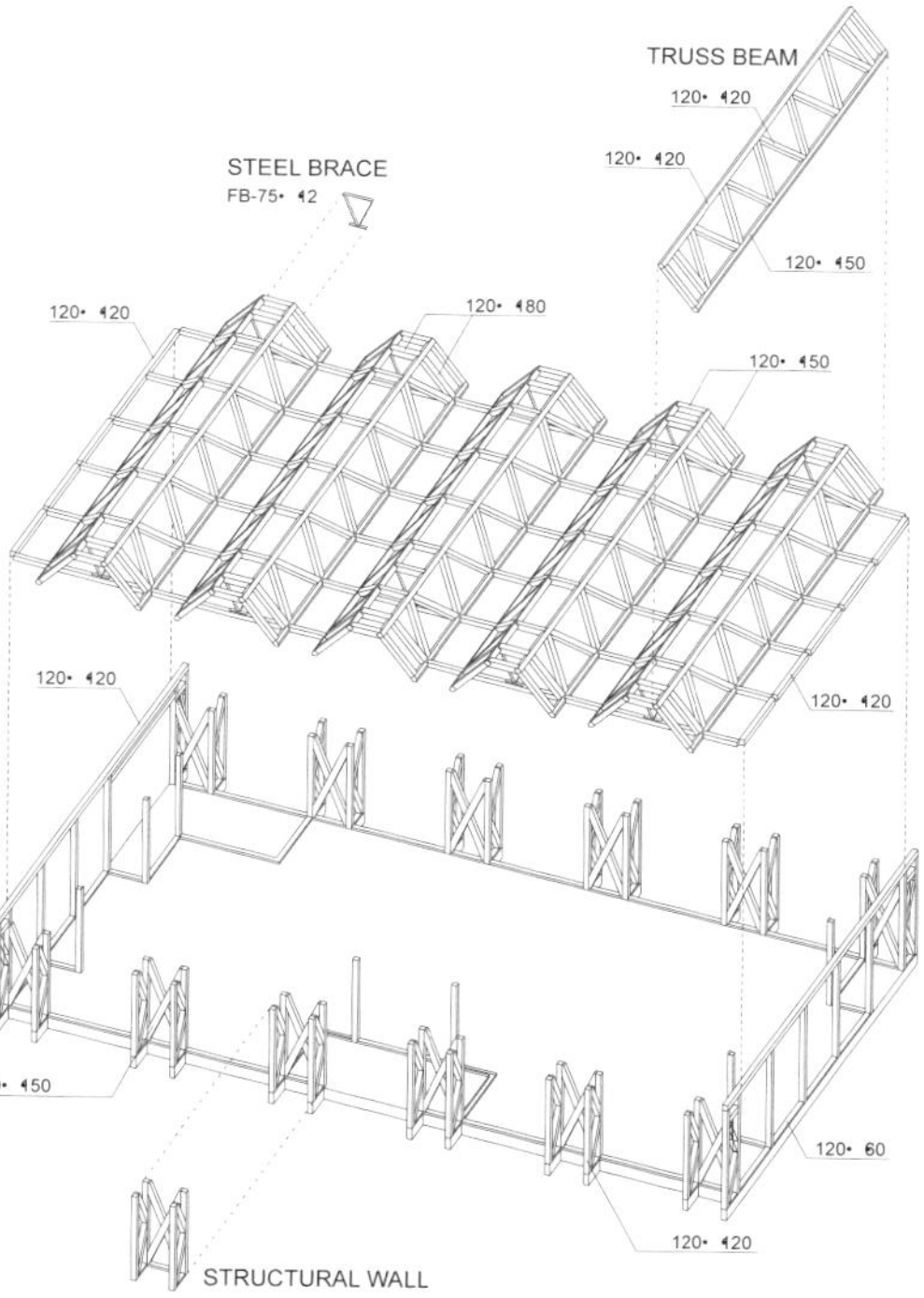

05
大宰府の幼稚園の構造構成図

に構成し、それをすべて建物の外周部に配置しました。この構造1ユニットが5つ並んで保育園の外観を構成しているのですが、建設当時は保育園だと思う人が少なく、近所の奥様達から「何屋さんがオープンするのですか」と聞かれましたけど、「保育園です」と言ってがっかりさせたのを覚えています。

夜景で構造材が見える写真を多くの建築雑誌に載せてもらっていますが、保育園は夜運営することがないので、このような写真の外観を見ることは少ないです。まれに薄暗い夕方に照明をつけている時、太宰府市の方にこの保育園の夜景が好きだといってもらえて嬉しかったのを覚えています。

保育園の運営上、保育室の区切りとして壁が必要ですが、将来保育児数が減ることも園長先生が心配し、将来的には壁を全部取っ払って遊戯室に変えようというところまで考えています。

構造材は県産材を使ったのですが、やはりコストが高いです。代わりにOSB合板といわれる海外から入ってくる比較的安い派手な材料で内装の大部分を構成しています。床は子供が手で触れる可能性が高いのでお金かけてくださいと施主に言われまして、杉板を圧縮した無垢フローリングを採用しています。この床材は姫路か岡山あたりを本社にしている会社から取り寄せました。

私も詳しく調査した訳ではないのですが、木材輸入のための良港が多いという理由で木工産業が瀬戸内海沿岸で盛んだと聞いています。フローリング

07 工場でトラス梁まで組み立て

08 トラス梁の建方

会社を検索しますと広島、岡山辺りの会社が多く見つかることからもわかると思います。ただ九州で木造建物を建てる際、場合によっては広島、岡山辺りから木がくるというのは、地球環境的に良いのか悪いのかの判断はつかないまま設計を続けています。

木材の流通への視座

最後に、あまりお金がないプロジェクトだったため柱梁ともに集成材の構造材を工場でプレカットして建てた住宅「N－HOUSE」です[fig.09]。外側はガルバリウム鋼板仕上げの100㎡に満たない独身男性1人のための家で、外部空間が内側に入り込むよ

06 大宰府の幼稚園は夜景が市民に人気を博している　写真・河野博之／西日本写房

09
プレスカット集成材を用いた住宅内部
写真・河野博之／西日本写房

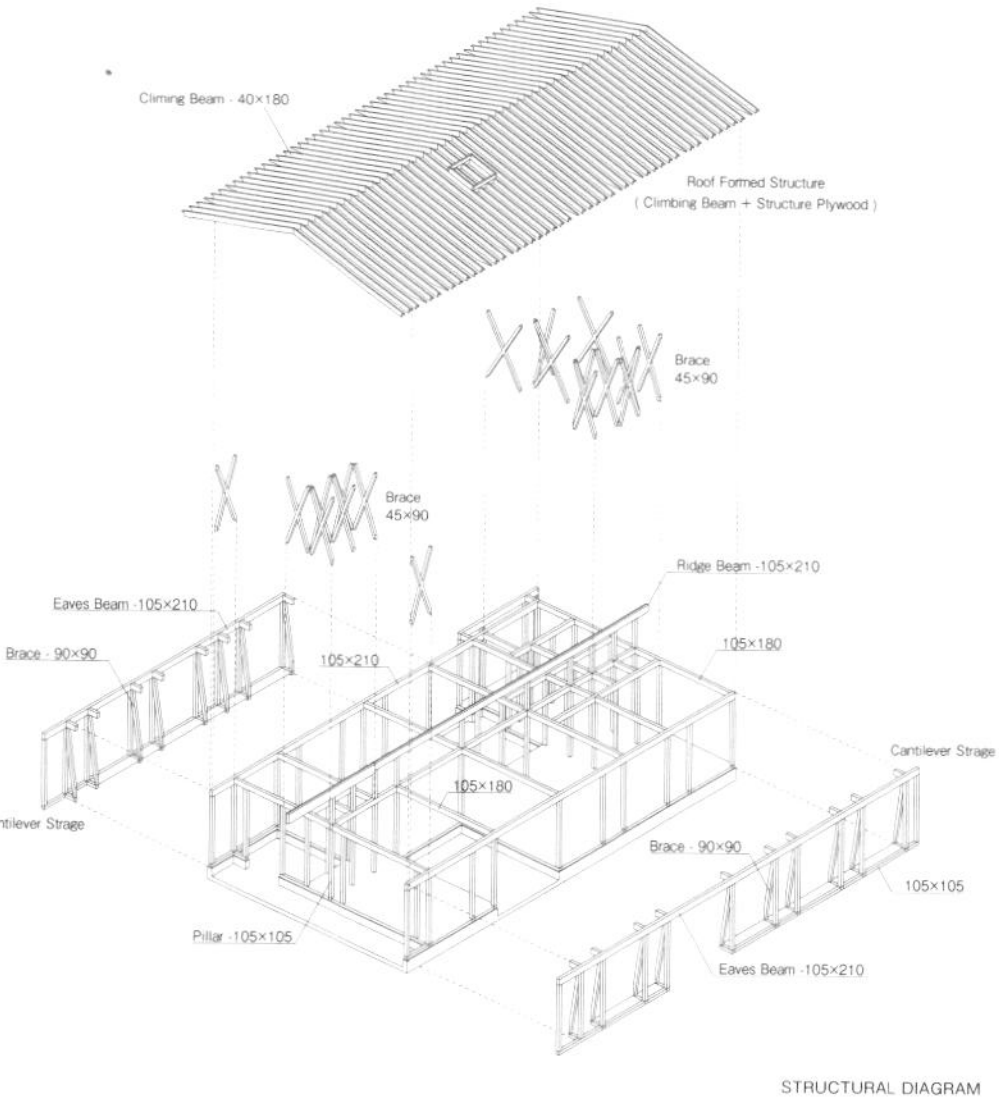

10
独身男性の家の構造構成図
098-101頁特記なき写真・図版提供・内田貴久

うな構成しています。

最近は、垂木や梁に使われるだけでなく柱にも集成材が流通しています。集成材の柱はあまり表しで使うものではないのですが、このプロジェクトでは試しに現しで使ってみました。筋交いを入れているエリアを2カ所に集約していますが、垂木のピッチまで調整した傘みたいな屋根構造面をその筋交い部分でガシっと固めることによって、建物外周部分の揺れまでをおさえる構造にしています。垂木も柱も梁も床も全部集成材です[fig.10]。

今私が考えている日本の一般的な住宅の木材のことは、木の素材が分かるように内装に現しで使うことでしか設計表現できていません。また、県産材普及のために活動されている方も多いことや、国産CLTの利用を推進する行政の動きも知っていますが、県産材や国産材のスギの含水率の高さとか戦後に植林した木の多くが硬度の低いスギだった現状に対して私は疑問を持っていることもあって、何も考えずにただ地元でとれる木を使うということには軽い疑問を持っています。

今宮崎で住宅の設計を始めていますが、主要構造部の木に県産材が使えるのか、外来材を使うのかということも含め、設計者として何ができるのかということを考えています。

「明日の建築」という大きな話しではないですけど、この先の木材流通のことを考えながら設計をしています。

人と自然と建築の関係性

西岡梨夏

瀬戸内海文明圏――これからの建築と新たな地域性創造研究会｜地域で建築設計をする

[第二回] 福岡｜九州大学旧工学部本館

穏やかな気候の中での暮らしを発見

ソルト建築設計事務所の西岡といいます。事務所名のソルトの由来は、塩からとっていまして、建築の素材、場所、人、物、事の力を最大限に引き出すデザインというものを目指しています。独立してから5年間でやってきたこと、今現在建築について考えていることをお話します。

独立して1番最初の仕事「Obi house」[fig.01-04]をご紹介します。一方を北側道路に面して残り3方を建物に囲まれた敷地です。親子3人のための住宅で、要望は外部からのプライバシーの確保、内部は家族の気配が分かるワンルームのような空間でした。単なるワンルーム空間ではヒューマンスケールに対して空間が大きすぎるということ、3人のアクティビティーが一緒くたになってしまうという問題が発生します。

そこでワンルームのように曖昧なつながりを持ちながらも用途に応じて緩やかに場が連続する空間を提案しました。緩やかに場を分断する6つの壁を層状に重ねて配置しています。

6枚の壁にはデザインと一体化した、開口が設けられていて、開口を通じて空間が緩やかにつながっていきます。これらの帯は敷地の長手方向に6層に重ねられており、外部に対して豊かな眺望を得られない環境の中で開口の重なりを通して、奥行きとしての風景を内部に生み出しています。

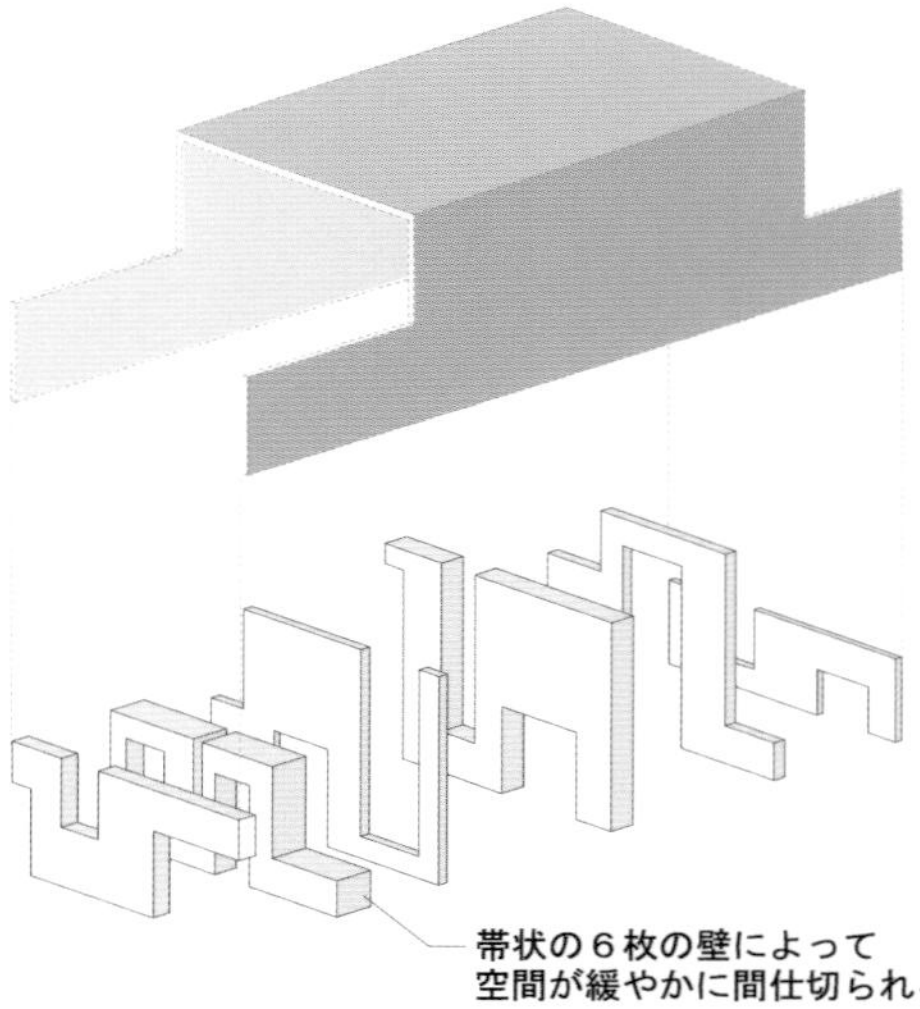
帯状の６枚の壁によって
空間が緩やかに間仕切られる

01
Obi house のコンセプト図

02
Obi houseの3枚目と4枚目の帯の間にあるインナーコート　写真3点・Techni Staff

03, 04
Obi houseのLDK
Obi houseのインナーコートからリビング方向を見る

[fig.03]の写真は、私が帯とよんでいる壁が見えます。手前が4枚目で、4枚目の帯の向こうに5枚目の帯が見えて、その向こうに6枚目の帯が見えています。一番手前側が道路側となっておりまして、ここに至るまでに1枚目2枚目3枚目の帯をくぐって、この空間に立っています。内部の奥へ進む中で開口の重なり方が自分の立つ位置によって変わることで室内のシーンが変わっていきます。

帯は空間を緩やかに間仕切るだけでなく、収納であったり、エアコンなどの設備スペース、木造ですので構造用の耐震壁としても機能しています。

外部のような、吹き抜けの内部インナーコート[fig.02]をつくっています。4枚目の帯、5枚目の帯の間に一体の空間であるLDKの空間があります[fig.04]。右側に外部のような内部であるインナーコート、左側には内部の延長である、実際の庭が見えています。

6つの帯状の壁に、緩やかに間仕切られた個々の空間のまとまりというものが存在し、それらの集まりによって空間に奥行きが生まれています。

穏やかな気候の中での暮らしを発見

Obi houseを設計して以降、何件か設計した建築のでき上がりの形はそれぞれ違いますが、そこにある空間は、奥という感覚だったり、個々の空間とそれらの集合で全体の空間をつくるという、作品の考え方に共通性があります。

自分はどのような空間を求めているのだろうという自問自

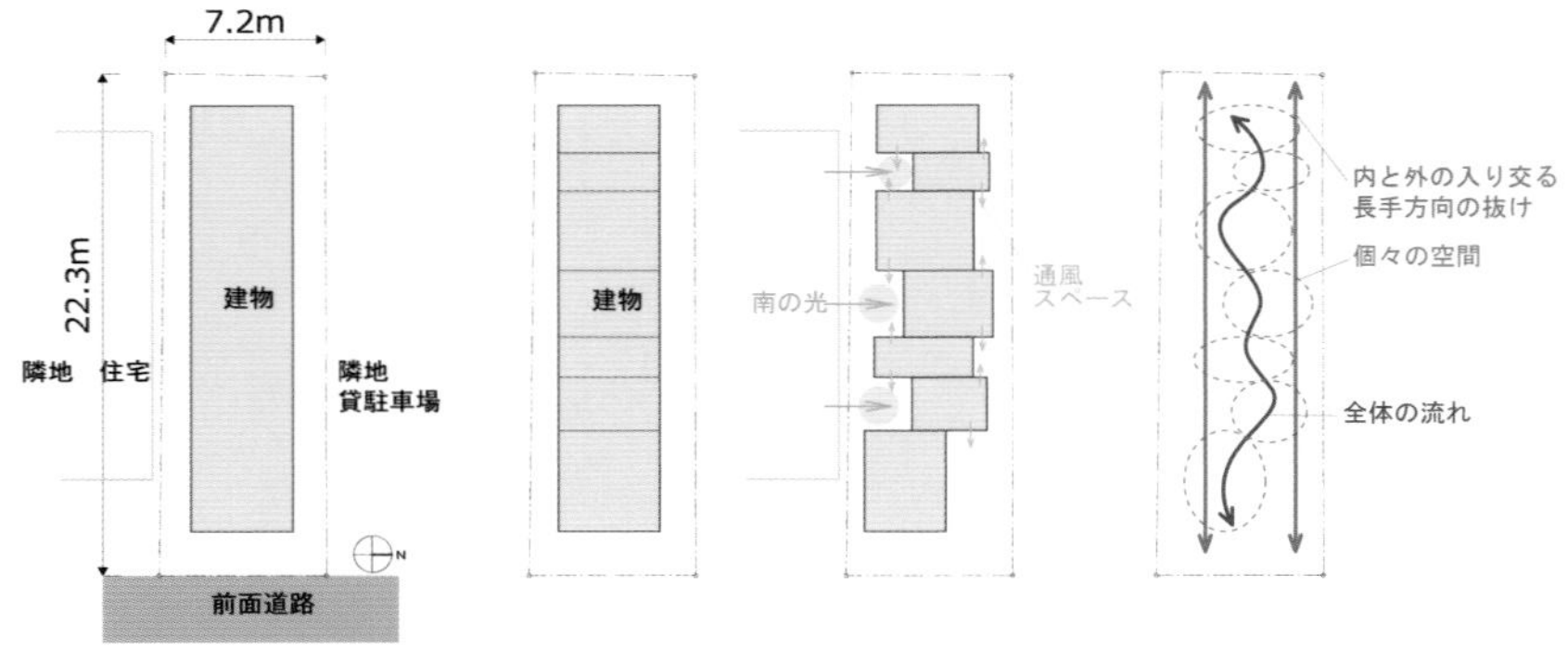

05
loopholeのコンセプト図
102-105頁図提供・西岡梨夏

①7.2m×22.3mの敷地に建物を配置する
②間口が狭いので、必然的に各部屋が縦一列の数珠並びとなる
③南の光を入れるため1つおきに箱を北へずらす
④個々の空間の集まりによって全体の流れが自然へと拡張し、そこに自然が入り込んで融合する

答してみると、思い浮かぶのが、京都の宝泉院です。学生の頃に全国の建築を見て回った時に、何気なく寄った宝泉院に、心が震えました。幾度かこの建築を訪れて、何が一体、心を震わせるのだろうとずっと考えていました。すると、そこにあるのは座敷と、縁側と、その奥に庭とまた奥に生垣、またその奥に竹林といった、個と全体、奥という空間の在り方でした。私は、自然と建築と人の在り方というものを常に考えているのですが、日本人としての自然の捉え方というものが根源的に自分の中にあると気づきました。

そういうことを考えながら5年間やってきて、建築というものは何だろうと考えた時に、建築の存在の前に、人と自然があって、人はその美しさや豊かさを享受するのだと思います。

しかし自然は時に自分の存在を脅かす脅威の存在にもなり得ます。そこで、人と自然との関係を調整する役割として建築が生まれました。この建築に守られながら、自然に対して心や空間を開放していきたいと考えています。単純に自然に対して建築を開いたとしても、スケールによる心理的な壁があって、簡単に結びつくことができるわけではありません。建築は用途的に、その境に窓、ガラス、壁といったものを入れる必要があり、実際は物理的に一体とはなりません。

どうすれば建築と自然をよりよい関係にできるのか、それをいつも考えています。私が思うのは、人が落ち着く個の空間というものがあって、その集まりによって全体を緩やかにつくっていく――。そこには、流れが生まれて奥という感覚が生まれます。その奥はいつしか自然へと馴染んでいく。自然というものも、もう少しヒューマンスケールの自然に変換することによって、全体の流れに取り込んでいく。そうすることで、自然が空間に溶け込み融合していく。こうしたことで、空間の拡張が生まれるのではないかと考えています。

穏やかな気候の中での暮らしを発見

こういった考えを元にして、一番新しい仕事、「loophole」をご紹介します。

間口が7m、奥行きが22mという細長い敷地で、間口の幅に対して、1部屋しか入らず必然的に、部屋が縦1列といった、数珠つながりとなります。

南側に2階建てのお隣さんの家があって、光がそのままでは入らないので、この空間をひとつおきに北側にずらすことによって、南側に光溜まりをつくっています。同時に敷地の北側は賃貸駐車場になってますので、視線が多数あるということから、空間のずれから通風を確保しています[fig.05]。

そうすることによって、ひとつひとつの個々の空間そして、全体の流れ、その中に小さなスケールの自然が入り込んでいくという状況をつくっています。室内がずれた構成をそのまま外観としています[fig.06]。南の光溜まりがあって、奥が空間のずれによって生まれた通風スペースになっています。敷地の一番奥の長手方向に自然が貫いていて、奥行きを感じることができます。

プランは、建物の真ん中に、内部を貫く視線の抜けがあり、建物の両側には、内と外を繰り返す視線の抜けというものが存在します。敷地の短手方向に、キッチンからダイニング、そしてその吹抜けの上にある書斎を見ている写真です。ヒューマンス

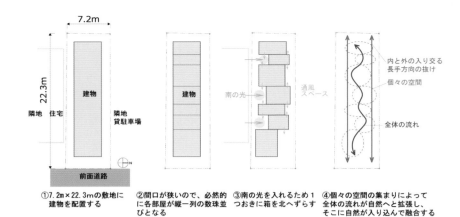

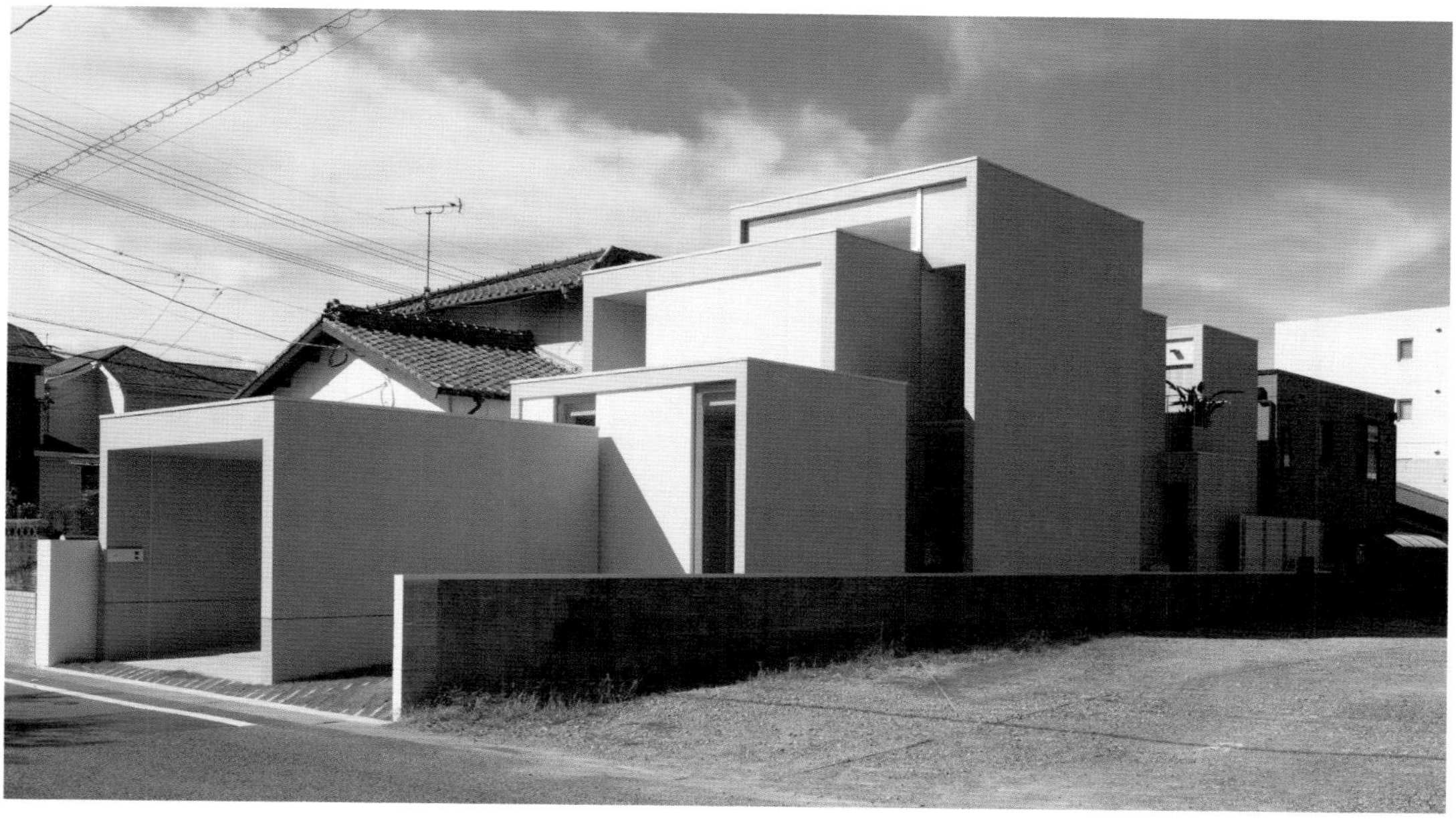

06
loophole外観。細長い敷地にグリッドをずらして配置するところで採光や通風を確保　写真2点・Techni Staff

ケールのひとまとまりの空間になっています。

右奥に、ずれによって生まれた通風スペースと、左側の上には、2階にある坪庭が見えています。全体の流れの中に自然が溶け込んでいく様子を見ることができます。個々の空間が流れるようにつながって全体を成し、自然と融合して空間を拡張していく［fig.07］。

以上話したことが私にとって明日の建築を考えるということです。

人と建築と自然の関係性に興味を持っていて日々探求している最中です。建築全体について少しだけ話ができればと思っています。建築と一口に言えども、現在では地域計画、構造、設備、意匠、まちづくりなど、その内容は多岐にわたります。震災後の耐震性であったり、近年の省エネ対策など、建築家に求められる職能は以前に比べて多岐にわたるといえます。このような状況の中で、オールマイティに何でもというのはあまりに広範囲で、結果「広く浅く」になってしまうのではないかと危惧しています。そこで私はきちんと自分の軸として係を認識する必要があると思っています。

そして、次に必要なのはその軸足を保ったまま他の係と議論することだと思います。

例えば学校で給食係と図書係と音楽係がいて、図書係なら図書係の中だけで議論しても意味がないと思います。

図書係と給食係と音楽係があいまって、給食を食べる時間に絵本の読み聞かせをしましょう、その間にバックで心地よい音楽を流しましょう、といったように、それぞれの軸がぶれることなくディスカッションすることによって新しい可能性が生まれると思っています。私は日本人としての人と自然と建築の関係性の模索を自分の軸として、これからも建築に取り組みたいと思っています。

07
loophole内部のスリットと吹抜け

［第二回］

瀬戸内海文明圏——これからの建築と新たな地域性創造研究会｜地域で建築設計をする

architecture as observation device｜身近な地域の建築家として

平瀬有人

福岡｜九州大学旧工学部本館

観測装置としての建築

佐賀大学准教授で、yHa architectsを共同主宰して建築設計をしている平瀬です。「architecture as observation device（観測装置としての建築）」というタイトルでお話させていただきます。

まず、伊東豊雄さんにお見せしたいスライドがあります［fig.01, 02］。学生時代に日本建築家協会（JIA）東京都設計学生コンクールで「observatory / device」という展望台的な建築装置を提案した卒業設計を講評いただきました。

伊東さんから「あなたの建築は洗練・ソフィスティケーションに慢心してしまう恐れがある。ものすごくコンパクトにまとまってしまう恐れがあるので、それを注意しなさい」と仰っていただいて、その言葉を胸に単なる洗練に走る建築にならないよう設計をしております。

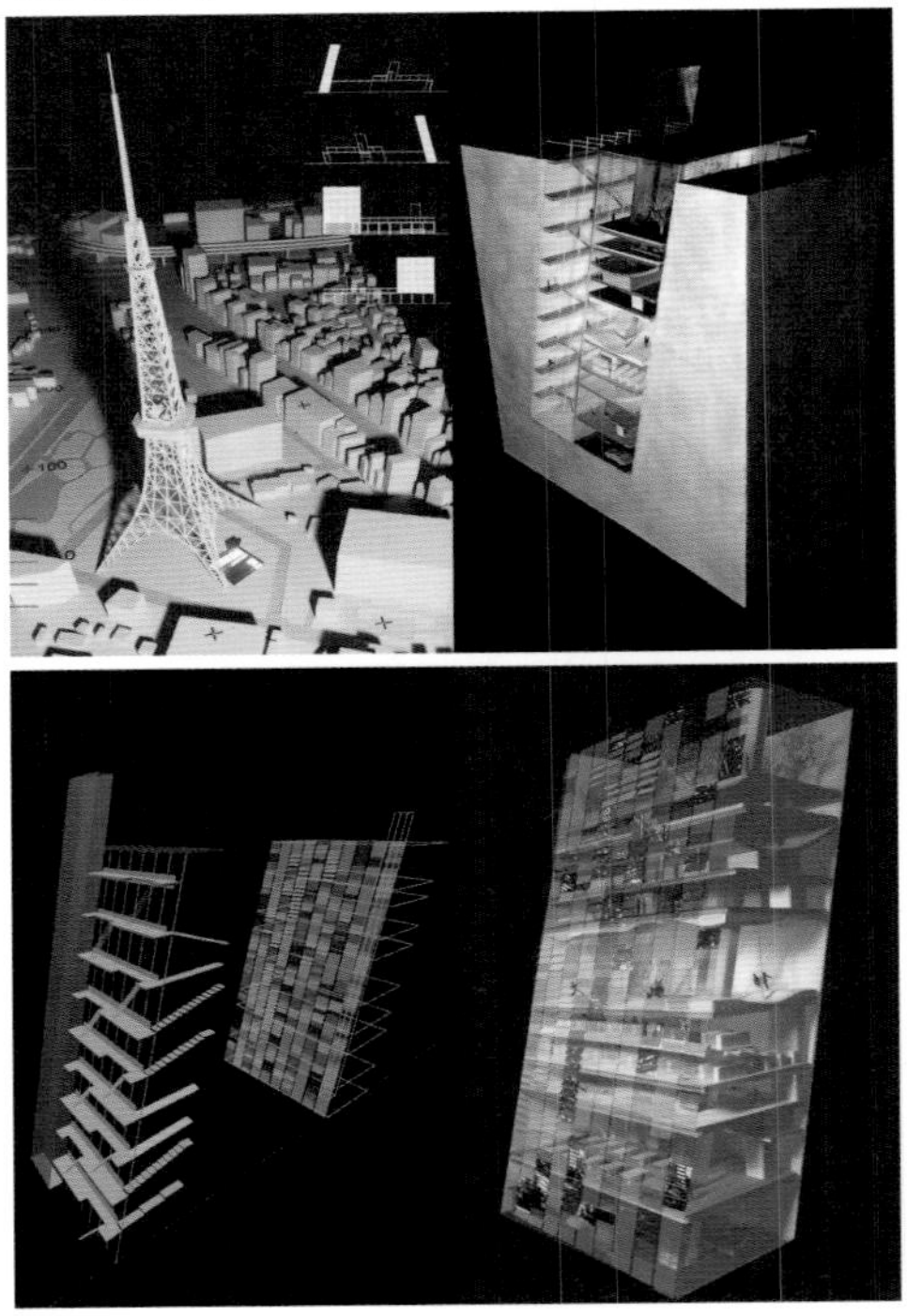

01, 02
卒業設計の「observatory/ device」

孔を通して建築を見る

富久千代酒造酒蔵改修ギャラリー（2014年竣工）です。佐賀県鹿島市にある伝統的建造物群保存地区［fig.03］に隣接する日本酒酒蔵のプロジェクトです［fig.04-08］。

登録有形文化財で1921年竣工の旧精米所をギャラリーに改修しました。建物はボロボロな状態で隣の

03, 04

富久千代酒造酒蔵の旧精米所をギャラリーに

佐賀県鹿島市にある伝統的建造物群保存地区

05

富久千代酒造酒蔵改修ギャラリーの2階　写真・Techni Staff

06

富久千代酒造酒蔵改修ギャラリー。鉄板で構造補強をしている　写真・Techni Staff

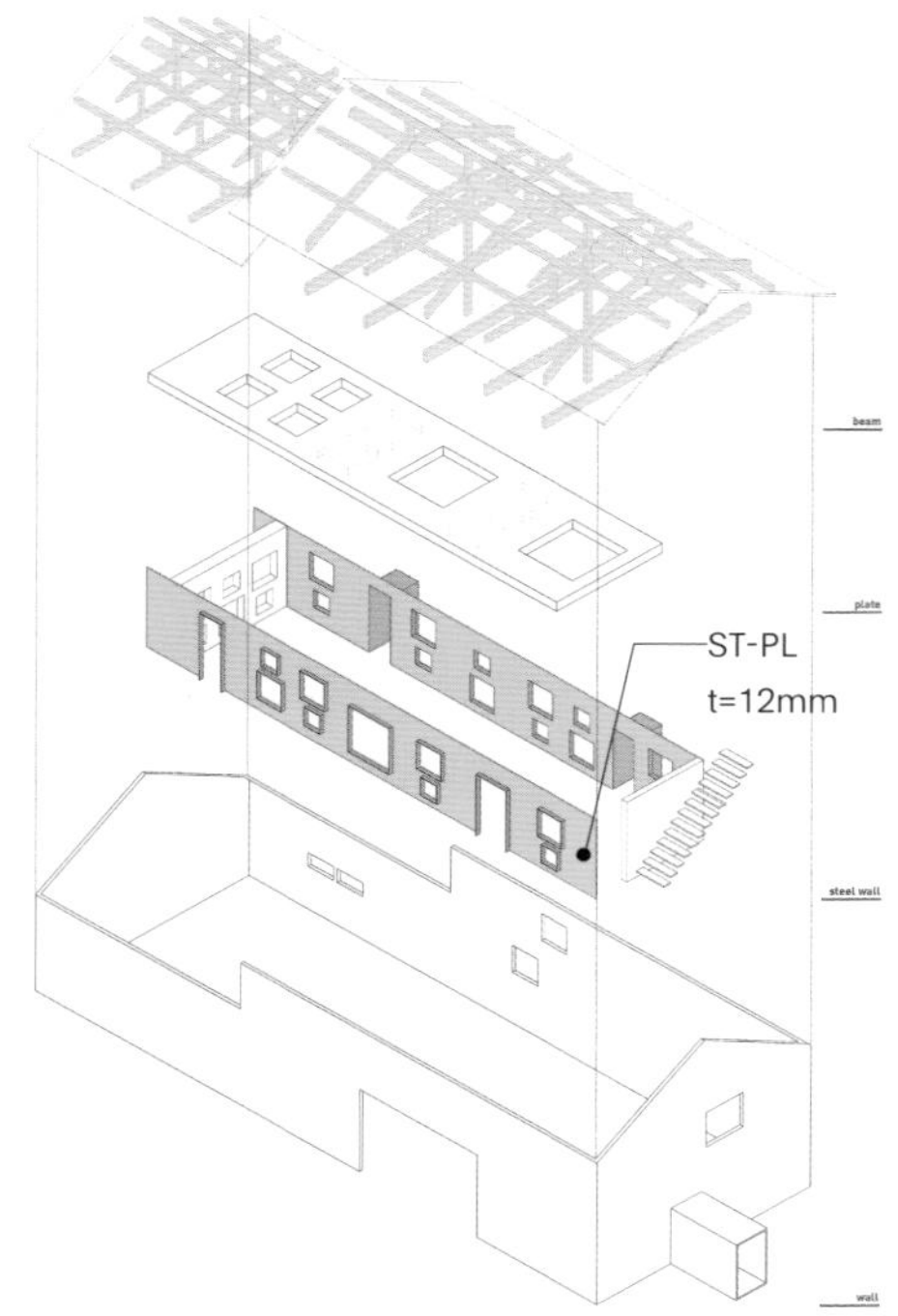

07
穴の空いた鉄板と、穴の空いた床から建築のさまざまなシーンを観ることができるアイデア

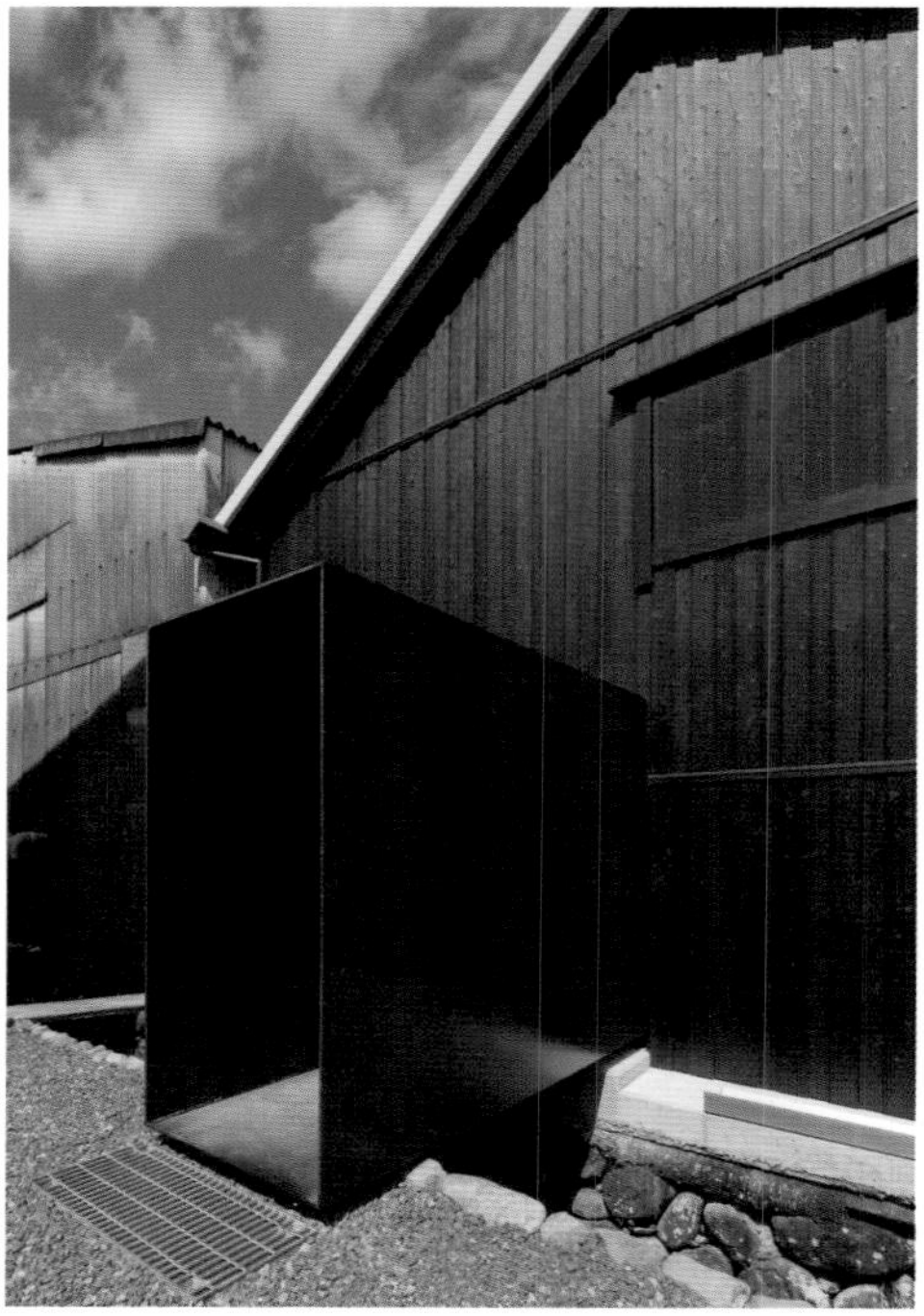

08
修復した富久千代酒造酒蔵改修ギャラリー　写真・Techni Staff

鉄骨造の建物にもたれかかっていたんですが、傾きを補正して、梁の下を構造補強しています。内壁には約100年前の美しい土壁が残っていたので、それを残しながら、どう利活用できるかを考え、新たに12mm厚の2枚の黒皮鉄板を挿入することで構造補強としています。鉄板は座屈しないように正方形の孔のまわりに4.5mm厚のリブ枠材を取り付けています。鉄板なのでマグネットを使って正方形の孔に一升瓶を並べたり、浮遊するようなデザインの展示什器としています。

「observation device（観測装置）」とレクチャーのタイトルを付けていますが、この建築を見る視点ということも古い建物をめぐる時に重要と思いまして、土壁を見るフレームをあえて鉄板でつくろうというのがひとつのテーマです。

ギャラリー内部の展示物のほか、正方形の孔を通じてこの建築を観る、という複数の視点を生み出そうとしています。木や土壁の古材に対して重厚感ある黒皮鉄板を用い、またそれらが白い壁・天井と対比的になることで、新旧の要素を対峙させつつも同時にそれらが渾然一体となっています。

地形に沿うランドスケープとしての建築

2016年9月にプロポーザルで選定いただいた「五ケ山クロス ベース」（2019年竣工）です。福岡県と佐賀県の県境にの五ケ山ダム横に建つ福岡県那珂川市の観光拠点施設です。近郊には新たにキャンプサイトやリバーパークも整備され、福岡都市圏から1時間圏内の新たなアーバンアウトドア拠点です。

山並みやスケールの大きなダムの土木スケールの風景のなかで、曲面のダムの堤体と呼応する大らかな曲面の造形の建築です。駐車場とルーフテラスがスムーズに繋がる、ランドスケープと建築が連続した一体感ある風景を提案しています。構造は両サイドの大階段と厨房コアを鉄筋コンクリート造、それ以外を鉄骨造の柱・梁とした、橋のような土木的建築です。

恩師の古谷誠章さんに「地域ごとのケースバイケースの事例に対して、親身に付き合ってきめ細かく相談に乗れる建築家がこれから全国各地に星の数ほど必要だ」と言われたことが強く印象に残っています。

最近受ける仕事の中では、何でも相談できる建築家を求められている方が増えているような気がしており、今後も建築家の職能は非常に大事なのではないかと思っています。

09
五ケ山クロスベース　写真・Takeshi YAMAGISHI

10
五ケ山クロスベース、プロポーザル提案時のパースと平面　106頁-109頁特記なき写真・図提供・平瀬有人

地域で明日の建築を設計する

瀬戸内海文明圏——これからの建築と新たな地域性創造研究会｜地域で建築を設計する

［第二回］座談

福岡｜九州大学旧工学部本館

伊東　皆さん、がんばっていますよね。それぞれの方に“まぁすごい”という活動があって面白かったです。◎ 最初の伊藤さんの活動では、彼が物をつくるだけの建築家ではなく、活動とか行動を起こすということで、デザインだけにこだわってないのは新しいと思いました。◎ そういうことは非常に僕は大事なことだと思っていて、建築家がもっともっと社会に開いていくためには、ものをつくるということと同時に、社会的な活動をやっていく必要があると思っています。伊藤さんがご自分のことを「スーパーローカルアーキテクト」と規定してたけれども、そんな風に言う必要は全然ない。むしろこれからの建築家は、ローカルであることが必須条件じゃないかなという気がしています。建築家って、これから東京で建築つくろうと思っても我々のようなアトリエ派と呼ばれる建築家は全然お呼びじゃないんですよ。◎ だから、地方で何か小さなことをコツコツやっていく。それを膨大に積み上げていくことによって日本の建築をよくしていくしかないと僕は思っています。伊藤さんのプロジェクトの中で「竹田まちホテル」も面白くて、すごいね。◎ 伊藤さん自身は運営とかには関わらない、人から頼まれて、あくまであの建築的な改装だけをやるのですか?

伊藤　運営の方法については助言をしています。駅の一部を受付にしているのですが、「そこにかけるのれんをどうしようか」とか、グッズひとつから一緒にやろうということにしています。内装だけではなく、プロジェクトも中身のほうも一緒にやっているという状況です。

伊東　一緒に共同運営しちゃうとか、そのぐらいまでやったほうが面白いと僕は思ったんだけど。

伊藤　事業体としては別の立場にいたくて、仲間内からは「顧問建築家」といわれています。建築のプロとしてのポジションも保ちながら関わろうとしています。役割を明確にしていきたいと思い、今のところは建築士、建築家としてのポジションでいたいと思っています。

伊東　内田さんは、地場の木材というところにすごくこだわりがあって、伊藤さんのだとCLTとかそういった素材を結構使うことに抵抗がないんだ

伊東豊雄氏

末廣香織氏

けれども、内田さんは抵抗があるわけですよね。
◎ そのへんのこだわりが地域という問題と、これから国交省なんかはCLTを進めていて、そういう木造の建築が多くなっていくと思うのですが、その違いを僕自身もちょっと確認したくて、教えていただけますか。

内田　地場の木を利用することの推進を積極的に活動されてる方って九州にもたくさんいらっしゃいます。その方々と僕が明らかに立場が違うのは、施主の立場に立つとそれが必ずしもよいことではないと感じる時が多かったんですね。ただ木を使えばいいという前に、日本の木をどうするかっていうことを考えています。CLTを構成する材を国産材にするのか外来材にするのか、海外でCLTをつくって日本に運ぶのかという日本全体のシステムに対する視野が全くない状態で日本が動いているということに疑問があります。だから、日本全体の木材の行政のやり方も全部含めて、こだわりはあります。

伊東　林業と関わることで、僕もずいぶん前、20年近く前に秋田県の大館市に木造の「大館樹海ドームパーク」を竹中工務店と一緒に、つくったんです。その時に地場の秋田スギの間伐材を使って、集成材の工場までつくって地場産業の発展に尽くそうと竹中はかなり考えてやったのですが、地元の木材を使おうと言ったとたんに林業組合が値上げをした。林業組合というのは非常に近代化されてないなという印象をその時以来持っているんです。今回の岐阜のプロジェクトではそんなに問題にならなかったのですが、最近のことはよく分からないですけれども変わっていますか?

内田　木材にかかる金額については苦労しています。実際にプロジェクトが進んできて現場が始まった

伊藤憲吾氏

内田貴久氏

後に木材の値段が上がったり下がったりしたこともあります。海外の木材であってもお金が合わないこともあります。 県産材を使った方がいいとは思っているのですが、木材の乾燥率等の品質と金額が気になります。木材を自社の小さな窯で乾燥させる技術も結構進んでいますが、日本は人件費が高いので、金額を下げるのが難しい。日本の林業に対して、今悩みながら設計をしているような状況です。

伊東　難しい問題ですが、頑張って頂きたいと思います。西岡さんは非常に明解にお話してくださいました。西岡さんの場合はあんまり素材にはこだわりがないというか、建築構成、それを通じて自然と建築の関係、人と自然との関係ということへのプレゼンテーションだったのですが、あの建築そのものはすごくモダンな宇宙ですよね。

西岡　乱暴かもしれませんが、でき上がりのつやであったり、やっぱり空間をどのように感じるかのために……というのが今の形につながっているので、今白い箱をつくりたいとか、空間をつくるためにどういう素材がよいかっていうことを考えます。

伊東　すごくきれいな住宅だし、考えておられることもクリアでいいと思ったのですが、そこで自分との関わりを決めないでおけばもっといいじゃんって言いたかった。自己との関わり方を決定してしまうと、そこにずっと留まってしまうような気がしていて、空間を拡張するというからには、自分

西岡梨夏氏

平瀬有人氏

も拡張した方がいいんじゃないの、という僕も偉そうですね。

西岡　私もいろんなことができたらいいなって思います。例えば木材のお話も、やっぱり自分も気にはなるんですが、そこを詰めていくといっぺんに建築の範囲が広がるので、その中で自分がやっぱり役割分担をしていった方がうまくいくんじゃないかなと今思っているわけなんです。そこはオールマイティにやっていくのが一番いいと思います。

伊東　福岡の屋台で飲んで自然との関係を満喫しているでしょうから、そういう西岡さんとしてはもう少しあのきれいさを超えて、あの屋台の複雑さに行ってもいいなと正直な感想でした。

末廣　今、西岡さん子育てしているし子供たち育っているわけだし、もう少し生活感というかそういうのもあってもいいかなと思ったんですけど、まあよく頑張られているなと感心するんです。

伊東　すごくきれいな住宅でしたね。◎ それから平瀬さんが学生の時にそんなことを僕は言ったのを全然覚えていませんでした。勝手なことを審査員はいつも言うので、今更覚えておられてもまずいなという感じです(笑)。◎ 平瀬さんの発表では結構新しいものもありますけれども、継承していくべき建築に何かを加えて、その加え方がむき出しでそのまま使うなど、力強さを感じて、いいなと共感をもちました。ダムのプロジェクトは何でつくるんですか、素材はコンクリート?。

平瀬　構造は両サイドの大階段と厨房コアを鉄筋コンクリート造、それ以外を鉄骨造の柱・梁としています。地場産材ヒノキを水蒸気式高温熱処理した天然木のルーバーを設け、五ケ山エリアの新しいシンボルとなるよう、山並みに呼応した形状としています。

伊東　そうですか。

末廣　「明日の建築を考える」というテーマで、伊東豊雄さんの話を聞いて、それで皆さんの活動等を比べてみる。比較してみて、どういう風に思われるかそれに対して伊東さんに質問とか何かお願いできますか。

伊藤　伊東さんにお話を聞きたかったことがあるんですけど、「中野本町の家／White U」から現在の台中まで、力強い建築をつくっています。その時に、原点に帰る建築というものを、少しずつ建築として変化させていると感じます。その中でやっぱり変わらなかったものがあれば、ご意見をいただきたいと思います。

伊東　少しずつというかかなり変わっていますよね。まあ、変わっているようでもやっぱり変わっていないとも言えますね。自分では変えようと思っても変わらない部分があって、それはどういうことかというと、この間東京で大西麻貴さんからインタビューを受けたときに、一番最初の「中野本町の家」と今度の「台中国家歌劇院」は洞窟的な空間で、それが僕の身体的な空間ではないかという気がしてきました。軽くつくろうと思ったり、その一方で洞窟的な胎内回帰的な空間をやりたくなるんですね。その繰り返しです。◎ 台中の国家歌劇院が完成する2年前に僕は入院してたんですよ。仮オープンで、初めてまちの人が入っている写真が送られてくるのを病院のベッドで見ながら、これで俺は一回転したなと思った。◎「中野本町の家」で始まったことが、台中で自分の人生で言えば「建築の還暦だな、これは……」と思ったんです。◎ だからこれで一区切りをつけて、もうこれからは大三島で、島の人と一緒に何か新しいことを始めようと思ったんですが、そう思って病院出てきたらいきなり新国立競技場のコンペティションに巻き込まれていました。そういうのに巻き込まれると、ムラムラしちゃって、負けたらまたムラムラして、もうちょっと静かな心で大三島に行きたいんですが、今のところまだ心の整理がついていなくて、ちょっと情けないなと思ってるところです。◎ 先週ある映画会社から12月に渋谷のマイナーな映画館で上映される、『トゥモロー』という映画のコメントをして欲しいと言うので、DVDを送ってもらったので観たら、アメリカでつくられているんだけれども、2人のフランス人の女優と男優がいろんなところをインタビューして歩きながら、これからのライフスタイルを探っているんですね。例えばデトロイトというまちは自動車産業で200万人だった人口が、今70万人くらいに減少して、そこで膨大な空き家ができた。それをまちの人たちが改修したりしながら、みんなの農園、みんなの菜園をつくっているんです。そういう農業に関わる話が結構あったり、それから地域貨幣という地域だけで通用する貨幣を実際にやっているエリアがあって、インタビューに出かけて行ってそこで問題を探っていたり、自然エネルギーで発電とか地熱発電で石油を使わない環境ができるかというようなことを、5つ6つのチャプターに分けてインタビューしている。◎ 非常に示唆的なDVDで、僕が大三島でやろうとしていることは、結局そういうことにつながっているのかなと思っているんです。◎ ですから、今日の木造デザインについても、西岡さんが自然との関係をささやかながら考えていて、そうことがひと括りで大きな思想になっていくことが明確になっているような気がしています。それがアジアの建築とつながっていくし、それをもう少し何か言葉にできたら、面白いことになると思っています。◎ 岡河さんが多分、瀬戸内で新しい文明や建築を考えたいと言われている根底にもそういうことがあるんじゃないかなと、僕は思いました。

末廣 最初に伊東さんからアジアの話がありましたよね。今までの資本主義と一緒にやってきた近代建築というのが西洋的な価値観でできているとすると、アジア的な価値観を軸にしていくと、今後の建築が全然違う方向にいくかもしれないというお話だと思います。福岡なので、そうした場所と建築の今後の関係についてお伺いします。平瀬さんは韓国と行ったり来たりしてますけどどうですか。

平瀬 先ほど伊東さんが仰っていたように、自然を技術によって征服するのが20世紀。それに対して、西洋的なモダニズムではない建築のあり方を、アジアとか日本の文脈に絡めて実践されているんだなというのを感じました。先ほどのチベットの話とか、匂いがある都市の良さとかですね。◎ 教えている大学には韓国・タイからも留学生がいて、やっぱり彼らはアジア的風景を実感しているのでそういう人たちと触れ合って建築のディスカッションをすると新しいアジア的な価値観が生まれてくるのではないかと思います。

末廣 伊東さんは元々ご出身は長野で、そこでずっと過ごされていたわけですよね。さきほどの基調講演を伺っていて、最初の作品まで戻ってきたみたいな印象を受けました。僕らもなんとなく生まれ育ったところに戻っていくような、そういう感じがあります。僕は昨日たまたま阿蘇に行ってたのですが、雄大な風景を目にし、明日の建築というのはこんなところから始まるのかもしれないと思いました。

九州大学旧工学部本館でのシンポジウム風景

建築が孵化する風景

基調講演 **藤森照信** 東京大学名誉教授

講演 **松隈洋** 京都工芸繊維大学教授

講演 **大平達也** 香川県総務部営繕課

講演 **平野祐一** 平野地域計画

講演 **和田耕一** 和田建築設計工房

講演 **渡辺菊眞** 高知工科大学准教授

司会 **岡河貢** 広島大学工学研究院准教授

@高松［香川県立ミュージアム］2017.06.13

藤森照信	Terunobu Fujimori
1946年	長野県生まれ
1971年	東北大学工学部建築学科卒業後、東京大学大学院生産技術研究所
1985−2010年	東京大学生産技術研究所助教授を経て1998年より同教授
2010年−	東京大学名誉教授
2010−14年	工学院大学教授
2016年−	東京都江戸東京博物館館長

大平達也	Tatsuya Ohira
1978年	香川県生まれ
2001年	神戸大学工学部建設学科卒業
2001年	香川県庁に建築技師として入庁

平野祐一	Yuichi Hirano
1953年	大阪府生まれ
1979年	京都大学工学部大学院建築学科修士課程修了
1979年	設計事務所洋洋社勤務
1987年	山本忠司建築綜合研究室勤務
1993年−	設計事務所平野地域計画、香川大学工学部非常勤講師

和田耕一	Koichi Wada
1951年	愛媛県生まれ
1974年	福井工業大学卒業
1995年	東海大学大学院研究生
1975年	高橋建築事務所勤務
1977年−	和田建築設計工房主宰
1996−2016年	愛媛大学農学部森林資源非常勤講師

渡辺菊眞	Kikuma Watanabe
1971年	奈良県生まれ
1994年	京都大学工学部建築学第二学科卒業
2001年	同大学院博士課程満期退学
2001−07年	渡辺豊和建築工房勤務
2002−03年	太陽建築研究所にて井山武司氏に師事
2007年−	D環境造形システム研究所主宰
2009年−	高知工科大学准教授

第三回

高松

Chapter 3

Takamatsu, Kagawa

5

高松

建築が孵化する風景

岡河貢

瀬戸内海地域は第二次世界大戦後の1950年代に優れた現代建築の生まれ育つ孵化器としての場所である。それらの中で丹下健三の広島平和公園、村野藤吾の広島世界平和記念聖堂は戦後建築として重要文化財となったことはこの場所での建築的試みは歴史的な意義をもつほどの重要性をもったものであったということの証明である。それ以外にも前川國男の岡山県庁舎、菊竹清訓の出雲大社庁社、ホテル東光園、大高正人の坂出人工地盤、1970年代に建築の再利用による魅力をつくるという先駆的な作品として浦辺鎮太郎の倉敷のアイビースクエアもこの地域での建築の再生である。

1970年代にはポストモダニズムという言葉で20世紀後半におけるモダニズム建築の批判的展開に先鞭をつけた磯崎新の大分県立図書館、北九州市立美術館などの時代に先駆けた実験的な建築がここで生まれた。これらは全て瀬戸内海という海をめぐる地域のなかで生まれ育てられた建築であるということができる。

一方ニューヨークを20世紀の人工世界だけで成立させた都市の錯乱を抽出しそのゴーストライターであると自認するレムコールハースはその著書デリリアス・ニューヨークで人工的な孵化器を描写している。

「〈保育器ビル〉。ここにはニューヨーク地域の未熟児の大半が集められ、当時のどの病院の病室よりも上等な保育器設備のもとで健康に育てられる。いわばフランケンシュタイン的主題の慈善事業変奏とでも言えよう。生死の問題にあからさまにかかわる形でのラディカリズムを緩和させるために、建物の外観は［昔のドイツの農家］風にしてあり、屋根には［ひとかたまりの赤ん坊たちを見守るコウノトリ］がとまっている新しいテクノロジーを是認する古い神話といった按配である。

内部は二つの部分に分かれた超モダンな病院である。［清潔で広々としたひとつの部屋には、ほとんど動かない未熟児たち］が保育器の中で保護されており、もうひとつの部屋は生死の分かれ目ともいうべき最初の危険な数週間を生き延びた［保育器卒業者たち］のための育児室になっている。」

建築の孵化器としての近代都市も同じような保育器卒業者としての建築のフランケンシュタインのような未来は建築の健全な成長にたいする未来の警告かもしれない。

戦没学徒記念館（設計：丹下健三） 写真提供｜南あわじ市

今治の海をルーツとした丹下健三の都市計画

@高松［香川県立ミュージアム］｜2017.06.13

［第三回］

藤森照信｜基調講演

丹下健三の原点は瀬戸内に

丹下健三さんが何をしたかというのは、評伝『丹下健三』（藤森照信著、新建築社、2002年）を書いた時期からずっと興味がありました。聞き取り取材していた当時、丹下さんはまだお元気でしたが、とにかく過去を振り返らない人でした。そういう意味で、丹下さんは本当にモダニストだったと思います。

機能主義や合理主義を基本とするモダニズムは、科学技術的な発想に基づくものです。科学は常に最新のものが絶対的に正しく、過去の間違いを正して進むものです。だからモダニストが過去を振り返るというのは、原理的にはおかしいわけです。いっぽうで、ル・コルビュジエは自分の資料をきちんと残すことをやっていました。これは、モダニストとしてはやはり不純なことだと思っています。

丹下さん自身は科学に強い関心があり、一方、自分の記録を残すことには一切興味がなかった。これは歴史家にとっては恐るべきことです。自分のスケッチをスタッフに渡したりするのですが、スタッフもきちんと保管していなくて、設計中の資料がほとんど残っていません。もちろん最終的な図面は残しますけれども、やっている本人にとっては、途中段階のアイデアは間違いで、最終案が一番正しいというわけです。実験で間違ったデータを捨てるようなものですね。

丹下さんはそういう人だから回顧展もついにやりませんでした。ニューヨーク近代美術館（MoMA）から3回依頼があったようですが、実現しませんでした。MoMAは1970年以前、世界屈指の建築家が広島や四国で頑張っていた時期に注目していたわけです。「国立代々木競技場」（1964）や「東京カテドラル」（1964）までが丹下さんが本当にすごい時代の回顧展をやりたいと望んでいたけれども、丹下さんが断ったんです。

僕自身は、丹下さんの評伝を書くということで、昔話を聞く幸運に恵まれました。でもそれには条件がありました。ものすごくお忙しい中、1回あたり1時間をとってくれるのがやっとだったのですが、最初の30分は丹下さんが今考えていることを聞かないといけない。残り30分で昔話をしてくれるという、変な取引がありました(笑)。

最初の30分で丹下さんが何を話すかと言いますと、「今の東京都庁舎(1990)を君はどう思うか」とか聞かれるのです。その後は、昔の話になるのですが、過去についてはものすごく正直に語ってくださいました。ただ先ほども言いましたが、基本的には過去には興味がない人だから、丹下さんについて調べようとすると、ごくわずかの残された資料しかない。

幸い残っていた資料を通して「丹下さんと瀬戸内海」というテーマで話をしたいと思います。

根本的には瀬戸内海の景色によって造形の基本が鍛えられた建築家だという気がしています。丹下さんが生まれたのは大阪の住吉です。お父さんが住友銀行の銀行員で、その社宅で生まれます。お父さんの仕事で中国の武漢と上海へ行き、小学校の時に父親の故郷である今治へ、中学校から広島、それから大学で東京へという経歴です。つまり幼少期から青年期まで瀬戸内海で育った方です。

余談になりますが、住吉大社は海の神を祀る住吉神社の総本山です。そして丹下さんの家の宗教は神道でした。それが現代建築家である丹下さんとどう関係していたかは分かりませんが、瀬戸内海の周りで海を見ながら育ったということは大事な意味があるのではないかと思っています。

十字プランとの出会いで建築家を志す

丹下さんが建築家になろうと思ったのは、ル・コルビュジエの「ソヴィエト・パレス」(1931) [fig.01] のコンペの図面がきっかけでした。広島の高等学校で、芸術系も理数系もどっちも好きで進路を迷っていたときに、図書室にあったフランスの美術系雑誌でこれに出会い、建築家を目指すわけです。生涯に渡って丹下さんの中にはこのかたちがありました。

この案の特徴は十字のプランです。十字だと交点への集中性が強くなり、モダンな感じにならないので、モダニストはあまりやらないかたちです。おそらくル・コルビュジエは、ソヴィエト・パレスの長軸方向のラインは強く意識したと思いますが、短軸方向には川が流れているのでそれを渡るためのもので、あまり意識をしていなかったのではないかと思います。長手軸に直交するアーチがあり、そこからワイヤーで片持ちの梁を吊っているのが特徴です。

この案は実現しませんでしたが、ル・コルビュジエはものすごく愛着を

01

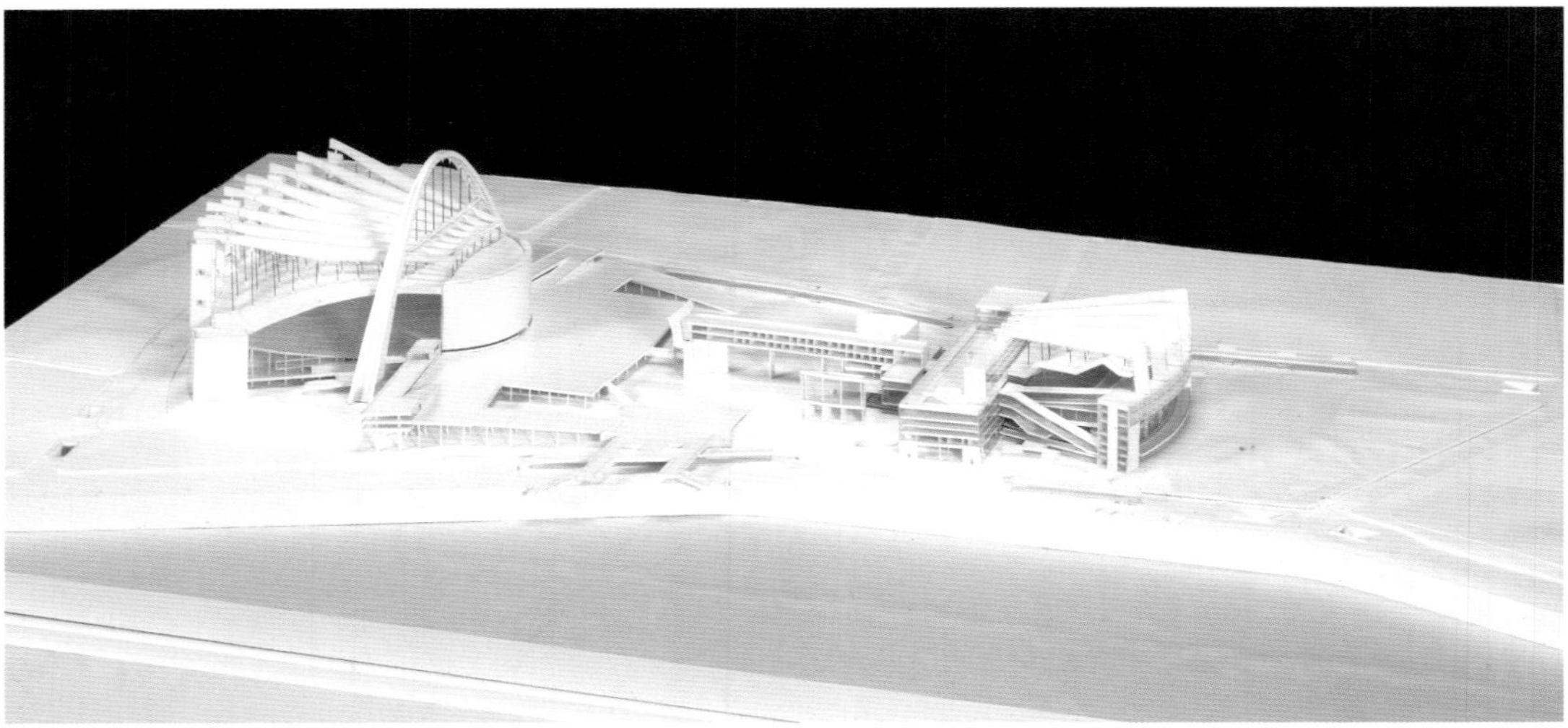

01 ル・コルビュジエのソビエトパレスの模型
模型製作｜東京大学工学部建築学科香山壽夫研究室、広島市現代美術館所蔵

もっていて、コンペに落ちた後も模型をつくり続けたと言われています。ル・コルビュジエも生涯をかけてこれをやりたかったと言ってよいと思います。このかたちで雨漏りを防ぐのは今の技術をもってしても難しいと思いますが、造形としては、これ以降の世界の若いモダニスト建築家たちを刺激し続けて、色々な所でこの考えが花開くことになります。キリスト教で言うところの地に落ちた一粒の麦の働きをするものでしょう。

丹下さんの卒業設計「芸術の城」(1931) [fig.02-04]を紹介します。

敷地は日比谷公園の中にあって、東京の最も古い公園を壊すのです。それはダメでしょうと思いますけどね(笑)。配置はソヴィエト・パレスと基本的に同じだということが分かりますよね。軸を通すとその先に何か欲しいと思うのですが、短軸方向を見るとなぜか軸の周りには何もなくて、抜けています。

丹下さんの描いたパースは、当時のル・コルビュジエの「スイス学生会館」(1932)や「セントロソユーズ」(1936)のプロジェクトにも近いと思います。中のパースを見ると、曲面の壁があります。これはル・コルビュジエがスイス学生会館で初めてやった手法です。

ル・コルビュジエは、バウハウスのグロピウスやミースなど同世代のモダニストたちと基本的に同じようなスタートを切ります。でも、途中で彼だけが最初に大きくモダニズムから逸脱していきます。工業製品だけでは我慢できなくなって、曲面とか曲線、石などの自然素材を壁に張ったり打ち放しコンクリートを使ったり、非幾何学的な方向に向かいます。ル・コルビュジエは20世紀を代表する理論家で、一番有名な言葉は「住宅は住むための機械である」ですが、スイス学生会館を境にほとんどロクなことを言わなくなります。「建築は住むための機械である」のに、なんで自然の石を拾ってきて張るのか……と説明がつかなくなるからです。丹下さんが卒業設計でこれをやった時、同級生たちは本当に驚いたそうです。バウハウスの線と面で建築をつくるのが常識だった時期で、理論では説明がつかないですから。

02

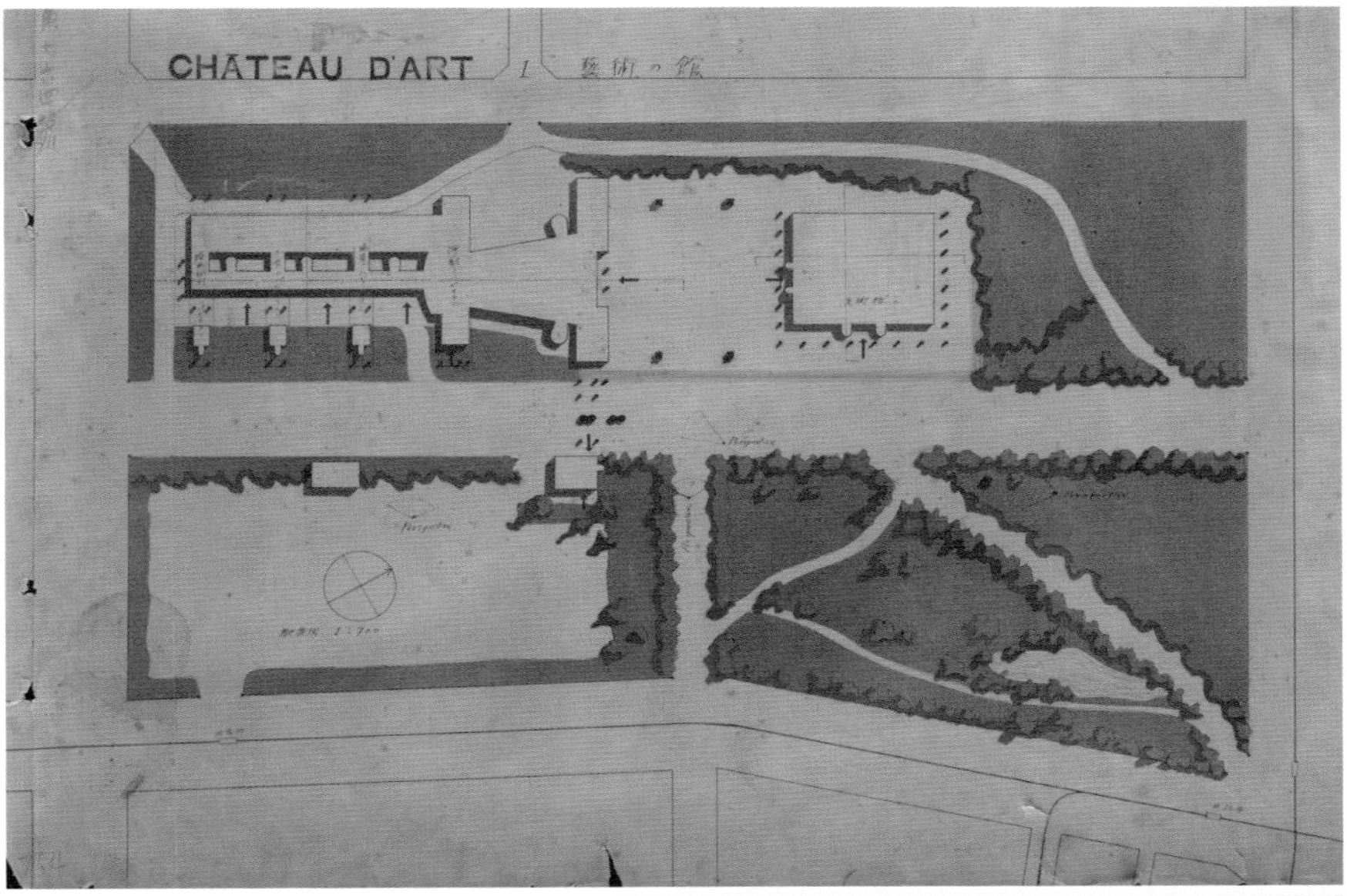

03

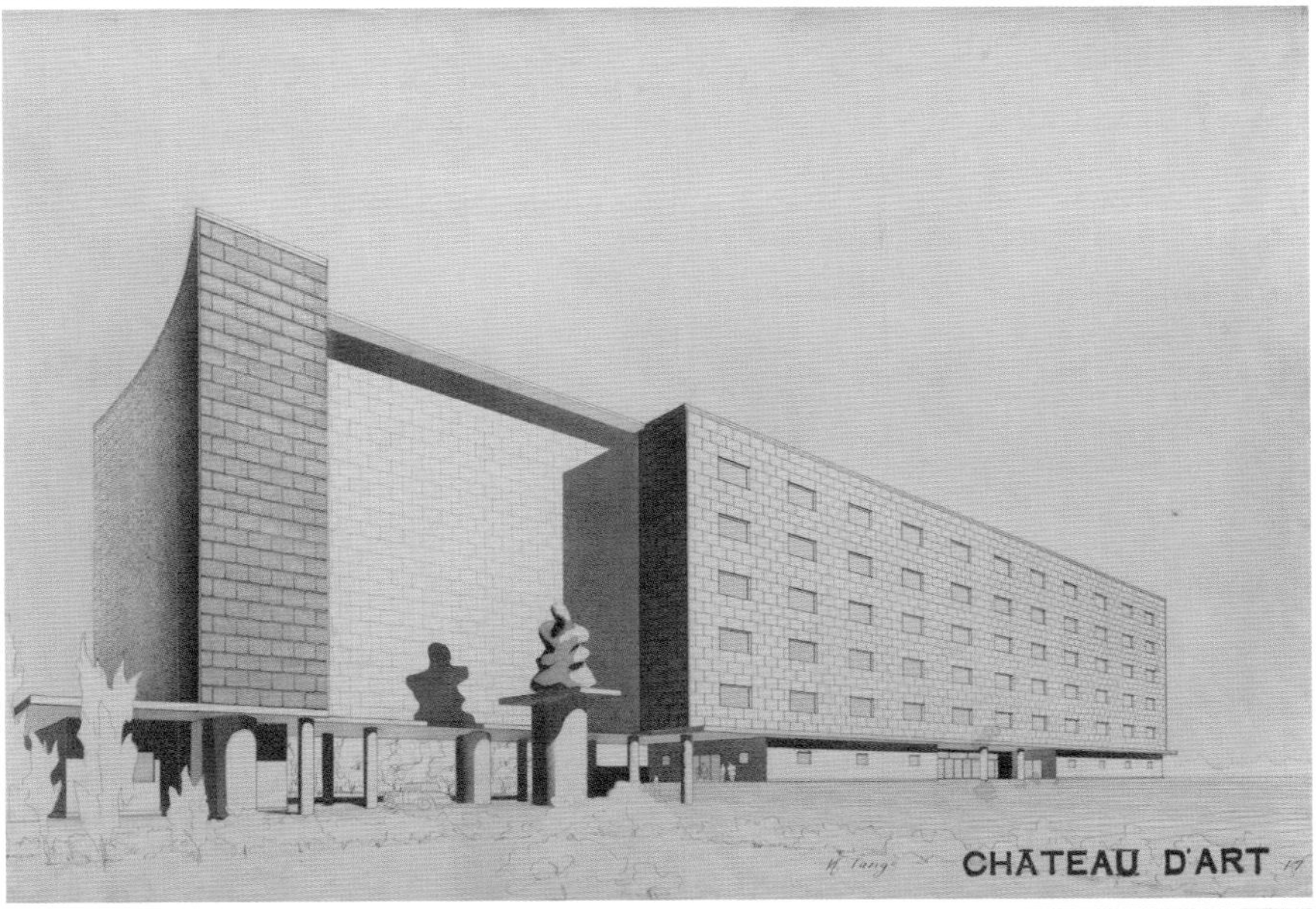

04

02-04　丹下健三の卒業設計「芸術の城」図｜東京大学大学院工学系研究科建築学専攻所蔵

細かいことを言うと、右の建物を見ると、ル・コルビュジエならおそらくこういうデザインはしないだろうというかたちです。少し建物のラインが高すぎる。それはパースの焦点方向に霞が関があるからです。なぜ霞が関の丘を描かなかったかと言うと、丹下さんはおそらく嫌いな国会議事堂を描きたくなかったのだと思います。

鮮烈な建築家デビュー

丹下さんは前川國男建築設計事務所で働いた後に大学院に戻ります。大学院に戻った頃から都市計画の研究をずっとやっています。中でもイタリアの広場の研究をすごい勢いでやっていました。丹下さんは40歳過ぎにイギリスに行くまでヨーロッパに行ったことがありませんでした。その中でヨーロッパの広場研究をどのようにしていたかというと、ひたすら図面を見ていたようです。ヨーロッパの広場やミケランジェロの作品を描いた素晴らしいエッチングや写真集の本があり、それを東大の図書館で見てイタリアの広場を研究していたと伺いました。

戦時下の1942年、丹下さんは大学院生時代に建築学会のコンペ「大東亜建設忠霊神域計画」[fig.05, 06]で衝撃のデビューをします。学生が学会のコンペで一等入選するのは異例中の異例で、日本を代表する建築家たちから「ものすごい学生がいる」とその名を知られたわけです。これは戦没者を慰霊するための護国神社の都市計画です。

パースの右側にある神社部分は護国神社の定型に従って正殿などを配置していますが、あとは丹下さんが自由に考えたものです。中央の軸が東

05

05 大東亜建設忠霊神域計画 鳥瞰パース
出典｜『建築雑誌』(1942年12月号)

京から御殿場の方に向かって伸びる道路と鉄道で、途中で道がすうっと消え、その向こうに富士山があります。

護国神社の正殿の正面に軸を挟んで広場が計画されていて、これらは回廊で囲まれていて、道の上をブリッジで渡るようになっています。広場から正殿には少し沈みながら上がっていくかたちになっていますが、これはサン・ピエトロ広場の構成ですよね。サン・ピエトロ広場は中央が少し凹んでいて、その先に寺院が見えるようになっています。

ここで面白いのが、東京と富士山を結ぶ軸と広場と正殿の軸が十字になっていることです。その軸の両端には性格の違うものがある。正殿の方はぽっこりと盛り上がったかたちで、広場の方は平坦です。そして道の先端には縦の動きを現す富士山があります。ここで丹下さんは都市デザインといいますか都市景観といいますか、単体の建築とは違う別の原理を学び、生涯そのやり方を続けていくことになります。

残念ながら現物の図面は残っていないのですが、この図は和紙にブルーのインクで描いています。日本画の裏彩色という手法を使っていて、図面のシャープなところは表から、風景は裏から描いてぼんやりとさせています。左に富士山を描いているのも横山大観の影響ではないかと思います。このコンペを手伝った北海道大学名誉教授の太田實先生は、当時東大の助手だった吉武泰水さんから「丹下さんがコンペの図面を描いているから手伝ってやれ」と言われたんだそうです。太田先生は「裏彩色など当時知らず、それをやるので本当にびっくりした」と。全体がブルーでものすごく美しいものだったということです。

正殿は伊勢神宮の内宮を写したもので、基本的にはコンクリート面をそのまま現しにする予定だったといいます。丹下さんは克明に記憶されていて、

06

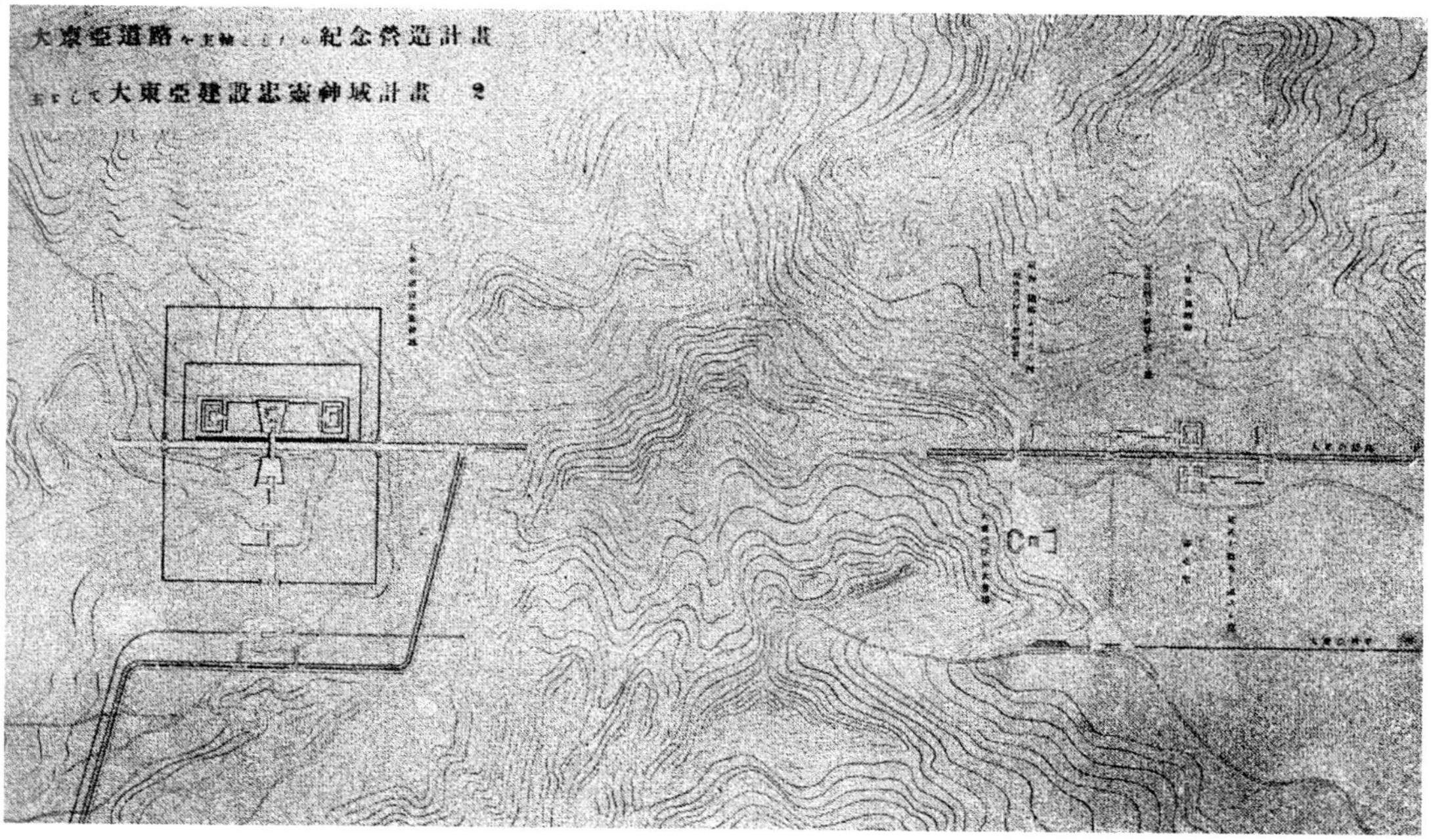

06 大東亜建設忠霊神域計画、配置
出典『建築雑誌』(1942年12月号)

1カ所だけ直したいと言っておられました。それは、回廊に並ぶ丸柱です。丸い柱の上に四角い梁が乗っている状態はまずいって思ったけれど、当時はどうしていいか分からなかったそうです。戦後は、四角い柱の上に四角い梁を載せるようになります。今では当たり前のことですが、丹下さん以前はそれをやった人はいませんでした。ヨーロッパの柱は石でつくるから大体丸柱です。モダニストによるRCの柱も丸柱で、柱を四角くするという意識がなかったんだと思います。四角い柱というのは、当時は木の形だったんです。丹下さんも戦前はそれにまだ気づいていなくて、これを克服するのが、「広島平和記念資料館東館」(1955)と「香川県庁舎」(1958)です。コンクリートの四角の柱に四角の梁を載せた方が美しいことを世界で初めてやってみせるわけです。

開かれた都市のコア—広島平和記念公園

丹下さんが実質的にデビューすることとなる広島平和記念公園(1954)[fig.07-09]の計画を紹介します。

このコンペ案の原図を相当頑張って調べたのですが残っていませんでした。

この図[fig.10,11]は、コンペ案の図を撮影したものですが、広島平和公園を瀬戸内海側から見た光景です。丹下さんが残した文書には「このアーチは瀬戸内海から見える高さでつくる」と書いてあります。よく知られているように、この計画は原爆ドームに中心軸を通し、今の平和大通りをそれに直交させて、大通りに平行して施設を並べるという十字のプランです。大谷幸夫先生がこの計画ができた時のことを覚えていました。最初に見せられた時、丹下さんはタバコのPEACEの缶に巻いてあった紙にちょこっと十字を描いて「これで行くぞ」と言ったそうです。大谷先生は真面目な方でおよそ冗談を言わない人ですけれども、十字にもう一本の線を引いたこの案を見て「一と十でイットウ、1等です!」と言って、二人で笑ったそうです。

他のコンペ案は原爆ドームを無視して森の中に慰霊の神社をつくるというようなものばかりでしたが、丹下さんだけが精神的に最も重要な原爆ドームに軸を通した十字プランにし、原爆ドームとの間にもうひとつシンボリックなアーチを提案したんですね。これの元になっているのは、ル・コルビュジエのソヴィエト・パレスです。注目して欲しいのは、軸の両端に性格の違う造形をしていること。模型を見るとよく分かりますが、東側には平坦な棟、西側にはヴォリュームのあるものをつくっています。「大東亜建設忠霊神域計画」と原理は同じです。

こうした計画手法について丹下さんは大東亜のときに、すでに言葉で説明しています。ヨーロッパの記念碑性は軸の正面に象徴的で大きな建物をどんと建てることだけれど、自分が提案したい記念碑性は神社のようなものだ

07-09

10

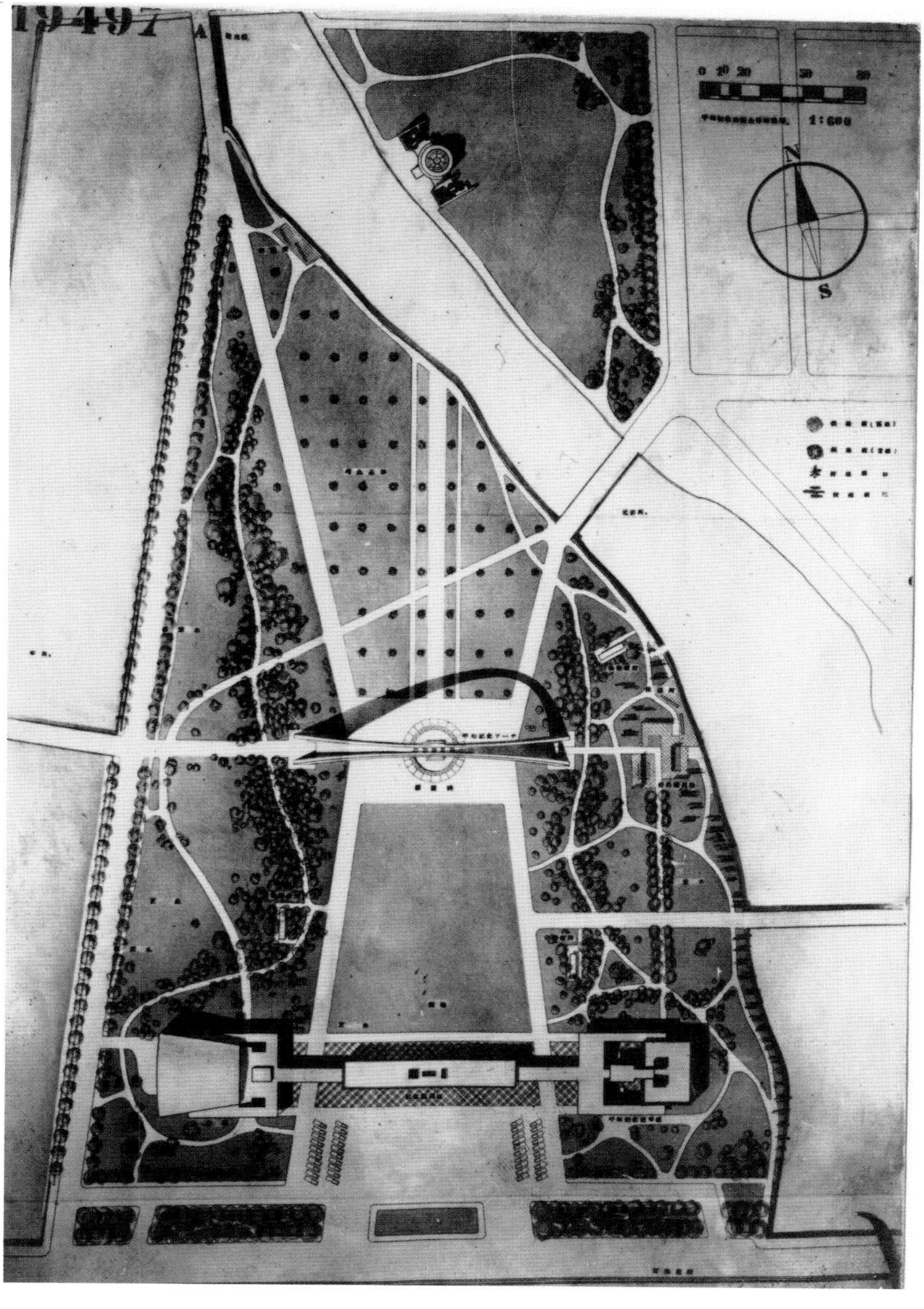

07-09　広島平和記念公園

10　広島平和記念公園の配置図

提供｜広島市公文書館

11

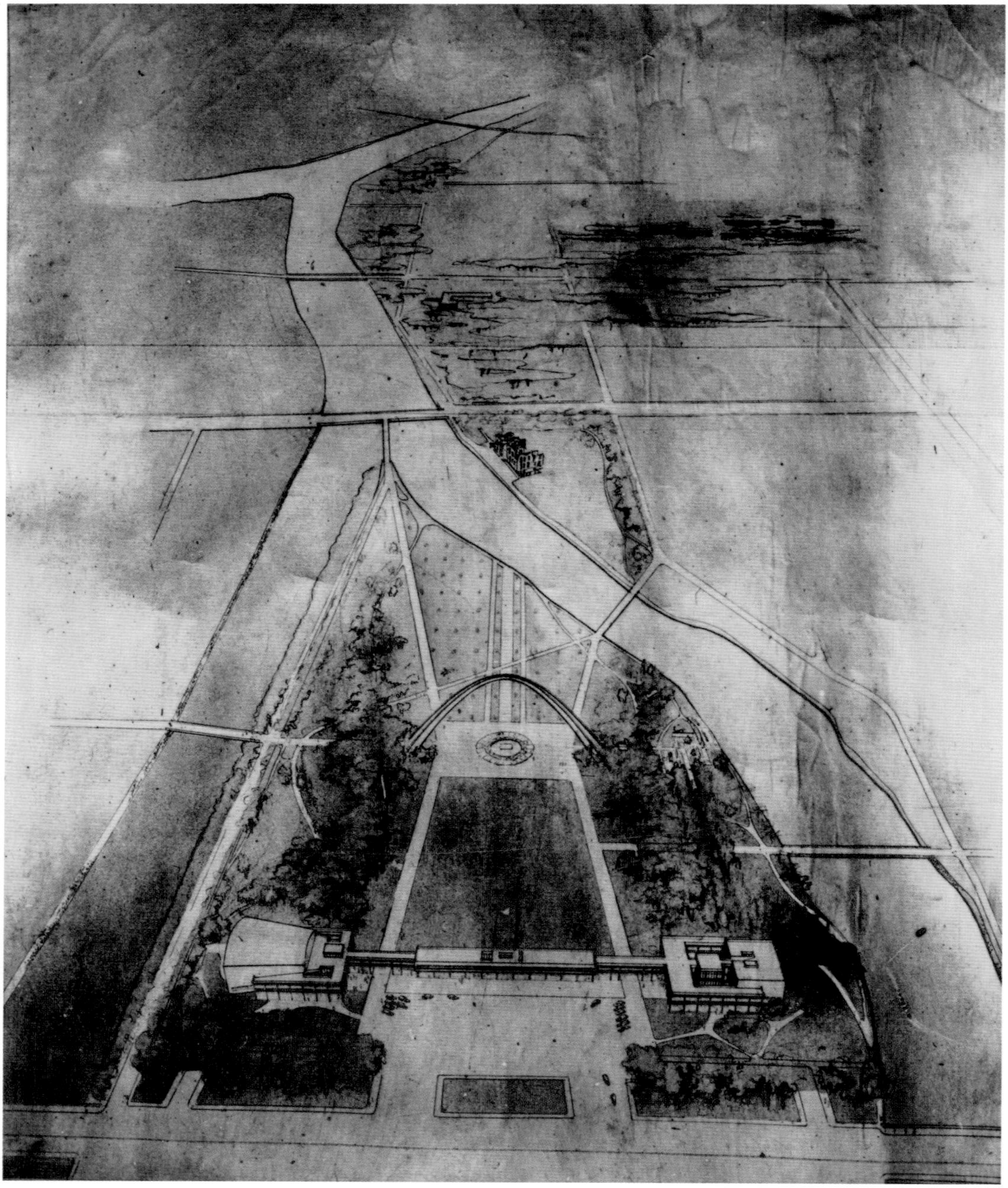

12

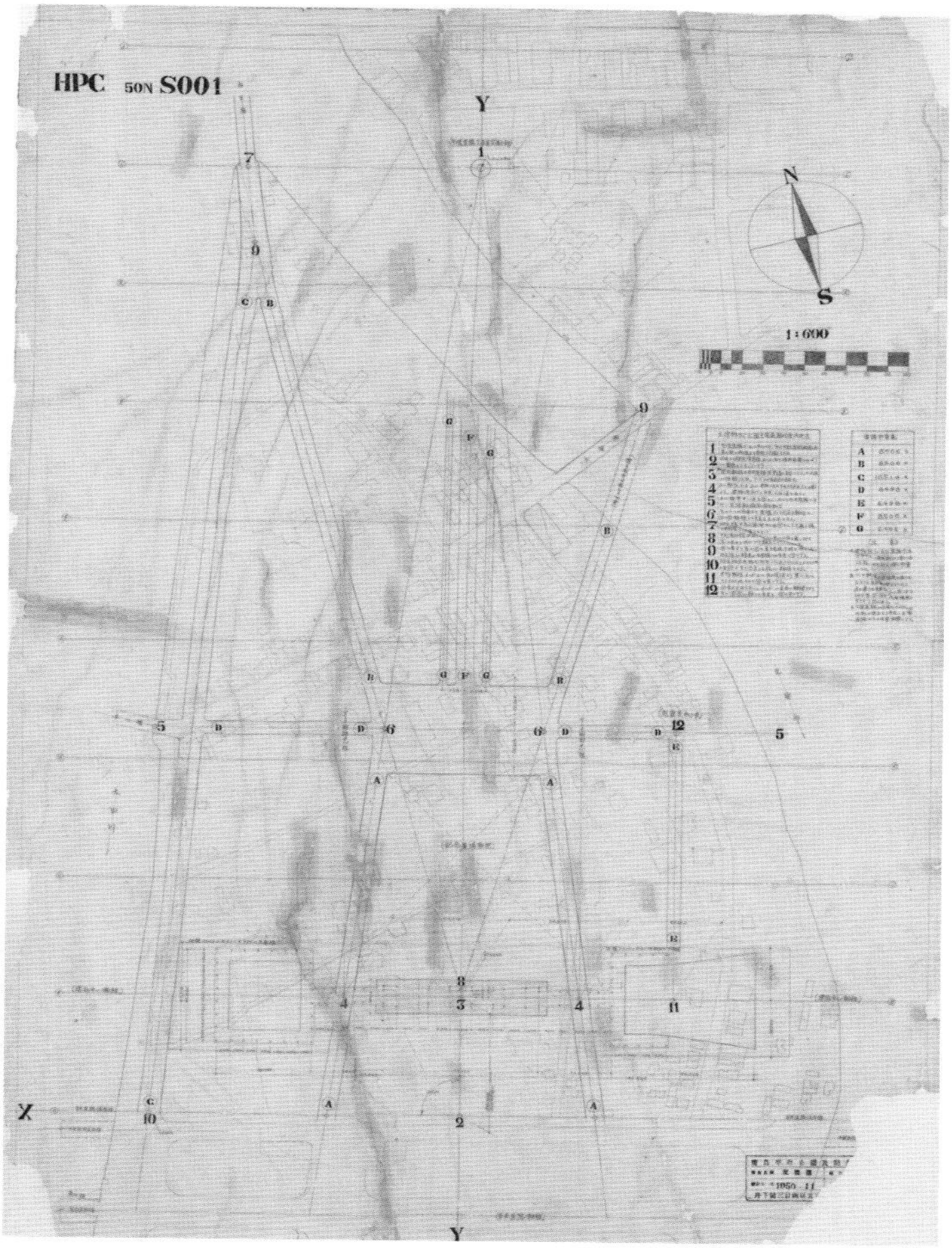

13

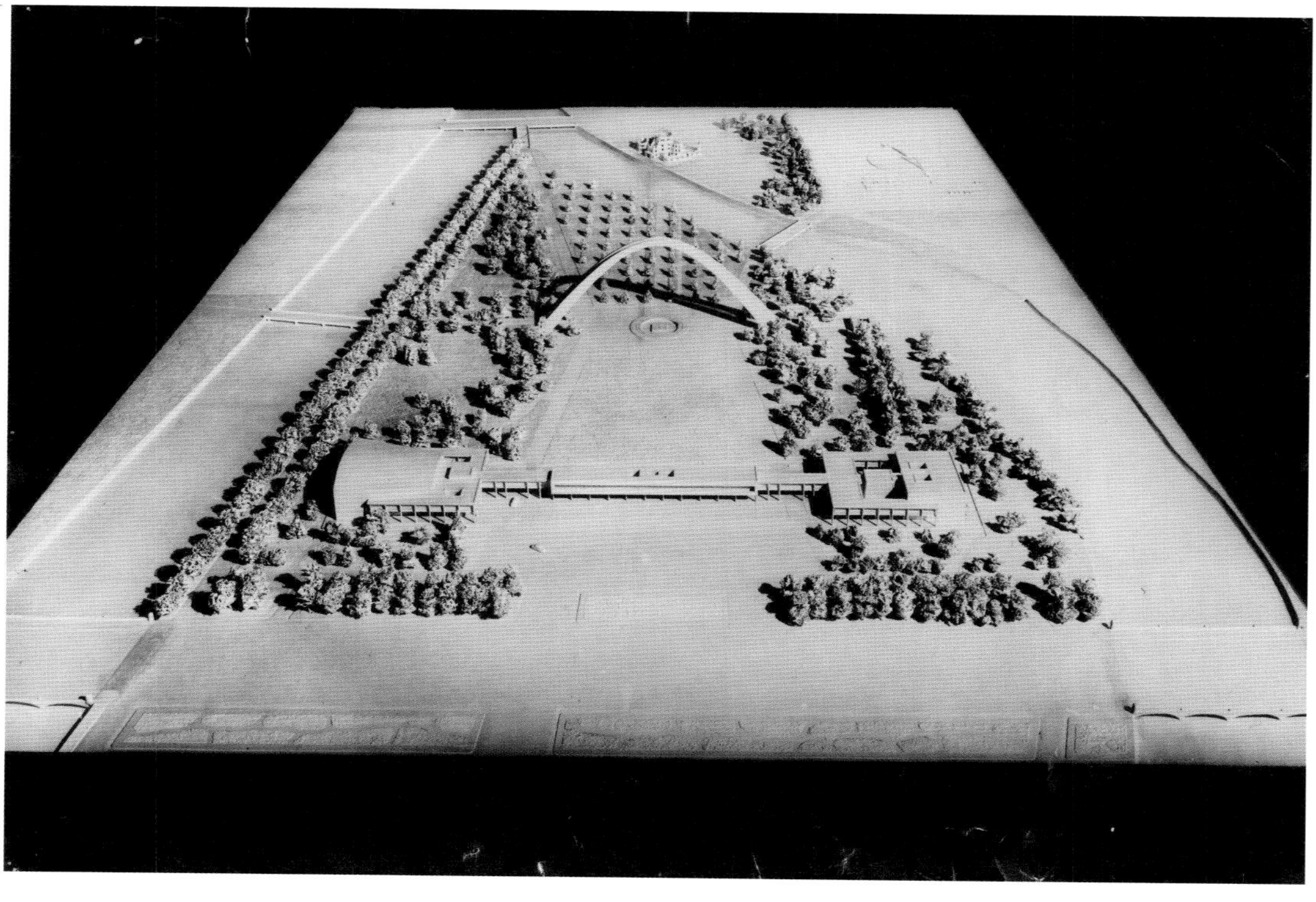

11 広島平和記念公園の鳥瞰図
提供｜広島市公文書館所蔵

12 広島平和記念公園平面図
提供｜The Kenzo Tange Archive_Harvard Library

13 広島平和記念公園の模型
提供｜広島市公文書館所蔵

と。軸はあるけれど、参道を行くと色々なものが見えてきて、段々と気持ちが高まってくる。伊勢神宮もそうですが、物量的な大きさによらない記念碑性ということです。今風な表現をすると周辺環境と一緒に考える環境的記念碑性と言いますか、そういうことを言っておられます。富士山の代わりにシンボリックな原爆ドームを置いて、そこに向かう軸を歩いていくときに、左右にある建物やアーチによって気持ちが高まってくる。例えると、S極とN極がある磁石みたいなものです。性格の違う極の間を両方に引っ張られながら進んでいく。弁証法的な造形と言ってもよい気もします。性格の違うものに引っ張られながら正・反・合によって止揚される造形であると。それを丹下さんは“神社的”という言い方をしています。日本の伝統的な全体構成が持つ記念碑性や象徴性を強く人に訴えかける力としてどう抽出するか、それが丹下さんの都市計画やデザインの基本になるわけです。

丹下さんはこの計画案を持って1951年にロンドンで開催された近代建築国際会議（CIAM）に前川さんに連れていかれるんです。その時のCIAMのテーマが都市のコア。つまり都市の中核部をどうデザインするかということで、当時としてはものすごく面白いテーマでした。ル・コルビュジエも都市全体の大きな配置計画をやっていましたが、まだチャンディガールをやっていなかったので、中核部の計画をやっていない時代。多くのモダニストもやっている人がいなくて、中核部のデザインを与えられるようになるのは戦後になってからでした。なぜ前川さんが丹下さんを連れて行ったかというと、前川さんは発表するものがなかったんですね。

これをル・コルビュジエの前で発表したとき、丹下さんに聞きましたら、「自分としては、広島の計画はひとつだけ自信があった」と。ル・コルビュジエは都市全体の計画は出しているし、建物もたくさん発表しているけれど、建築と周辺の中間領域の案は出していないので、それを提案していることに自信があったと言っていました。具体的に説明すると、この公園はヨーロッパの広場にはない中間的な性格があります。北側に2本の道路が斜めに接していて、南には平和大通りがあり、周辺から道が集まってきています。ヨーロッパの広場は完全に閉じていて抜けがないのだけれど、丹下案ではある程度閉じながら周辺に広がっていくという、それまでになかった都市のセンターをここで提案しているということです。

丹下さんが発表した時、会場のル・コルビュジエが何か発言した。フランス語で何を言っているのかよく分からなかったけれど、後で前川さんに宿舎に帰ってから聞いたら「なかなかよいと言ってた」と答えたそうです。

作品群に見る軸線

香川県庁舎(1958)[fig.14-19]では、先ほども言いましたように、四角の柱と、四角の梁、それとテラスを外に出すことを試みています。コンクリート打ち放しの実験をしていくわけです。

ここで重要なのは、平らな議事堂棟と縦のオフィス棟が離れながら並んでいることです。その間の軸線が高松港に向かっています。

もうひとつ大事なのが、高層棟(現東館)の屋上が広場になっていることです。今は使われていないですが、オープニングの時にはここに市民が集まって大きなパーティをやっていました。今は見えなくなりましたが、当時はここから高松港と瀬戸内海が見えたんです。つまり広島と同じように、海が見える場所では違う形の造形を離して配置して、その間に海が見える軸を通す。これがきわめて重要な丹下さんの配置計画あるいは都市計画のポイントになります。

愛媛や倉敷でも同じことが言えます。「旧今治信用金庫本店」(1960)にも屋上庭園があります。階段のついた露台があり、そこから海が見えるようになっているのです。

「今治市役所」(1958)[fig.20-21]もまた、都市計画的に海をものすごく意

14

14 香川県庁舎議事堂棟と高層棟(現東館)

15

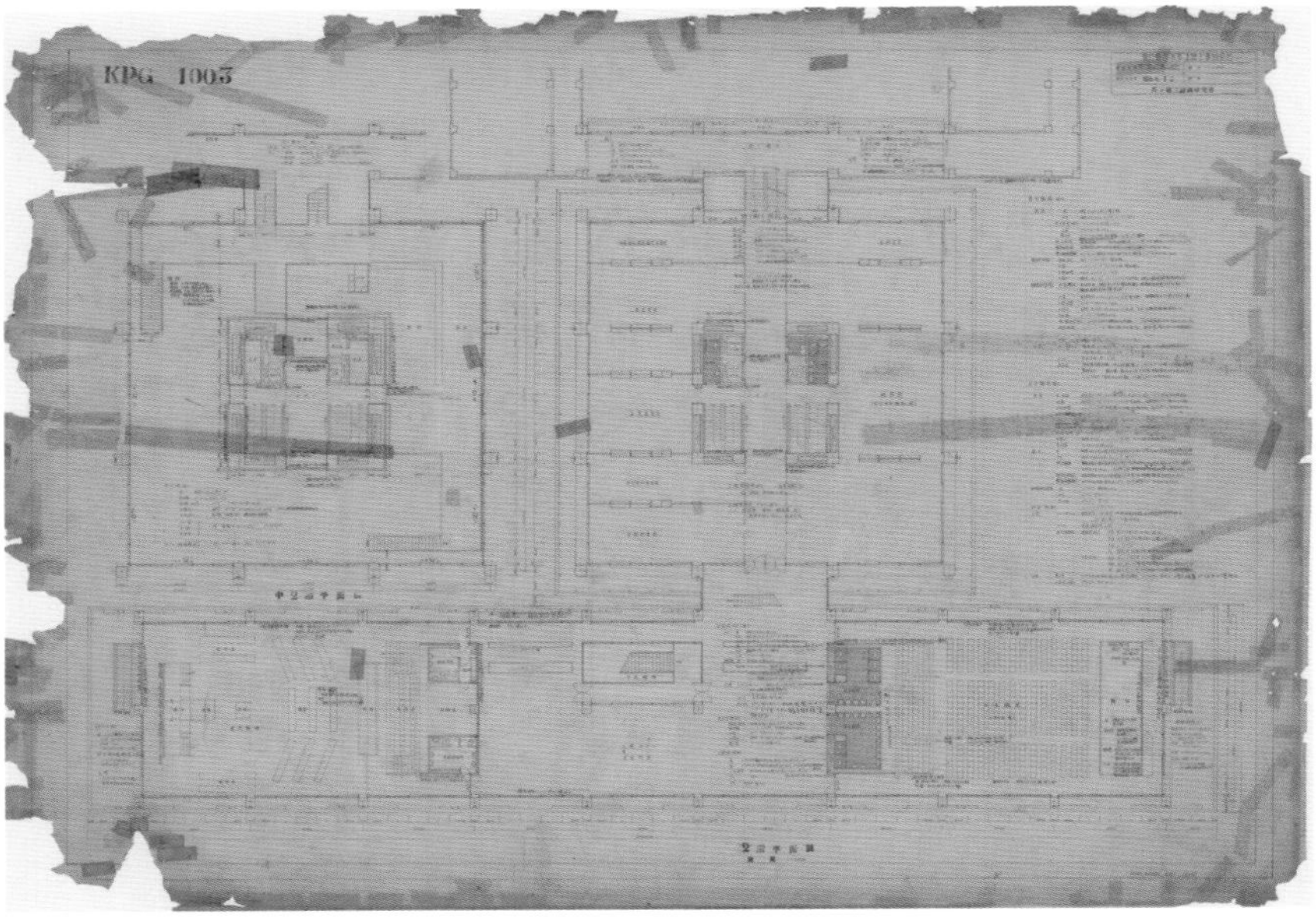

16

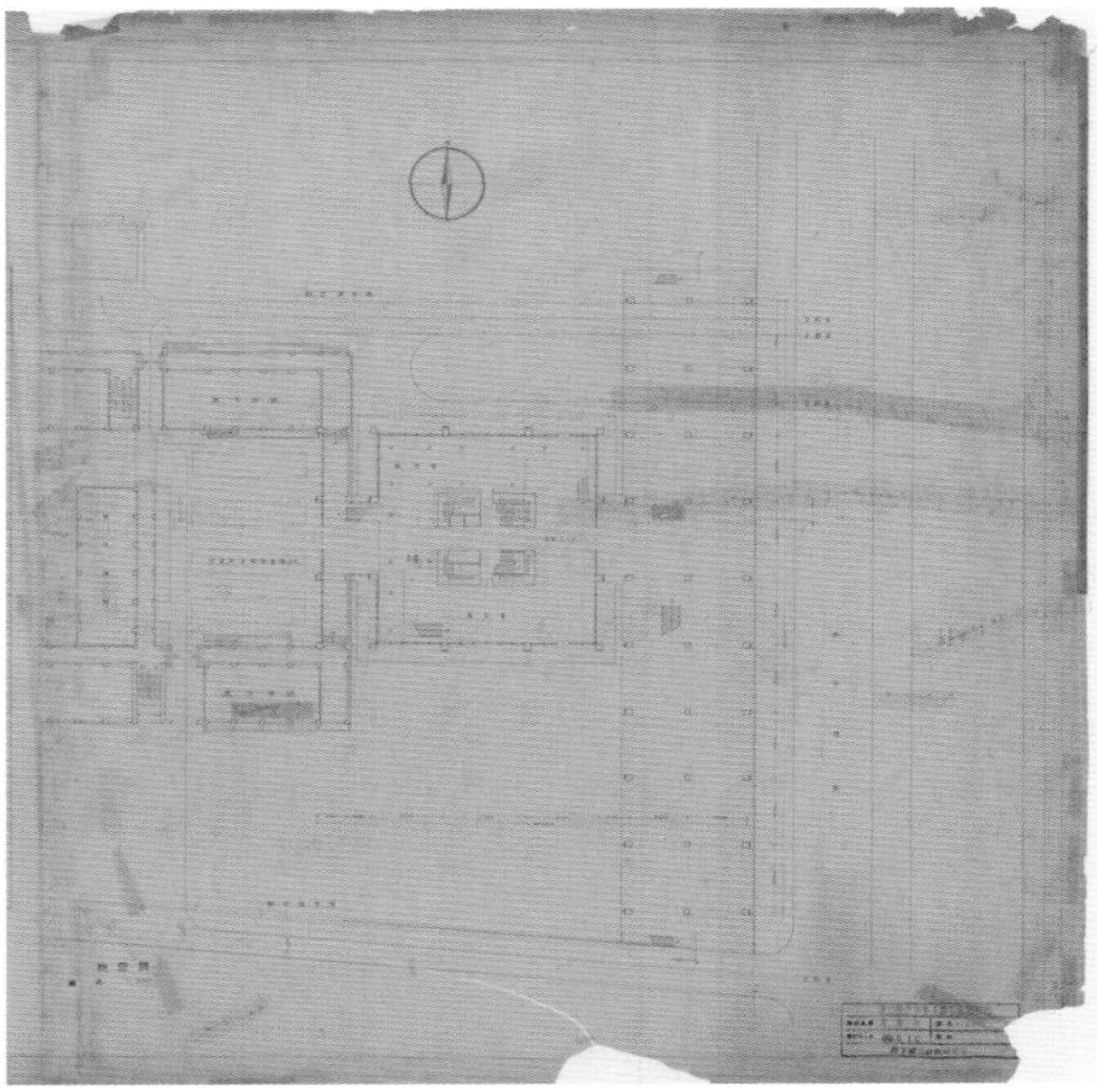

17

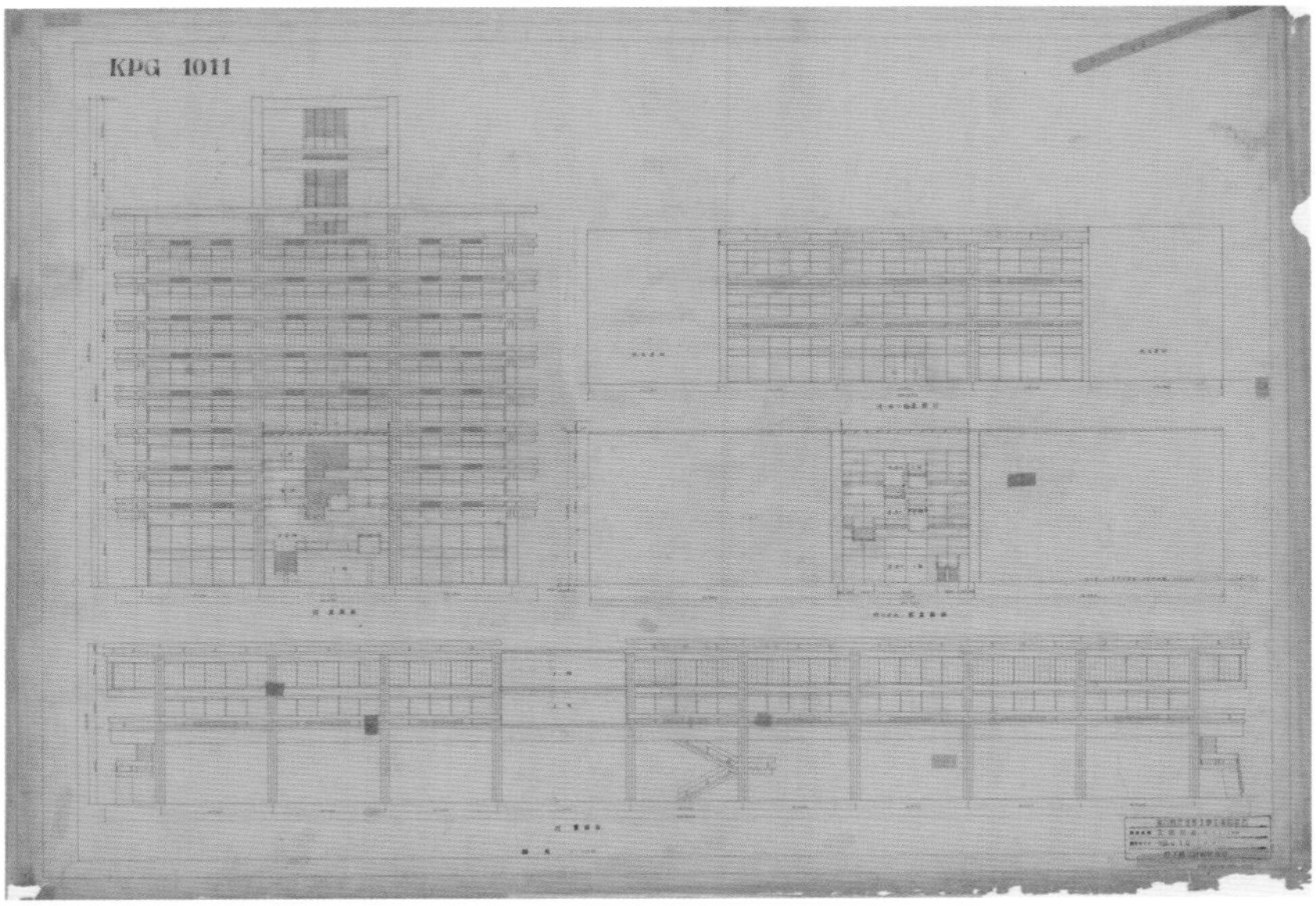

15-17　香川県庁舎の設計図　図｜The Kenzo Tange Archive_Harvard Library

18　香川県庁舎1階ロビー。右の陶画は猪熊弦一郎による「和敬清寂」

19　香川県庁舎議会棟下のピロティから東館と南庭を見る

18

19

20, 21

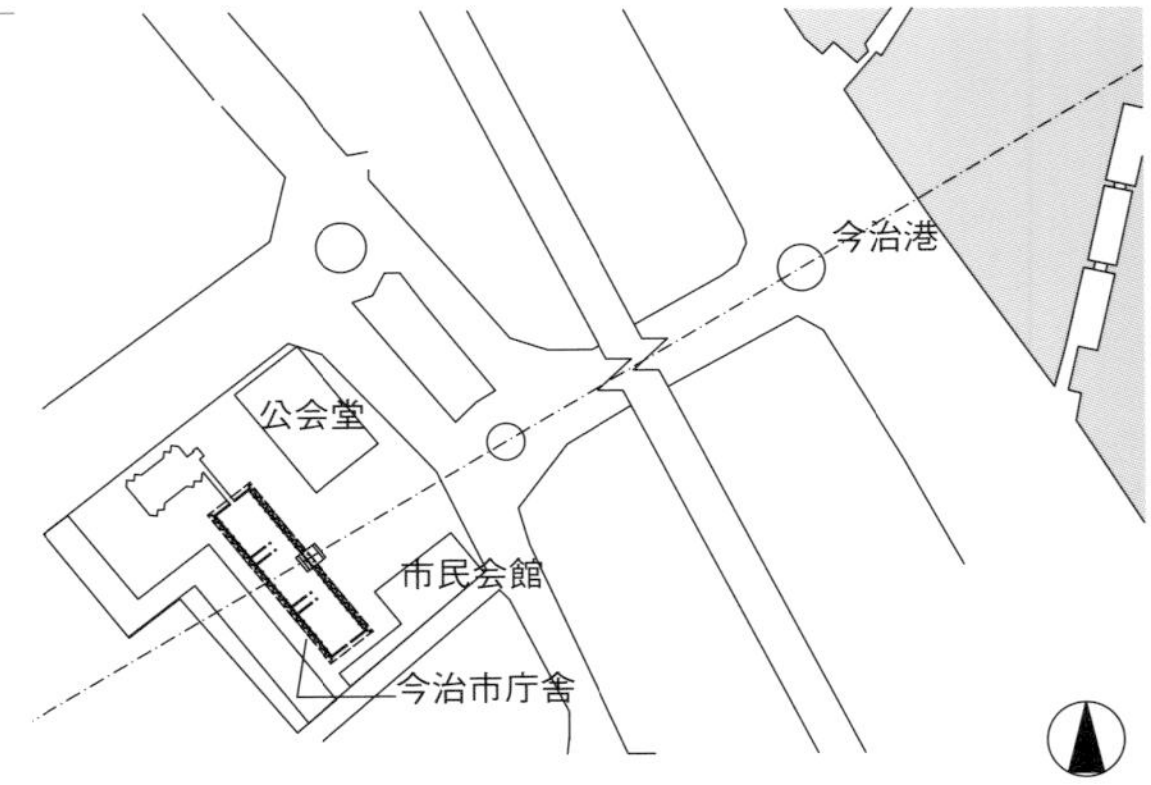

22

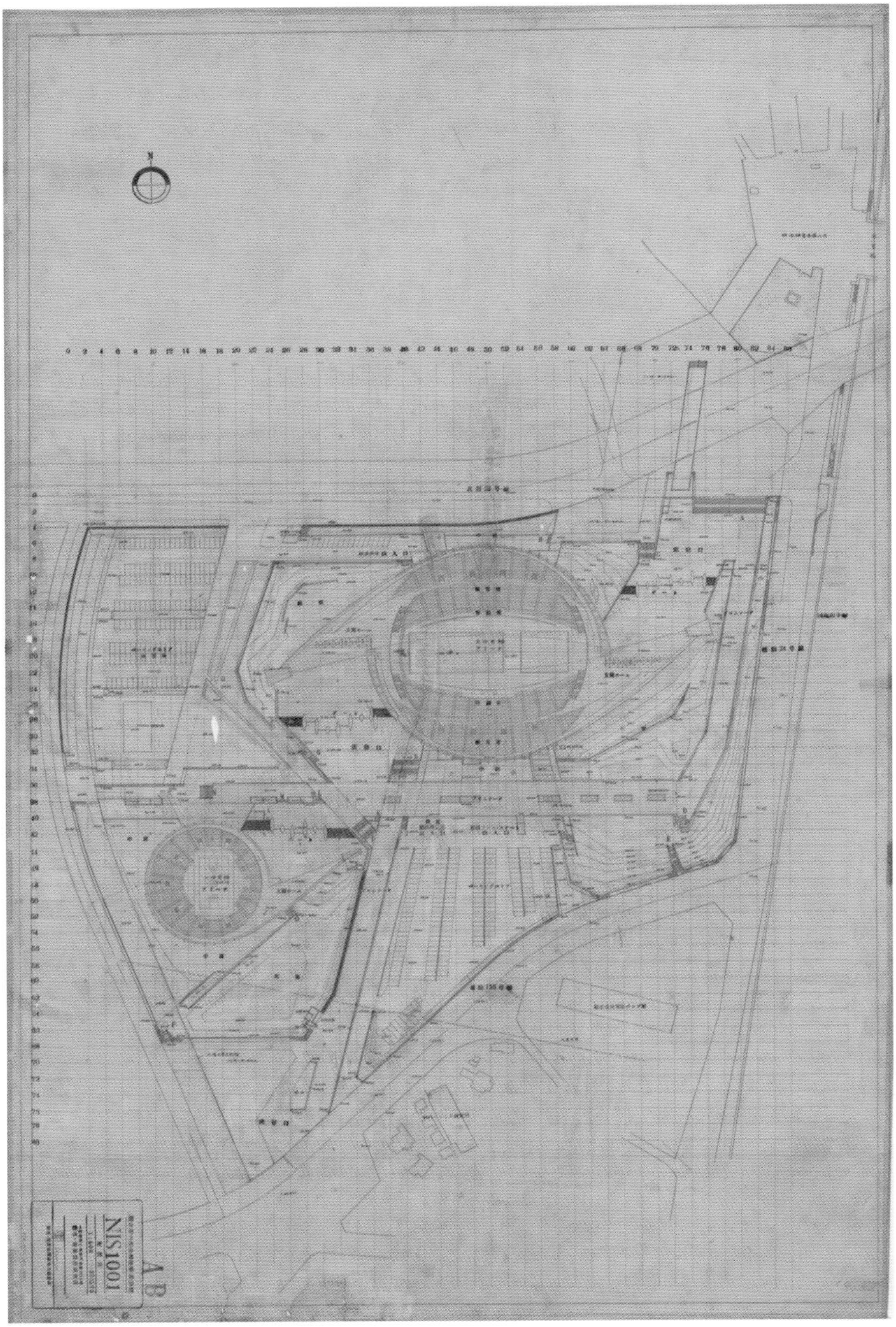

20 今治市役所・公会堂・市民会館の配置図
作成｜広島大学岡河貢研究室

21 コの字型に配置された今治市庁舎、今治市公会堂、今治市民会館が広場を囲む。今治市民会館より広場越しに公会堂を見る
写真｜宮畑周平

22 国立代々木競技場の配置図
提供｜The Kenzo Tange Archive_ Harvad Library

識した計画です。東側の海から続く道がどんと突き当たるところに広場をつくり、それを囲んでコの字型に市庁舎と市民会館、公会堂を配置しています。創建時の写真では、広場からその先に海が見えるようになっていました。

倉敷市庁舎屋上には、野外劇場があります。あまり使われなかったようですが、なぜこのような劇場をつくったのかを丹下事務所のスタッフの人に聞きましたら、丹下さんがとにかく海を見えるようにしたかったのだと。それで、段状の観客席をつくることで、高い場所の舞台を無理してつくったそうです。

つまり丹下さんの建物では海が近くにあれば、必ず海が見えるように、海を意識した建築であったと言えると思います。

「代々木国立競技場」(1964)は、第一体育館と第二体育館の間に軸線が通っています[fig.22]。軸線の左右に違う性格のものがあって、当時は代々木の森があったのですが、計画の途中でNHKの建物が建ってしまい丹下さんは不愉快だったそうです。丹下さんとしてはこの先に富士山か夕日が見えればいいと思っていたのでしょう。それに直交する軸は明治神宮の本殿とつながっているのですが、計画当時はオリンピックと宗教施設が関係していることは言ってはいけなくて、発表してはいませんでした。

「東京計画1960」(1960)[fig.23]では、皇居から海を通って千葉に向か

23

23 東京計画1960
模型写真:川澄明男

24

25

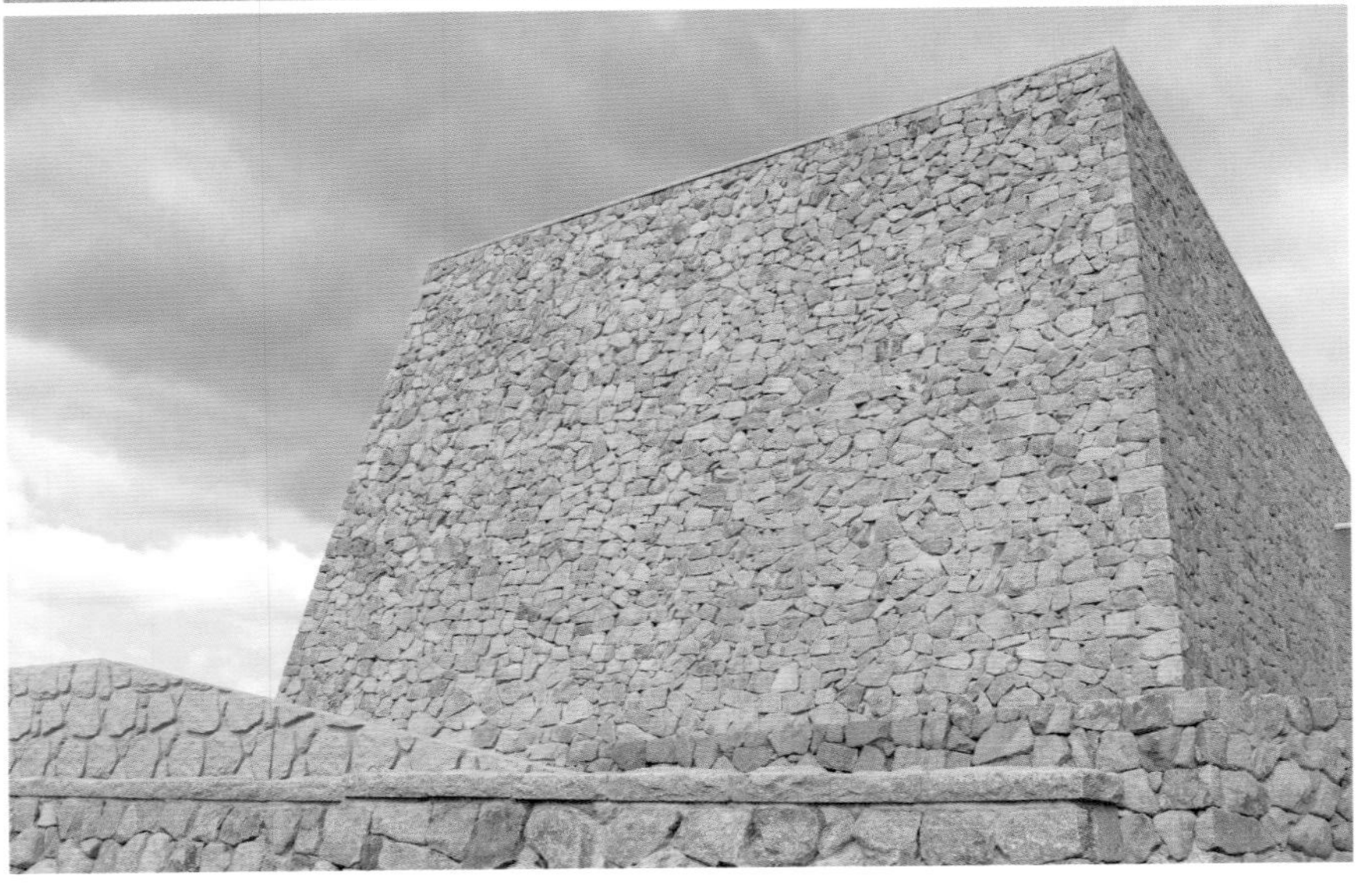

24 淡路島にある戦没学徒記念館の慰霊塔
写真｜安藤聡

25 戦没学徒記念館の石積み
提供｜南あわじ市

26

26 戦没学徒記念館の展示室内部
写真｜安藤聡

う軸線を描いています。

最も直接的に海との関係を示しているのが「戦没学徒記念館」(1966) [fig.24-26] です。淡路島の瀬戸内海に突き出したところにある、戦没した学生を記念する慰霊塔で、ものすごくよくできた建築ですが、丹下さんは発表しませんでした。

徴兵を受けなかった丹下さんは、同世代の戦死した人たちを慰霊するために相当気合を入れてつくった計画なんです。ところが、竣工式典の時に自衛隊の艦船が艦隊を組んで通るということや、戦争の遂行者がバックアップしてつくったことが分かり、丹下さんは式典への出席を拒否し、メディアにも発表しなかった。

明らかに戦争の塹壕を意識した造形です。丹下さんがこれほど明快に自然素材を意識した意匠はこれが最初ですが、ル・コルビュジエのソヴィエト・パレスやスイス学生会館の石積みからきた発想であるのは間違いありません。打ち放しコンクリートと石積みの壁の間に半円形の窓があり、トーチカのようなイメージでちょっと怖い感じもします。展示はずっと砂がまかれてそこにつぶれた水筒とか荒れた家屋とかそういう相当リアルな戦争のイメージになっておりました。ずっと塹壕のイメージのものが続く中歩いて行くと、最後にパラボラアーチの打ち放しの慰霊碑にたどり着きます。そこでは広島と同じように足元で火を灯していました。この独特のパラボラアーチは、東京カテドラルともつながっていると言えます。

配置計画の祖は法隆寺

これまでの作品を通して丹下さんの計画にある大きな特徴をまとめますと、軸を通すこと、左右に平板なものともっこりしたものという性格の違う造形を置くこと、軸の先端には小さな記念碑的なものを置くことだと言えます。さらに海が近い時は、海に向けてその軸を通す。それが彼の都市デザイン上の特徴です。

私の一番の関心は、では一体丹下さんは世界にも希なほとんど誰もやらない独特の環境的な記念碑性をもつ配置計画をどこで身に着けたんだろうか?　ということです。

おそらく彼がそれを最初に知ったのは法隆寺[fig.27]ではないかと思います。法隆寺は軸線が通っていて、中門を入ると右に割ともっこりした金堂、左に垂直性のある五重塔と違う性格のものがあり、そして周りが回廊に囲まれています。正面には今は比較的大きな大講堂がありますが、昔はそれほど大きなものではありませんでした。左右非対称で正面に何もない軸を持つ、世界の仏教建築の中でも独自な様式だということを最初に指摘したのは、歴史家の太田博太郎先生です。太田先生がそのことを文章にするのはおそらく戦後なのですが、戦前に原稿を書いていました。その頃の丹下さんは日本の伝統建築にものすごく興味がありましたので、当時の東大の関野克先生や太田先生ともそういう話をしていたのだと思います。法隆寺の特徴については太田先生が丹下さんに言ったのでしょう。

丹下さんと同世代の建築評論家である川添登さんが、広島の計画が発表されたときに書いた文章を見ると、当時丹下さんは法隆寺の話をしていたということです。後に丹下さん自身が「広島の東棟は桂離宮で、西棟は伊勢

27

27 法隆寺。左に五重塔と右に金堂を見る

神宮」という言い方をするのですが、川添さんによると計画時に丹下さんはそのようなことは言っていなかったそうです。それは、後にイサム・ノグチにそのように指摘されて、桂離宮と伊勢神宮の話をするようになったのではないかと思います。

さらに言うと、建築家には根本となる大事なセンスがあります。丹下さんであれば十字の軸線があり、正面には何もなく左右に非対称な形のものがあるということです。伊東豊雄さんであれば、絶対的水平感があります。伊東さんのすごいところは、垂直の動きが絶対的な水平感から湧き出てくる。そうした基本的な感覚は、建築家になってから身につくものではありません。本人が建築の勉強を始めるまでの間ずっと新鮮な眼で色々なものを見ていて、それが網膜の成分をつくっているのです。建築を目指したときにはもう絶対的に揺るぎのない、眼の底にたまっている空間の質があるんです。

それが何であるかを建築の計画をやりながらだんだんと掴み、はっきりしてきて意識的にそれをやるようになります。丹下さんがル・コルビュジエのソヴィエト・パレスの十字プランに惹かれたことや、広島や戦前の大東亜でやったゆるぎない十字プランがどこで生まれたのかと考えるわけです。それはやはり瀬戸内海じゃないかと私は思っております。丹下さんは今治で育った方で、今治の海岸線は南北方向に伸びていて、朝日は東の海から昇ってきます。丹下さんの軸線はおそらく、今治の浜辺から見た朝日の光景なのではないか……と。写真で見ると、今治の海に朝日が射すと、波頭が点々と光り、ぴーっと光の軸が通ります。その周辺には、左右に形の違った島々がある。僕は、丹下さんが今治の浜辺で目にした光景が、彼の中で積もりに積もって環境的記念碑性という感性をつくったのではないかと思うのです。

そういう話をせずに、丹下さんに子供の時はどこで遊んだか伺ったことがあります。今治の家の近くに浜辺があり、子供の時の遊びの半分は海だったということでした。だからおそらく、丹下さんが多島海の瀬戸内海で育ち、今治で見た太陽光の光景が丹下さんの網膜をつくったのではないかという気がしています。以上で私の話を終わります。

地域に根付くモダニズム建築

山本忠司と瀬戸内海建築憲章、浦辺鎮太郎、松村正恒、そして、大江宏、大高正人へと続く水脈

松隈洋

瀬戸内海文明圏――これからの建築と新たな地域性創造研究会｜建築が孵化する風景

［第三回］

高松｜香川県立ミュージアム講堂

香川で広がる丹下健三の波紋

丹下健三さんが蒔かれた種がどういうふうに香川で育ち、周囲の建築家や建築に影響を与えたのかという話をしたいと思います。

2013年に丹下さんの生誕100周年記念プロジェクトとして香川県で「丹下健三 伝統と創造 瀬戸内から世界へ」展［fig.01］を開催しました。私も実行委員の一人として携わりました。

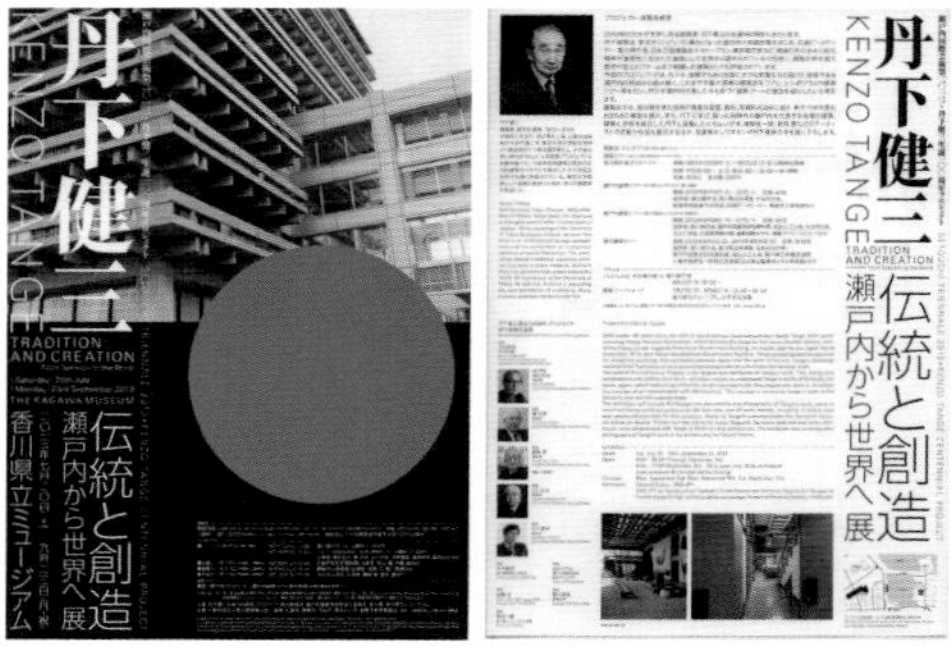

01
丹下健三生誕100周年記念プロジェクト「丹下健三 伝統と創造 瀬戸内から世界へ」展のチラシ

「香川県庁舎」（1958）と「香川県立体育館」（1964）という丹下さんの代表作が2つもあるというのは香川県にとって非常に重要なことだと思いますし、高松の戦後復興の象徴として、まちの歴史をつくってきたものとしても重要な建築だと思います。

1960年の『建築文化』に、明治大学教授で建築評論家の神代雄一郎さんが、「建築家が地方で何をしたか」という文章を、少し疑問形で書いています。今の時代とも重なりますが、戦後の高度経済成長が始まると、東京の建築家が落下傘のように地方で建築をつくります。神代さんはあまり良い事例を見い出せなかったようですが、「地方をまわってみて、東京の建築家がやった仕事で一番いいと思ったのは香川県庁舎」だと指摘していて、東京の建築家が種を蒔いても、「その地方の建築を前進させるものであったかどうか」で建築の良否が決まると言っています。つまり香川では丹下さんが蒔いた種に対する理解が高まっていて「地方性の獲得」が果たされていると指摘していた。そして、それらの建築に香川県庁舎の影響が見られるのは、「丹下さんのねらいが正確だったことを物語るものであり、同時に地元がそれを受けて立つほどしっかりしていた」からだと言われています。最後の言葉が象徴的で、「高松

にはいつまでも丹下の投じた一石が生きているであろう」と書かれています。

山本忠司と香川県の建築

そのこのことを象徴するのが香川県建築課の技師だった山本忠司さんの存在です 。

山本さんは丹下さんとちょうど10歳違いで、1923年に香川県で生まれ、戦時中は徴兵され高松で敗戦を迎えます。京都高等工芸学校(現・京都工芸繊維大学)を卒業後、1948年に香川県庁に入庁し、香川県庁舎の計画に携わることになります。晩年、山本さんはその時のことを『建築文化』(1985年4月号)で回想されています。1945年7月の空襲で焼け野原になった高松の市街地に県庁舎に関わることになって、「職人職方と共にコンクリートを打ち込み、足場の下をかいくぐったこの建築とともにあった3年の歳月、それは私の建築人生にとって最も大きな出会いであった」と書かれています。

山本さんの経歴でユニークなのは、1952年のヘルシンキ・オリンピックに3段跳びで選手として出場したことです[fig.02] 。丹下さんがちょうどCIAMでロンドンに行った次の年で、まだ渡航許可が厳しい時代でしたが、山本さんは帰りにイタリアやギリシャを巡り、パルテノン神殿など西洋の建築を見ていたんです。帰国した翌年、国民体育大会のための「屋島陸上競技場」(1953、現存せず)[fig.03-05] を設計します。これを見て、僕はびっくりしました。明らかにヘルシンキで見てきた北欧デザイン

05 屋島陸上競技場東側から見る

05 屋島陸上競技場のスタンド席

02 1952年ヘルシンキオリンピックに出場した山本氏 写真提供・山本隆造

04 屋島陸上競技場北側ファサード 写真・市川靖史

07

高松市内の喫茶店「城の眼」の内部

08, 09

城の眼の外観

馬場泰子さん、純子さん姉妹と鈴木誠一さん

が生かされて、北欧直輸入の体育施設だと言っていいと思います。その後高松市内で喫茶「城の眼」(1962)を設計します。世界的な建築家丹下さんと香川県庁舎で対峙することで、山本さんはむしろ地域性というのを自覚したようです。「城の眼」の内側には石の壁が積まれていますが、これはニューヨーク万国博覧会(1964)で、前川國男がつくるパビリオンの外壁を香川の岡田石材と流政之さんと組んでやることになっていて、その試験的取り組みでした。山本さんが全体のコーディネーターをしていて、家具は地元の木工所の桜製作所がつくっています。

山本さんの文章を読むと、「当時の新建材をいっさい使わずに石やレンガや木を使って、ある種近代化に対して別の建築をつくった」と言っています。幸いなことに、山本忠司さんの事務所で設計していた鈴木清一さんと、今でもこの「城の眼」[fig.07-09]を守っておられる馬場泰子さん順子さん姉妹にお会いしてお話を聞かせて頂きました。

山本さんはその後、県の建築課の技師として仕事をしながら、色々な建築家とのコラボレーションをしていきます。

県の仕事としては、「香川県立武道館」(1966年)[fig.10, 11]があります。丹下さんの香川県立体育館と向かい合って、剣持勇さんの家具を使ったり、体育館と似たディテールもありますが、やはり丹下さんとは違うものを求めているように感じます。

香川県農業試験場(1969年、現存せず))[fig.12-14]も独特のデザインです。地元の職人の方々と一緒に石積みの壁や、壁画のようなものをつくっています。

10, 11

香川県立武道館内部に置かれている剣持勇デザインの椅子
香川県立武道館　写真・市川靖史

12-14

香川県農業試験場。壁画は地元の農工の資料を元に山本忠司がデザイン。端材のタイルを用いてつくった

15
瀬戸内海歴史民俗資料館　写真・市川靖史

16
瀬戸内海歴史民俗資料館　写真・市川靖史

17, 18
第2案の模型
スケッチ

19, 20
施工中　図・写真4点香川県建築課
最終案の模型

日本建築学会賞作品賞を受賞した彼の代表作である「瀬戸内海歴史民俗資料館」(1973、以下歴史博物館))[fig.15-16] は、県の建築課課長時代の作品になります。特徴はこの石積みの壁です。ちょうど丹下さんが世界に羽ばたいていった時期と重なりますが、山本さんは香川の気候風土や石や木といった自然素材、地元の職人たちの仕事と合わせてこういう造形をしました。

この設計に携わった鈴木さんに話をお伺いして印象的だったのは、地形になじむように群造形として塊をつくっています。ここからも瀬戸内海の島々が見えますね。藤森さんの基調講演で印象的だったのが、モノそのものではなくてその周りにある余白や間という考え方です。おそらく西洋の建築ではそれはあまり意識されておらず、強い建物によって囲まれて広場ができています。日本はむしろ逆で、点在している島の余白としてある海の先に見える太陽の動きや景色があり、そうしたものを丹下さんは日本的なものとして意識していたのだと思います。

藤森　「日本というよりも瀬戸内海の風景ですよね」(会場より藤森氏のご発言)

そうですよね。島が点在していてこれほど穏やかな水面が見える場所というのは他にないですよね。瀬戸内海の風景、余白というのが山本さんの建築でもキーワードになっていると思います。

20, 21
1971年、施工中の「インド経営大学」を視察する山本氏
写真提供・山本隆造

鈴木さんに聞くと、最終的なかたちに至るまでずいぶんと悩まれていたそうです。ヘルシンキオリンピックを見てきたので、新古典主義の建物のようなものをやっていたみたいですが、この場所に馴染まないという意見があり、デザインを変更したそうです。そして最終的にこの案にたどり着くのですけれど、この間の1971年にルイス・カーンの建築に出

会っているっという話を聞いて、すごくびっくりしました[fig.20, 21]。

山本さんは、1969年から庵治石の産地である牟礼町(現・高松市)にアトリエを構えていたイサム・ノグチや、石彫家の和泉正敏さんともお付き合いがありました。歴史博物館で悩んでいた山本さんをイサムが「カーンの建物をインドに見に行こう」と誘ったそうです。そのときインド経営大学が建設中だったんですが、山本さんは実際にアーメダバードまで見に行きます。職人たちが石を積んでいる姿を見て、これが自分の建築の目指すものだということに気がつくんですね。そのときの山本さんの言葉が残っています。「カーンの建築は、そこにあるインドの土を焼いて煉瓦をつくり、手先の器用なインド人が型づくりをし、それらを積み上げていく、そこでは皆がつくることに喜びを感じ生き生きと働く姿があった」(建築文化1985年4月号)と。

ここから発想して、コンクリートの外壁の外側に基礎工事で出てきた石を積み上げていくという造形が生まれました。

広がる地域性の波紋

一昨年の夏に香川県の方に山本忠司さんのご遺族の方をご紹介いただき、いろいろな資料を見せていただいて、色々なことがわかってきました。山本忠

22-25 大江宏設計の香川県立丸亀高等学校。この作品がひな型となり、県内の高校が設計された

26, 27 大江宏設計の法政大学

司が香川県にいたことで、建築と歴史や風土を出会わせることが大事であるということを、東京の建築家に伝えることになったと思います。

その最たる例が、丹下さんと同級生の大江宏さんです。大江さんは県の高等学校のモデルをつくるということで、山本さんからの依頼で香川県立丸亀高等学校(1960)を設計しています[fig.22-24]。僕は、これが大江さんの作風自体を変えてしまったのではないかという仮説を立てています。

明治時代に建てられた古い木造校舎が高等学校に残っているのを見て、「わたしはおもわず、その備える風格に深く打たれた」(『建築文化』1958年12月号)という言葉を大江さんは残しています。鉄筋コンクリートで建て替えなければいけないのだけれど、近代建築の鉄とガラスとコンクリートでこの木造に匹敵するようなものをつくれるのか、無力じゃないのかということを言っているんです。その古い校舎は今でも使われているそうです[fig.25]。

大江さんは同時期に法政大学校舎を設計していますが、そこに影響していると思います。53年館、55年館、58年館とあり、増築していくわけですが、53年館は白亜のバウハウス風でした[fig.26, 27]。でも最終的に骨太な建築に変わります。彼自身がバウハウス的なものから土着的なものに変わっていくときに、香川県での経験が触媒的な役目を果たしたんじゃないかと思います。

大高正人さんは山本さんと同じ年の生まれで、坂出人

工土地(1968-1986)で山本さんたちと協働するわけです[fig.28, 29]。彼は近代的な仕事をしながら「広島市営基町高層アパート」(1978)へとつながっていきます。ところが、

イサム・ノグチの住居「イサム家」に出会って感銘をうけています。イサム家は山本さんの設計ですが、丸亀から武家屋敷を移築してきたものです。「この民家は日本の本物ですが、ここではそれが見事現代化している」(『建築文化』1970年10月号)と大高さんは書いています。つまり、伝統と近代を乗り越えるひとつの大きな見本がここにあるということです。僕には、牟礼町にあるイサム家の屋根の造形が大高さんのそのあとの造形につながっていくように見えます。たとえば「千葉県立美術館」(1972-80)[fig.30]や、最終的には故郷の福島県三春町の建築「三春町民体育館」(1978)[fig.31]や「三春町歴史民俗資料館」(1982)などです。

ちなみにイサム・ノグチ庭園美術館の中にある「イズミ家」[fig.32]は、山本さんの設計です。

瀬戸内建築憲章へ——

1979年、山本忠司、浦辺鎮太郎、松村正恒と神代雄一郎の4人で「瀬戸内海建築憲章」を起案します。浦辺さんも瀬戸内海を挟んで向こう側の岡山で、

28, 29 坂出人工土地

30 千葉県立美術館

31 三春町民体育館

32 山本忠司設計のイズミ家　写真・市川靖史

33, 34
岡山県倉敷市の大原美術館　138～147頁特記なき写真提供・松隈洋

山本さんと同じようなことを考えていた人なのかなという印象があります。丹下さんが倉敷市庁舎をつくったときに浦辺鎮太郎さんがどう思ったのかというのが気になっています。1963年までは日本は木造の方が多い国だったのがその後逆転していきます。木造のまちの中に突然あの市庁舎が出てきたわけですから。

その後、丹下さんとは違う方向の、地方性の実現のようなことに浦辺さんは気づいていくんだと思います。

「大原美術館分館」(1961)[fig.33, 34]や「倉敷国際ホテル」[fig.35, 36](1963)などを見ると、クラフト的なものとコンクリート建築をつないでいくことをしています。倉敷の古い木造の街並みとどうやって新しい建築を接続させるのかということを浦辺さんは仕事にされたという気がします。

60年代は、そうした価値観のせめぎ合いがありデザイン・サーヴェイという動きが盛んになり、宮脇檀さんが法政大学のゼミで倉敷のデザイン・サーヴェイをやっています[fig.37]。それが浦辺さんの「倉敷アイビースクエア」(1974)[fig.37, 38]に続きます。浦辺さんの残した文章ですごく象徴的で面白いのがあります。自分はペーター・ベーレンスにひかれていて、グロピウスのバウハウスにも憧れていたけれど、その先にウィレム・デュドックがやったローカル・アーキテクトとしての仕事に憧れて、故郷の倉敷に帰って倉敷のデュドックになろうと思ったということが書かれています。「デュドックのヒルバーサム市庁舎は(中略)倉敷に帰り地域の建築家として身を立てようと言う初心を発せさせた建築」(『建築と社会』1976年1月号)だったのです。

37
倉敷のデザイン・サーヴェイ
出典・『国際建築』1967年3月号

松村正恒さんは、愛媛県で「八幡市立日土小学校」[fig.39-41]をつくっています。松村さんは戦前に

35, 36 倉敷国際ホテル

37, 38 倉敷アイビースクエア

土浦亀城という完全なモダンボーイでバリバリのモダニストの元で学んでいます。その後、郷土に帰って建築技師として日土小のような仕事をされていることを対比して見ると、松村さんの立ち位置も山本さん、浦辺さんにつながるものだったと思います。「瀬戸内海建築憲章」という形で、自分たちの考えていることを瀬戸内海を挟んでやろうとしたということが分かります。そして1975年、アイビースクエアと瀬戸内海歴史民族資料館が同じ年に建築学会作品賞を受賞します。時代の変わり目だったのだろうと思います。

この憲章ですが、4人の名前で発表していたので誰が書いたのか分からなかったのですが、2015年の調査で山本忠司さんの遺品のノートに瀬戸内海建築憲章の下書きの原稿が出てきました。おそらく山本さんが基本的に原案をつくったと言えます。

この建築憲章をつくった次の年、「受け皿としての地方、もしくは地域性について」というテーマに答えられたときに、山本さんはこんなことを書いています。

「地域文化というものはできる限り広く求めて、そこにあるものと併せてもう一度グローバルなものに置き換えていく。それはその地域でつくるものであり、地域がつくるものである。そのモメントとなるのはやはり地域愛とそれに伴う情熱のように思われる」

（日本建築学会『建築年鑑』1980年）。

最近は瀬戸内国際芸術祭などに注目が集まっていますが、やはり、瀬戸内海建築憲章に込められた思いを、いかに現在の私たちが受け止め、新しく発信をして次の世代につなげていくのかということが問われているのではないでしょうか。今一度その意味を考えるのが今日の集まりだと思います。

瀬戸内海建築憲章

瀬戸内海の環境を守り、瀬戸内海を構成する地域での環境と人間とのかかわりを理解し、
媒介としての建築を大切にする。
人間を大切にすることから、建築を生み出し、創り出すことを始める。
それには、瀬戸内海の自然と環境を大切にし、そこから建築を生み出すことにある。
環境と建築とが遊離し、建築が一人歩きすることはない。
先人たちのつくった文明を見究め、これを理解し、将来への飛躍のための基盤とし、足がかりとする。
過去および現代において、瀬戸内海が日本人のための文化の母体であったことを知るとともに、
それが世界に開けた門戸でもあったことを確認する。
すなわちわれわれは、この地域での文明を守り、それを打ち出していくことと併せて、
広く世界へ目をを開き、建築を通じて人類に貢献する。

1979年9月

浦辺鎮太郎・松村正恒・山本忠司　司会・神代雄一郎
「鼎談 瀬戸内を語る―瀬戸内海建築憲章を横に」『風声 京洛便り』第9号

39-41
改修後の八幡市立日土小学校　写真3点・宮畑周平

香川県庁舎 継承

大平達也

瀬戸内海文明圏——これからの建築と新たな地域性創造研究会｜建築が孵化する風景

[第三回]

高松｜香川県立ミュージアム

新旧ふたつの丹下建築

香川県庁舎のポテンシャルについて、東館(旧本館)と新本館ふたつの建物を職員として使ってみて感じることから話を進めます。

低い方が現在東館と呼ばれている旧本館で、1958年に竣工しております。高層の新本館は2000年に竣工した建物です。新本館は、上から見たときに東館と同じボリュームになるように計画されています。ここから旧本館を尊重するようなかたちで新しい本館ができ上がっていることが分かります[fig.01, 02]。

東館のおすすめポイントについて、触れたいと思います。ひとつ目は軒が深く出ているベランダです[fig.03]。大きく窓が開くようになっており、外と中をつなげる緩衝装置の役割になっていると思いま

01
香川県庁舎。高層が新本館、その右隣が東館

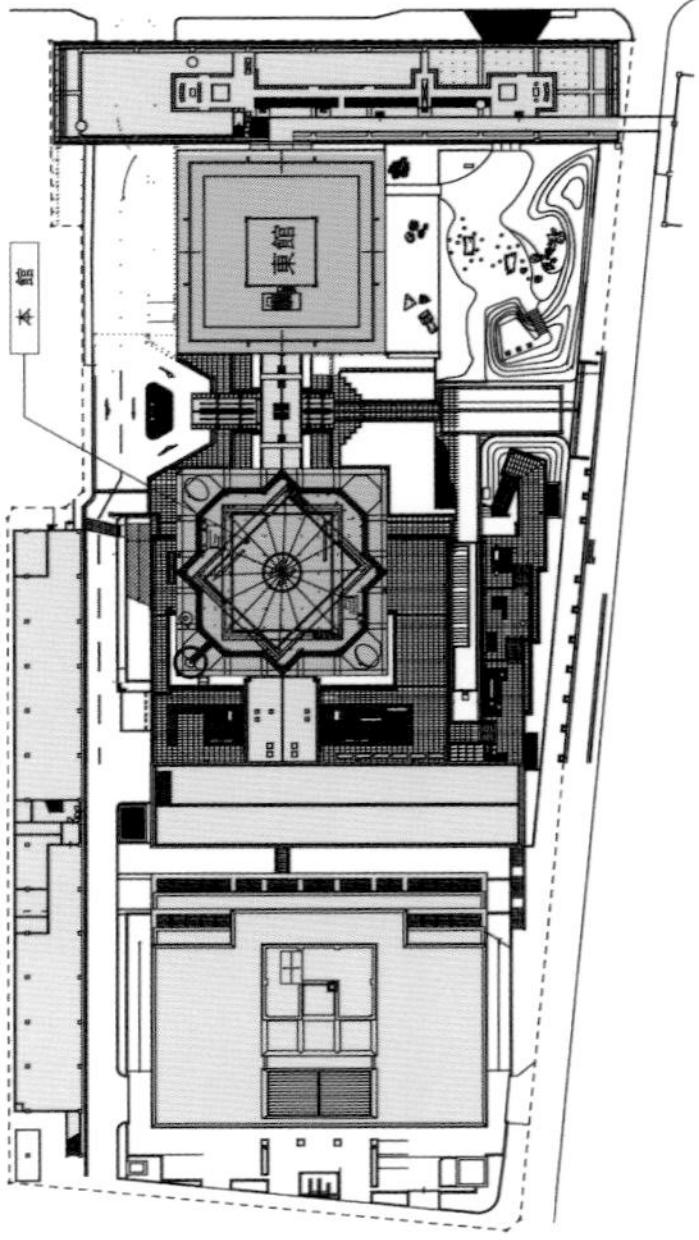

02
配置図　提供・香川県

03 東館のベランダ

す。昼の時間、夜の時間、外の様子が情報として伝わり、晴れているとか雨が降っているだとか、季節を感じる装置になっています。夏場の日差しがきつい瀬戸内の気候風土に合った、直射日光を遮る深い軒です。それから、階段は、蹴上げが低く抑えられ、踏面が広くとられ、緩勾配となっており、心地よく昇るリズムが楽しいものになっています。

一方で、新本館の方は窓が開かないため、東館のものすごく開放的な建物と、そのギャップを感じてしまいます。外部との拒絶感すらも感じてしまうのが新本館ですが、悪い点ばかりではなくて東館の考えをうまく引き継いでいるところもあります。

東館はセンターコア、新本館はコアが分散されたような形ですが、いずれもオフィス空間に柱はありません。これは、内部空間の可変性という点で東館にもつながります。また、コアが四隅に分散配置されているため、フロア内の見通しがきき、他課の人の動きや仕事の様子まで感じとれるようになっています。

県庁舎南庭のこと

県庁舎南庭の設計は東京大学丹下健三計画研究室にて行われました[fig.04]。この庭は当時の金子正則知事より依頼され設計が行われています。丹下研究室のメンバーで県庁舎の工事監理を担当していた神谷宏治氏が粘土模型をつくりながら庭の計画をします。高層棟1階の解放的なロビー空間と、低層棟の長さ約100mもの巨大なピロティ空間とをつなぐ意味で南庭がつくられています。南庭の特徴について、神谷氏は、「南庭は、形はモダンですけれど純粋な日本庭園だ」と言われておりました。上層階からの視点も意識したモダニズムの日本庭園だと思います。また、人文字型の石組みには、“豊穣のシンボル”という意味が込められているとのことです。さらに、この庭は眺めるための庭ではなく、人びとが集うための“広場”であるという点が重要とのことです。

こちらの庭は新本館の建設時に一旦作業ヤードとして更地になりましたが、復旧されて2016年現在“2代目”の姿になっています。

2008年の11月、神谷先生が訪れまして「2代目の南庭には、当初の庭の精神が失われている」と言われました。私はこの時点で存在する2代目の南庭し

04 竣工当時の県庁舎南庭。撮影・神谷宏治 香川県立ミュージアム所蔵

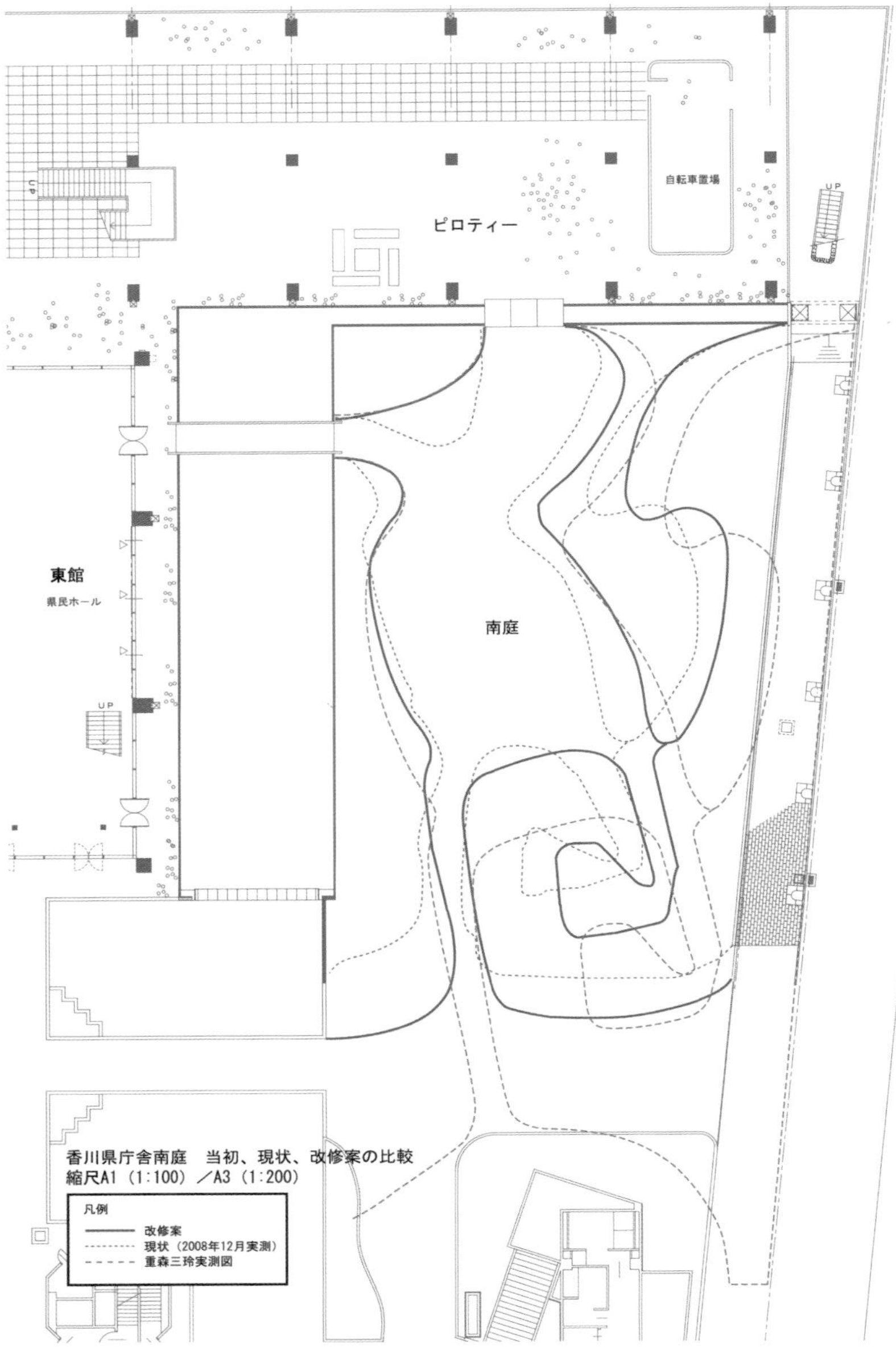

05
重森三玲が行った初代南庭の実測、2008年2代目南庭の実測、改修案の比較　図提供・香川県

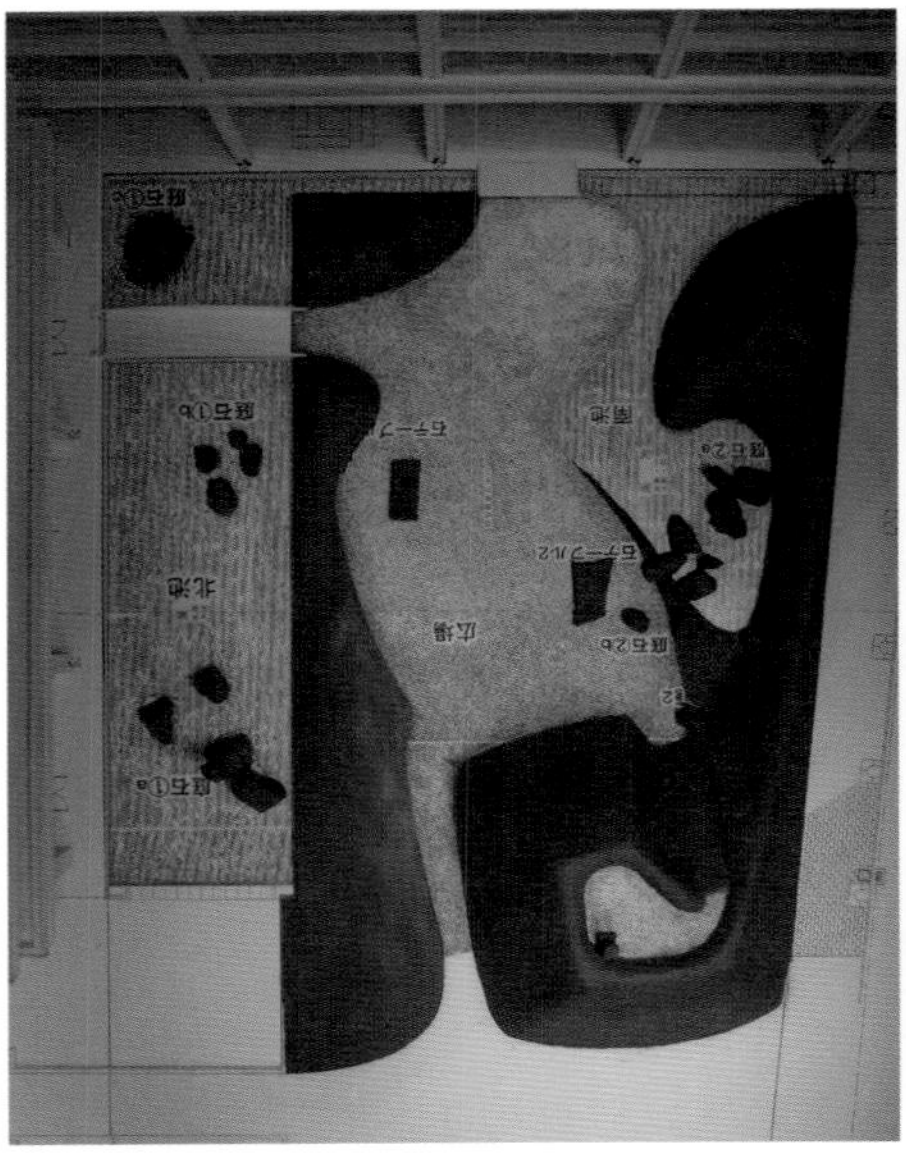

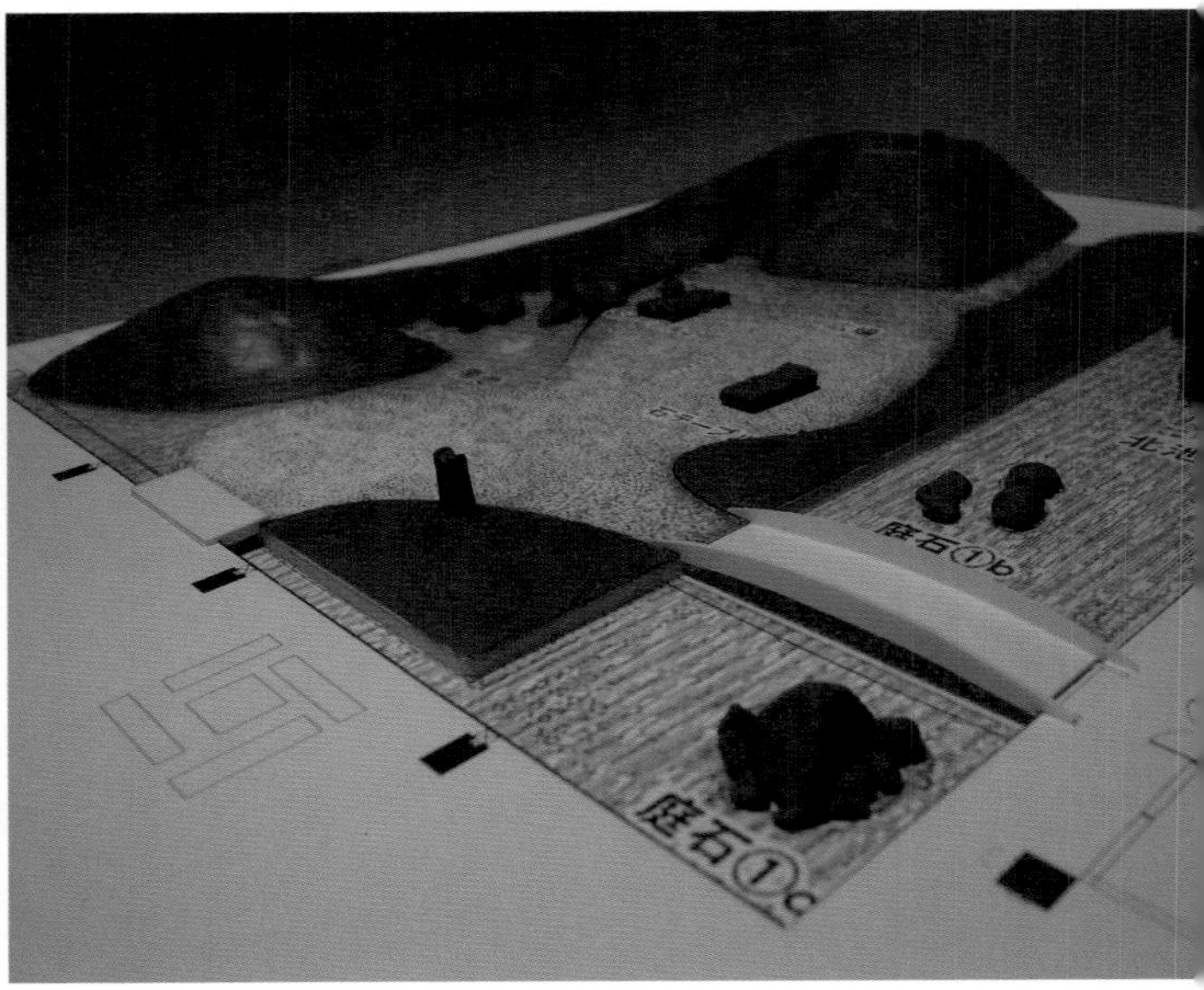

06, 07
南庭改修のために作成した粘土模型
150-153頁 特記なき写真・大平達也

08
1992年6月の新本館基本計画
図提供・香川県

か見たことがなかったので、初代南庭について調べてみたいと思いました。すると、築山ひとつにしても、やせ細ったものではなく、もとは膨らみを持った豊かな表情となっていることが、過去の資料で分かりました。同年12月から庭の実測を行っています。初代南庭については、重森三玲さんが実測を行った記録結果が残っており、それと比較すると、東西方向はだいたい3分の2ぐらいの大きさで縮小され、南北方向も歩道状の公開空地をつくるために縮小されているのが分かりました[fig.05]。

2011年から2014年にかけ神谷先生と可能な限り設計当時の意図を復元して、県民が自由に使うことができる庭・広場を取り戻そうと改修案をつくっていきました。もともとの庭に4本の軸線が仕組まれていたことがわかってきまして、例えば、東側にはピロティがありますけれども、東側から西方向に向け、一直線に伸びる軸線上に築山があることが判明しました。また、ロビーの南東側出口を出て太鼓橋を渡っていくと築山の頂点に結ばれることや、ロビー中央部をたどっていきますとひとつの石組にたどり着くこと、さらには、ロビー南西側の出入口より軸線を引いていきますと人字型の石組の間を抜けるということ、このような軸線が仕組まれていたということが分かりました。その後、粘土模型で高さ方向についても検討を重ねました[fig.06, 07]。

何回か神谷先生にもこの模型を見てもらい調整をしましたけれども、残念ながら、完成を目前にして、2014年に先生は、他界されました。

香川県庁舎南庭の今後としまして、2016年度から始まる耐震改修工事に合わせ2代目南庭は作業ヤードとなるため取り壊され、再度復旧されることになりました。現在その設計作業が進められています。将来の3代目へと繋がっていくことで、我々がつくった改修案も反映していただけることになります。これからも県民が自由に使いこなせる庭、広場であり続けたいと考えております。

今後は、2代目の南庭がつくり変わることで人々の動き、庭の使われ方にどのような変化が見られるのか観察していきたいと思っております。

これは余談ですが、私が働いている本館の15階から見た栗林公園の裏山（紫雲山《しうんざん》）の形と、南庭の築山の形が非常によく似ていて、もしかしたら、それでこういう形ができたのかなとか想像しています。

また、1992年6月の新本館の基本計画をよく見ますと南庭の築山の上で楽器の演奏をしている人がいて、周りから観客が眺めているパースが描かれています[fig.08]。

南庭が誕生した際に、設計者は築山はステージであって欲しいとか、展望台であって欲しいとか、盆踊りの櫓のように使って欲しいと希望を語っています。その希望が時を経て、1992年の基本計画のパースにまで描かれているということが非常に面白いと思いました。

風土と地域素材について

最後に、風土と地域素材に始まる独自性、地域性の探求として、石の話をさせていただきます。

香川県は石の産地で、石を積むということが古く昔から行われていました。県庁舎の建設の際には、金子知事から「資材は許される限り県内産のものを活用すること」と要望があり、県内産の材料の中でも、石が一番多く、県庁舎の中で使われているのではないかと思います。地場の材料を使用することで、親しみを感じられる県庁舎につながっていると思います。

瀬戸内海歴史民俗資料館は、これまで香川で培われてきた石を積むという技術の自然な流れの中で建物ができていると思います。これからも、地産地消の建物が新たな地域性を生み出すのではないか、そういう風に考えています。

モダニズム建築の再生

瀬戸内海文明圏——これからの建築と新たな地域性創造研究会｜建築が孵化する風景

［第三回］

平野祐一

高松｜香川県立ミュージアム

再生に向かう大高正人設計の「坂出人工土地」

香川県にある2つのモダニズム建築の現在の状況と今後に向けた課題について話をさせていただきます。

ひとつは大高正人設計の「坂出人工土地」[fig.01, 02]です。1968年に1期が竣工してから4期まで、20年間かけてできたものです。2016年現在、耐震改修も含めた改修の基本設計が終わっていて、住民説明も行われて前向きに進んでいます。（注記：人工土地内の坂出市民ホールは2022年2月に元設計を忠実に復原した改修が終わり多くの市民に活用されている。上部改良住宅の改修については2022年現在も地権者との話し合いが続いており、今後の課題となっている。）

1～4期まで20年間かかったというのはやはり、土地の権利関係交渉が難航したからです。スラム地区をを改良して下に店舗を入れ、上階をシェアし、空中権も借りて改良住宅をつくったという非常に特殊な方法で、他では実現しなかったので今となっては貴重です。

パリのポンピドーセンターに模型が収蔵されているほどの名建築のひとつですが、意外と坂出市民に知られてなくて、市内に住むアーティストの友人は「特に用事がないので人工土地に上がったことがない」と言うくらいです。

耐震上このまま残すわけにはいかないので、2期の一部分を取り払って、公園化する基本計画があるようです。多少減築して、今までは住民だけが使える場所だったところを周りの人も使えるような場所にする計画です。

2010年頃から坂出アートプロジェクトが進んでいます。2014年からは、この人工土地も使おうということで、下の店舗部分にアーティストや他の分野の方も入って来られるような場所にしようという活動があります[fig.03]。

香川大学の学生さんが「勝手に設計部」と題しまして、来場者と一緒に人工土地の活用法を考える取り組みをしています。アーティストのボンドさんは「カタチのブティック」というプロジェクトで、人工土地の中の色々なフォルムを取ってきて服をつくったりしています[fig.04]。福岡寛之氏は人工土地に架空のストーリーを付け加えるなど坂出人工土地

01
坂出人工土地。商店街や駐車場、と市民ホールの上に集合住宅や公園がある

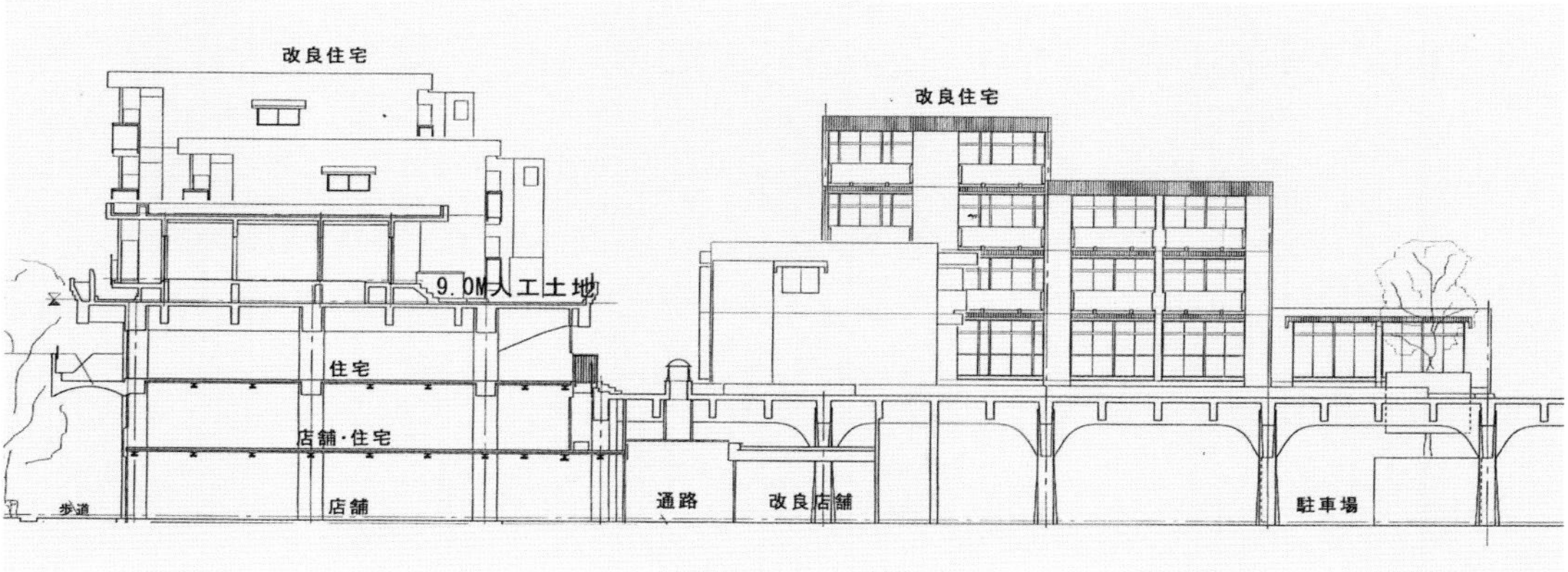

02
坂出人工土地断面　図作成・坂出市

03
坂出人工土地をつかったアートプロジェクトのチラシ

04
坂出人工土地の空き店舗をつかった「カタチのブティック」

05
坂出工業高校が製作した坂出人工土地の模型をインフォメーションセンターに展示

06
坂出人工土地の空き店舗を利用したインフォメーションセンター

を題材にしてアートを生み出しています。

それから坂出工業高校等から模型をお借りしてインフォメーションコーナーをつくりました。坂出の市民にも海外にももっと知られていったら よいと思っています[fig.05, 06]。

丹下建三の「船の体育館」はこうして実現した

もうひとつは、「香川県立体育館」です[fig.07]。入札不調で改修工事が3度流れ、耐震改修工事を進めることができず2014年以後閉館中です。鉄筋コンクリートの20m近いキャンティレバーが両側に出

07 香川県立体育館 154-157頁特記なき写真・平野祐一

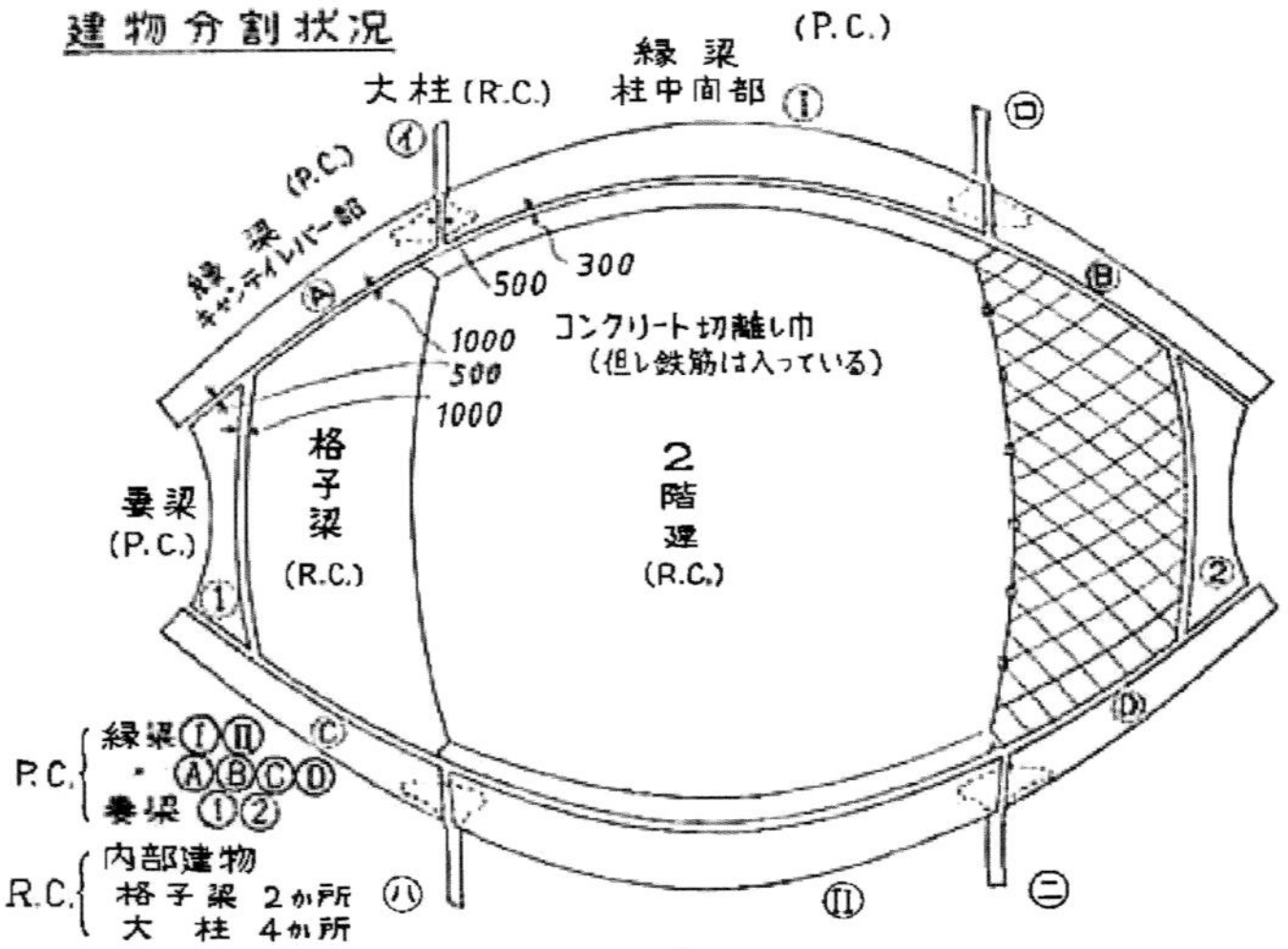

08 吊り屋根のPC構造 出典・清水建設社内報

て客席になっている世界的にも類を見ない建物だと思います。

香川県の財産として残っていくべきだと思い、資料を調べました。当時の最新技術で建設された建物で、100年先にも記録として伝え、保存していくことが大切な建物だと思います。

清水建設の施工で、1965年の社内報ではどれだけ清水建設がこの建物で苦労したかが書かれています。「前代未聞の工芸的な設計」「予算の捻出に困惑した県や未知工事に対する不安と予算の苦悩をかかえたわが社」という記述があります。新しい未知の構法に挑むのは本当に大変だったと思います。

施工時に特に大変だったのはRC構造が建設工事の途中でPC構造に変わったということです。RC構造でも構造的には大丈夫なのですが、クラックが入ると海の近くなので塩風により鉄筋が錆びる可能性がある。オリンピックまでに間に合わせなければならない工事なのに、クラックを防ぐことができるPC構造に変更するため、計算のやり直しに現場が3カ月止まってしまったのです。

PC構造ではまずコンクリートを打設してからその後にテンションをかけていくことになります。吊り屋根の張力が出て初めて他の部分とつないで構造として一体化するということですから、RCなら4週間で外せるサポートを、まる1年置いていたところもあったということです。コンクリート打設の図[fig.08]のイ、ロ、ハ、ニの記号で示している部分のコンクリートをそれぞれ別に打ち、テンションをかけた後につないでいったということです。それぞれ、サポートだけで空中でコンクリートを打設する。他からは何もつながらずに空中でやってテンション入れてから他の部分とつなぐ。客席のキャンティレバーになっているスラブも、この部分だけを支保工で支えてコンクリートを打った後でつなぐということになったので、工事作業者はとても怖かったという話を聞いたことがあります[fig.09]。

09
キャンティレバー部分を支える支保工　写真・松田秀文氏所有

「手に汗握る冒険と緊張の連続」と社内報には書かれています。

社内報に寄稿したご本人で80歳代になられた松田秀文さんに実際に話伺いました。「いつ崩壊するかもわからない怪物をにらみながら一時はこの建物は施工不可能ではないかと考えたこともあり、それを安全だと考えられる段取りをするにはあまりにも仮設費用がかかりすぎるという不安を抱えながらの建設だった」とのことです。側梁も逆三角形の形状になっていて、これも考えると大変難しい工事です。

吊屋根は「中心部からうずまき状に載せ、同心円状に拡大する案を採用」と書いてあります。非常に不安定な状態ですね。このケーブルが縦横にあるところにコンクリートの床板を乗せていく方法です。おそらくゆらゆら揺れるところで作業だったと思います[fig.10]。

10
ケーブルの上にコンクリートの屋根を打設している様子　写真・松田秀文氏所有

真ん中から渦巻き状に順番に床板を載せて行き、その後から目地を打つのですが、目地のところを打つと荷重が変わるといけないので予め目地と同じ荷重を乗せておいて、それを外しながら目地を打ったというんです。工事もまた非常に挑戦的な建物です。

これは、瀬戸内の土地柄だからこそできたと言われています。気候が温暖で雨が少なくかつ台風も少ない、地震も少ない土地柄、香川県だからこそできた建物ではないかということです。途中で辞退も考えたほど大変な工事だったようです。

そんなことを考えますと、これを一旦壊してしまって後でつくろうと思ってもまずつくれない建物ですね。丹下さんの代表作のひとつでもありますので、利活用の仕方を考えて、後世に残していけたらいいなと思います。

旧香川県立体育館をさまざまな角度から見ることができる「香川県立体育館保存の会プロモーションビデオ」はこちら⇒

【第三回】

瀬戸内海文明圏——これからの建築と新たな地域性創造研究会｜建築が孵化する風景

浦辺鎮太郎の木造モダニズム建築

和田耕一
高松｜香川県立ミュージアム

「浦辺鎮太郎の木造モダニズム建築」と題しまして建築学会四国支部の調査報告の概要を説明させていただきます。

「西条栄光教会」(愛媛県西条市)は浦辺鎮太郎が1951年に倉敷レイヨン(現クラレ)の営繕課に在職中、設計した作品です。ご自分の名前で発表されていますので建築家としての業績はこの時点からもう始まっていたと思います(参照:浦辺鎮太郎作品集2003 新建築社)

1959年に西条クラレ工場の保養所をつくっています。この保養所は雑誌「新建築」1959年5月号に掲載された「瀬戸内海に建つ海の家」[fig.01]というブロック造の建築です。加茂川という西条市に流れている川の石を加工して型枠に入れたブロックを積み重ねています。

04 浦辺鎮太郎設計の瀬戸内海に建つ海の家。
出典・「新建築」1960年5月号

また同雑誌に「クラシキモデュール(KM)」[fig.02]についても掲載しています。このKMというのは960×1920で、京間の6尺3寸の畳の寸法からきている

07 浦辺鎮太郎のクラシキモデュール(KM)と丹下モデュール(TM)の比較
出典・「新建築」1960年5月号

	a	b	c	d	e	f
	TM		KM		TM	
	赤	赤	赤	青	青	青
1	—	35	40	80	70	—
2	—	65	95	190	130	—
3	35	100	135	270	200	70
4	65	165	230	460	330	130
5	100	265	365	730	530	200
6	165	430	595	1190	860	330
7	265	695	960	1920	1390	530
8	430	1125	1555	3110	2250	860
9	695	1820	2515	5630	3640	1390
10	1125	2945	4070	8140	5890	2250
11	1820	—	—	—	—	3640
12	2945	—	—	—	—	5890

んだということです。注目すべきはTMモデュール(丹下研究室モデュール)とクラシキモデュールの説明です。読みますと、丹下モデュールを加算したものが倉敷モデュールなんです。これは面白いと思います。同年の「新建築」10月号には、同じ表で今度は丹下モデュールが消えてしまって、倉敷モデュールだけで後の作品が説明されていました。

ル・コルビュジエのモデュロールに対抗意識があるにしても、彼自身が言っているのは、ル・コルビュジエの寸法は人体から出てきたものです。一方で、日本は生活空間の寸法から来たものなんだということを言っています。すごい資料が残されているんだと思いました。また、同時期の日土小学校(設計：松村正恒　148-149参照)の原図は全部尺寸で書いてましたが、日本の尺貫法に基づく1,820×910のモデュールでした。

それでは、まず浦辺鎮太郎さん設計の西条栄光教会を紹介します[fig.03]。教会堂、幼稚園、牧師館の3つの建築群で構成しています。当時の設計図面と教会の「建設経過報告書」が遺されていましたが、浦辺さんのサインはなく、誰がどこで描いたかは分かっていません。ですが、現地に残されている資料の中でも献堂式のための重要な報告書だと思います。

読んでみますと、「設計は倉敷レイヨン本社営繕部長浦

04
竣工当時の西条栄光教会　写真・西条栄光教会

辺鎮太郎氏が非常に熱意をもってあたられ、幼稚園は最も近代的なスタイルとし、教会は近代色とクラシックを加味し、牧師館は民芸的趣味を加えるなど、あらゆる創意工夫を払われたようであります」と書かれていまして、これを頼りに現況調査をしていきました。

浦辺さんが1964年に独立した後からの作品はたくさん公開されていますけれども、それ以前に彼がどんなことを考えていたのかというのがこの調査の中では非常に興味をもっていったところです。当時の写真も出てきました[fig.04]。建築当初と現在、ほとんど変わっていないのが分かりました。陣屋の周辺にある堀、牧師館、教会、それから幼稚園。残念ながらカラー写真がないのでどういう色合いだったかというのは想像しかできないわけですが、じっと見てたら色はイメージできるものなんですね(後日判明)。

調査していくうちに3棟の建物の共通点が少しずつ分

03
浦辺鎮太郎設計の西条栄光教会。教会堂、牧師館、幼稚園　写真・北村徹

05
西条栄光教会の教会堂内部　写真・西条栄光教会

かってきました。例えば樋の漏斗というところですが3棟とも創作ものです。写真を見る限り教会と幼稚園舎についても同じものが使われています。

内部については、教会のベンチは変わっていましたが、原型は関連の教会から再利用されたもので、それを発見しました。また屋根組はタイバーを用いてトラス構造としていました。つくりながらそれを工芸デザイン化しているというのが流石だと思います。照明器具もそのまま使われて当時の状態で残っていました[fig.05-06]。これも貴重な文化財としての証明になります。

1951年の献堂式で大原總一郎社長が来られましたが、[fig.07]これを見るとベンチも今のままではないのがよく分かりますし、床の状態、建具の状態、それから柱がありますが、よく見ると節が見え塗装をかけていない。ですが、幼稚園舎は塗装しています。その違いはどうなんだろうというところが、今後調査をするときにどういう見方をするかということになります。

07
1951年の献堂式の様子　写真・西条栄光教会

05
現在の西条栄光教会教会堂　写真・北村徹

[fig.08]は幼稚園の現在です。軒下にすっと横長の連続窓があります。これは一応モダニズムのひとつの手法としてデザイン上あるわけですけれども、丸柱がございまして回廊なんですがピロティのような雰囲気にも見える。

建築図面を見ると幼稚園舎には天窓がありました。南側に面しているにもかかわらず天窓、ガラス天井があったんですね。なんでこれがなくなったのかなんですけど、暑かったのか直射日光があまりにもまぶしかったのか、雨漏りなのか……。今後、復元するときに関わる問題です。

木造ですので小屋裏に入ると木造トラス架構になっていて、2教室を1教室で使用可としていました。また、天窓のために自由な変形トラスをつくっています。今の私たちは、そういうところから歴史的背景を学ばなければならないのではないかと思います。

よく考えてみますと、これは建築基準法が制定された直後の木造モダニズム建築の作品です。建築基準法が1950年5月の24日制定で、同年の11月23日が建築基準法施行ですから。こういう建築はなかなか

08
西条栄光教会の幼稚園　写真・北村徹

見られない。しかもこんな木造モダニズムなので面白いと思っています。

幼稚園舎の窓周りを見てピンと来たのが松村正恒の日土小学校です。木造カーテンウォールの形式がよく似た感じですね。木造モダニズムとは何かというと、その共通点は、どこでもある材料を使って、どこでもいる職人たちが、その時代のデザインをきちっとつくっている。それが木造モダニズムのひとつだと思います。丹下先生の大きな建物だけではなくて、こんな小さな建物にもそれが生かされているということに、感銘をうけました。

話題は変わりますが、浦辺さんの仕事は、1950年のこれがデビューのようなのですけど、「彼はもうすでに構造から切り離されたカテゴリーになっている」と1958年に建築家、松村正恒が言っています。

『瀬戸内海建築憲章』(148頁)をつくられた建築家3人の中の2人が同じように木造をつくられ、デザインの共通性みたいなものが出てきたのだなぁと今は思っています。日土小学校は木造モダニズムだからこそ重要文化財に最初に指定されたのだと思います。

牧師館[fig.09]は、2017年から改修工事が始まります。この写真では牧師館の一階部分の雨戸全部閉まってますけど、取り除くと全部ガラス窓で構成されています。2階は民芸風ということが、書かれています。この時代のモダニズムがどういう風な考え方なのかを、これらの建築で実際に見て頂けたらと思います。図面で想像するよりはるかに小さなスケール感でできあがっています。建築というのは写真を見るよりは、実物を見て空気感を感じないと分からないと思っています。

追記ですが、この後、牧師館改修工事を行い2018年10月完成しました。牧師館の私生活の部分は、現代的にした以外はほぼ建設当初になっています。さらに、2020年3月に幼稚園の改修工事が完了し、2021年2月に3棟とも登録有形文化財になりました。

09
牧師館　写真・北村徹

[第三回]

瀬戸内海文明圏——これからの建築と新たな地域性創造研究会｜建築が孵化する風景

高知発、地域に根ざした建築活動

渡辺菊眞

高松｜香川県立ミュージアム

高知の地域に根ざした活動

高知工科大学の渡辺です。私は出身が奈良で、両親は東北と北陸出身だったりします。瀬戸内には何の地縁もございません。というわけで、瀬戸内のお話はまるでできないのです。どうしようもないので、本日は今いる高知での研究室活動の報告をさせていただきます。高知も地縁はないのですが、逆に俯瞰的に見れる良さがあるかと思っております。

瀬戸内文明圏の中で高知をどう入れるのかということを最初は思ったわけですが、本州から瀬戸内海を挟んで向かいの香川、愛媛、徳島は瀬戸内の領域ですが、高知はそこから大きく外れています。高知は、和歌山や宮崎、鹿児島など、黒潮、南方系の方と共通項があるのではないかと考えています。

最近魚を捕るのにはまってまして、魚の分布図を見ると、中国地方、瀬戸内の方はシマヒレヨシノボリ、それからチュウガタスジシマドジョウといった淡水魚がいます。また香川、愛媛、徳島の3県に共通して生息しているナガレホトケドジョウは四国山地を越えられないようで高知にはいません。その一方でナンヨウボウズハゼとかタナゴモドキとかいう南洋の魚が黒潮にのって高知までやってきているようです。形状がやや派手で先ほどの瀬戸内淡水魚とは様相が違います。やはり高知を瀬戸内だと考えるのは、生態系からして無理があるのかなと、思います。

私自身の建築活動ですが、仮想の計画と、建築を実際につくることをやってます。まず仮想地域未来計画です。これはプロジェクトとして高知の身近な地域でやっています。高知工科大学は高知市ではなくて香美市にあります。物部川のそばで、大学から歩いて3分くらいのところに神母ノ木《イゲノキ》という変わった名前の村落があります。明治41年の地図を見ると、物部川の河岸段丘の斜面地に密集して家が建っています。その上は台地になっていて、そちらの方が平地なので、人が住みやすいかと思うんですが、桑畑だったりで人が住まない。斜面上には人が住むけれども、平たい台地

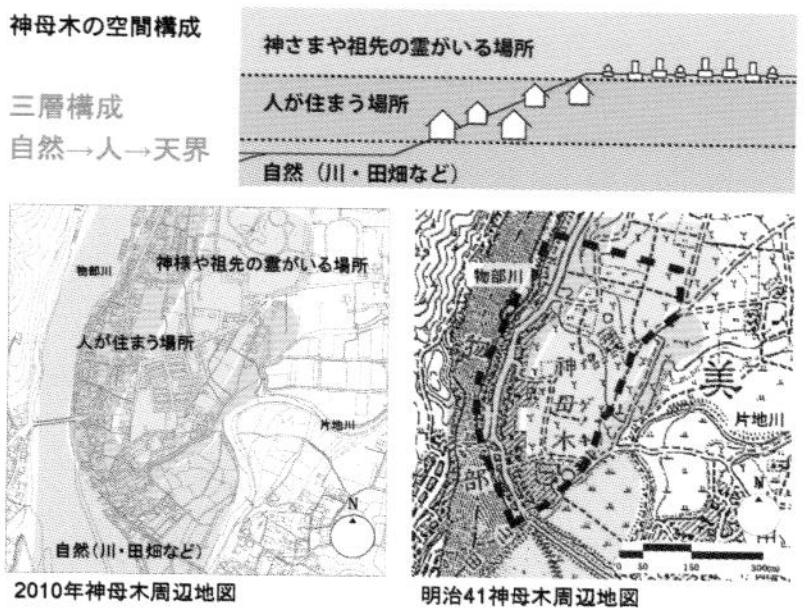

01 神母ノ木の空間構成

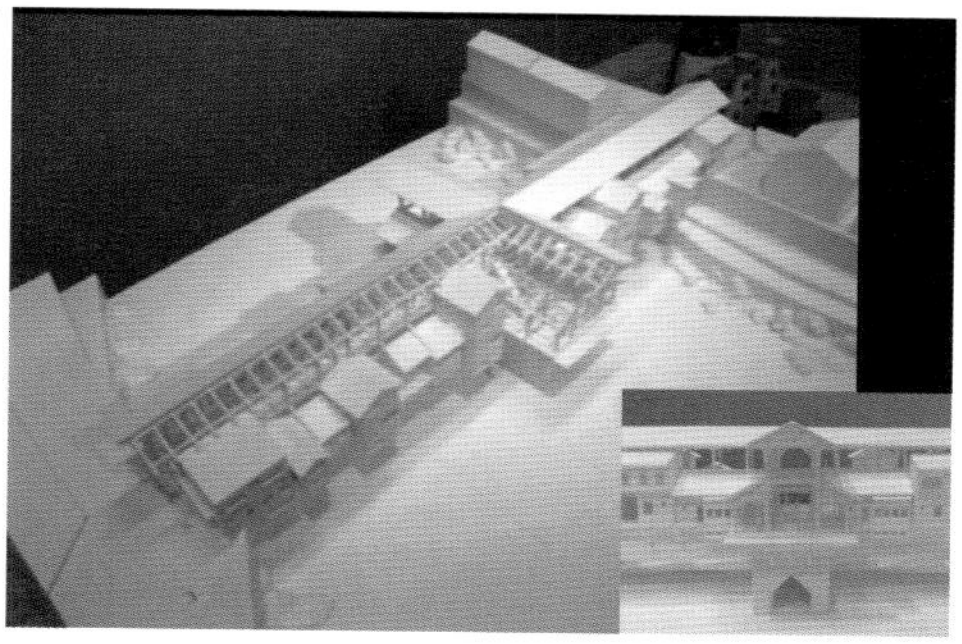

02 物部川に架かる橋を利用した居酒屋橋下宿

上の場所には祖先の霊や神様の場所として空けているのです。非常に面白い空間構成だと思いました。

こういう地域空間調査をベースにマスタープランを立てていくのがいいんじゃないかと思い、学生たちと検討しました。まず物部川沿いに架かってる橋に下宿を設けちゃうというものです。橋状の建物をつくってそれを下宿にして、通路をまたいで酒を飲みながら住む。人間中心の非常に享楽的な生活デザインです[fig.01, 02]。

台地上の神様のいる領域は、神様の場所や祖先のための霊園にします。現在は県営団地が建っているんですけれども、かつてのあり方からいうと違うので、その躯体だけを残して霊園にしていくことを考えてます。神様と霊が中心の異界のデザインです。年に一度、少しずつ地域を変えながら、大学近所の空間計画を立てることにしています[fig.03]。

その一方で実践はどういうことをしているのかということですが、設計しつつ学生と一緒につく上げてきたのが新潟とか金沢とかで、はるか遠方でつくることばかりです。明らかに僕の中に流れている福井と秋田の血のせいだと思っています。私自身は全然そこにはお願いしてないんですけれども、建築の話が来たら絶対に裏日本です。日本海文明圏に引き寄せられてしまいます（笑）。

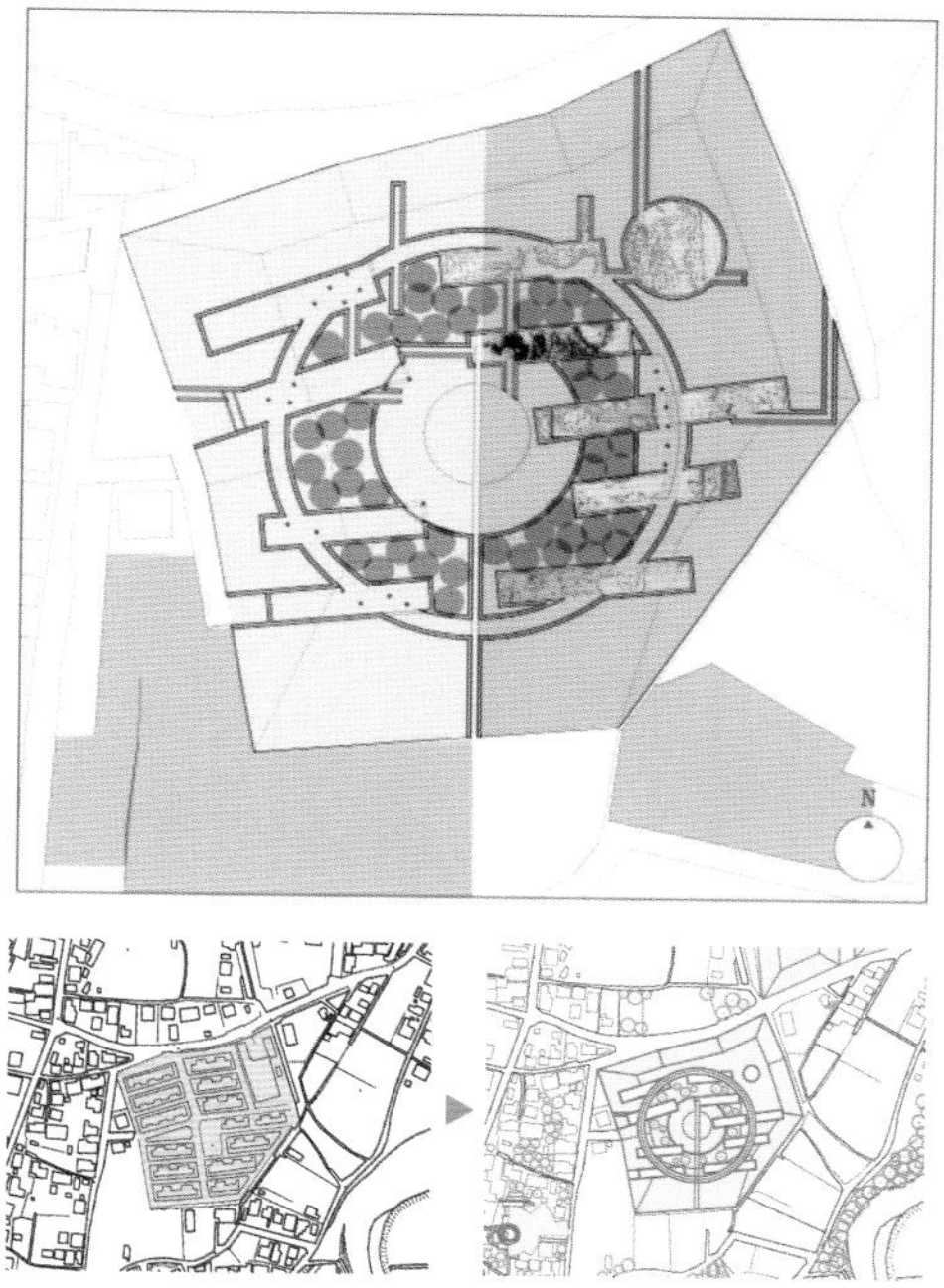

03 県営住宅を霊園にする提案

タイで気候風土に合わせた建築をつくる

その中で南方系の話がきて学生と実践した舞台がタイです。ここで孤児院をつくることになりました。アウェーな状況で、自分たちが持ってる技術をどう活かして建築をつくるのか。それを考えるのは面白いです。この場合は土嚢と単管を使っています。よそからやってきた人間が、何だかよくわからない技術を伝えながら、現地の人といっしょに建築をつくることに面白さがあります。

この孤児院は、オーナーが高知の方だったのでお話をいただきました。2012年冬から13年夏ぐらいにかけてつくりあげました。建物の構想時に迷うことがありました。ご存知のようにタイは高温多湿で、雨期の時はひどい雨が降るので、高床式の建物が伝統的です[fig.04]。その一方で、天然ゴムの林がジャングルを覆いつくしつつあります。そのため、木を切ってはいけないという条例が出てし

04 タイ伝統の木造高床式住居

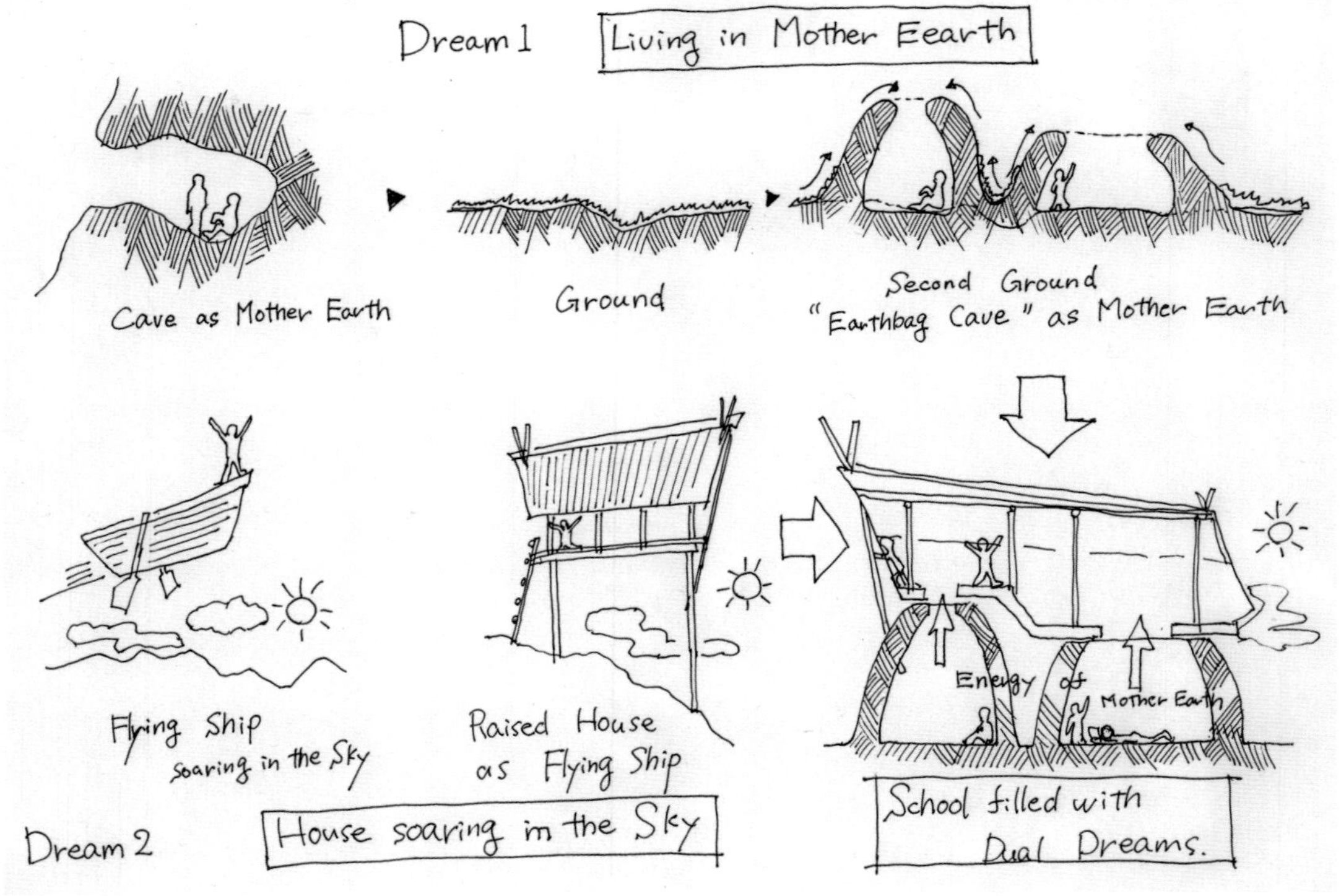

05
土嚢と高床を組み合わせたスケッチ

まって木で建てられない。私はアフリカで土嚢を使った建物をやっていたので、孤児院のオーナーさんから、土嚢でやってほしいって言われたんです。しかし、タイでこれをすると住めたもんじゃなくなります。そこで高床的なものを土嚢建築にどのように組み込むのか懸命に考えました。

ただし、そういった実際上の問題だけで建築をつくるのもどうかと思ったので、土でつくることの意味、高床的なものの意味を考えることにしました。まず土ですが、子供たちは大地の暖かさみたいなものに飢えていて、土に包まれたいということがあるのかなと直感しました。次に高床です。彼らは今は孤児院にいますけれども将来的には、もっと大きな世界に飛び立ちたい、空を駆け巡りたいという話を聞きました。そこでこれを高床の計画に重ね合わせました。土嚢でつくる空間は母なる地球の延長として、母なる地球としての洞窟を、高床は空を飛びたいという子供たちのイメージとして捉えて、ミックスしてこのような図を描きました[fig.05]。

タイはバンコクがすごく発展してますので金属の足場があるんです。こういう社会状況を活用して,それを入手して土嚢に挟み込みました。挟み込んだ単管足場を起点にしてその上も単管で組みあげて高床の構造を作りました。土嚢の外壁に塗る漆喰を子供たちが手伝ってくれて、うちの大学から来た学生も一緒にやりました。次に単管足場で組んだ構造体に竹の床を貼ります。これは現地の大工さんの技量にお任せしました。というより、現地に来て、そうしようと決めたのです。あらかじめ計画してても現地では役に立たないことが多いのです。3つの土嚢ドームの間にある、半屋外空間は彼らが好む空間です。とても人気がある共有スペースになっています。上に浮かんでいるのが高床の空間です[fig.06-09]。

竹床はそんなに長く持たないので、3年に1回改修しに行かないといけません。学生たちと一緒にもう1回赴いて、竹の造作を張り替える作業をしました。普段高知にいるのですが全然違った環境の中で何をすべきか改めて考えること、高知にいつつも、どこかのことも同時に考えて日々生きること、こんなことに何か意味があるんじゃないかと考えています。

06

土嚢と単管を組み合わせた構造体

07

竹の高床を設置

08

完成した孤児院の全景

09

半屋外の共有スペース

地元高知での実践

次にようやく高知で建築の話がきました。壊れかけの神社を自力建設で何とかするという話です。金峯神社というんですが、2015年の台風で礎石から柱が大きくずれてしまって、いつ壊れてもおかしくない状況になったんです[fig.10]。台風前から老朽化していたのですが、中に江戸時代中期建立の春日造の本殿がありご神体も封じ込められたままでした。この神社を祀る集落には、明治初期に9戸の氏子がいたのですが、過疎化の影響で現在は1人だけです。直したいけどどうしようもない状態だったので、自ら建設することを買って出ました。

10
台風で破損してしまった金峯神社の社殿

まず本殿とご神体を救い出さなきゃいけないということで、仮の社殿を麓の空地につくりました。現場から1km離れた小学校あたりまでしか車が来れないので、自力で資材を運ばないといけませんし、電気も通ってないので、電動器具は使えない状況です。予算も全然ないので人力で輸送可能な資材で、かつ安いものでつくらないといけない。普段よく使い慣れていた単管足場をつかって、カットしなくて済むように定尺の2,000mmと4,000mmの長さだけで構造をつくってます。杉の厚板で板葺きをして、防水のためのポリカーボネートを打ってできあがりです。高知は台風銀座でもあるので、飛ばされないように重心を低くしています。また、天地根元造りのように屋根しかない建物がいいんじゃないかということでこういう形にしました[fig.11-14]。

11, 12
金峯神社の社殿復活へ

13, 14
完成した金峯神社新社殿

基本は屋根だけのトンネル空間みたいなものです。この中にご神体を仮遷座していますが、このトンネル空間の向きにまっすぐ10kmくらい行くと、神体山の御在所山があります。ご神体の岩が、かなり不思議な形をした岩なのですが、それを移してきてとりあえず一安心です。これをやってよかったなと思ったことがありました。10年以上中断していた神祭が、この社殿ができたことで復活したのです。

次は「高法寺の地空庵」です[fig.15]。「タイの孤児院っぽいやつをつくってください」というだけの依頼でした。土嚢の構造物に浮かんでるなんとも言えない空間をつくることになりました。茶室でもなく異

15
土嚢でつくった高法寺の地空庵

様な形としか言えないですけど、ゴールがないまま3年くらいつくり続けているような状況です。禅問答のようなものだと割り切って、しつこくやろうかと思っています。

最後に高知に住んでみて、高知の建築について思うことは、すごい人間力でつくりあげられているものが多いということです。それに魅せられています。たとえば穴内川《あなないがわ》というところで川にRCの舞台のようなものをつくってその上に何てことない木造住宅が載っている。これがここに住むための型として根付いています[fig.16]。

16
穴内川の断崖懸造り住居群

次は室戸で風速30mぐらいの風が吹くところにある「石垣の家」です[fig.17]。木造平屋の家を高さ3mぐらいの石垣でロの字型に囲いこんで、風に耐えて住んでいます。現在、石垣ではなくてRC壁に変換している家が多いんですが、ある一画に大量にあります。小笠原さんという方が明治初期に

17
室戸の「石垣の家」

始めた建築が、力強く引き継がれているということです。

最後に紹介するのが沢田マンションです[fig.18]。沢田夫妻が1971年から30年くらいかけてつくり上げたセルフビルドのマンションです。沢田さん自体は小5の時に100世帯のマンションをつくろうと思ったようで、今は71世帯だそうです。もうひとり協力はあったみたいですが、基本的には2人でつくり上げた代物です。

18
沢田マンション
162-167頁 図・写真・渡辺菊眞

何かよく分からないものを、彼方を見つめながらつくり上げるという気質を高知に感じています。例えばジョン万次郎が漂流してアメリカに行っちゃったりします。高知が向かっている海は太平洋で、その果てで、「よくわかんない世界に通じているんだ」という意識を感じます。こういった力強い建築たちから学びながら、何が可能なのかということを考えて、建築活動を続けていくのがいいのかなと思っている状況です。

丹下健三と香川の孵化する建築

岡河　藤森さんの基調講演を聞いて、瀬戸内海に射す朝日の軸線が丹下さんの感性に影響を与えたことを初めて知りました。自然が建築家の空間的感受性を育むことに重要な関係があるということですね。◎ また、冒頭で「モダニズムは科学技術的発想に基づくもの」と藤森さんはおっしゃいましたが、渡辺さんのプレゼンテーションを拝見すると、モダニズムとは異なる発展もこの先にはあり、それが切り開く未来の可能性もあると感じました。では、ここから議論を進めて行きたいと思います。

伝聞から知る丹下象

岡河　まずは、丹下さんについてですが、藤森さんから見てどういう人だったと思われますか。

藤森　天才であったことは間違いがありません。どういう天才だったかというと、努力の天才。尋常ではない努力ができる人でした。◎ ですから所員達はもう大変だったみたいです。師匠の丹下さんの方が努力するわけですから……。具体的に言うと、例えば「電通築地ビル」(1967、2021年解体)ではファサードのデザインが気に入らないと、200枚も300枚もファサードを書き続けるそうです。普通諦めそうなものですが、それでもやり続け、最終案に至った。倒れる寸前までやるという執念の人です。集中力が本当にすごかったようです。◎ それ以外はほとんど何にも興味がない人です。意外かもしれませんが芸術にも興味がなかった。フランスに行ったときにアンリ・マティスのアトリエに行っています。「なぜマティスに会いに行ったんですか」と聞いたら、「俺はマティスと会ったのかなぁ……」と。新聞にもマティスと会ったと書いているのだから間違いはないのですけど、記憶に残らないほど興味がなかったのでしょう(笑)。◎ 一番興味がなかったのは日常生活ですね。川添登さんから聞いた話ですが、有名な自邸(1953)も住宅作家だと思われたくないから雑誌に発表する気はなかったそうです。でも川添さんが「新建築」に掲載することにして撮影に行くと、ほとんど生活の痕跡がなかったようです。それはどういうことかと伺うと、ダイニングテーブルに食器を並べようとしたら、家族3人分のお皿とお茶碗、お椀しかなかったんだと言うんです。実は自邸の前にも住宅を1軒設計しておられました。写真を見せて頂きましたが、ミースのファンズワース邸のような結構よい住宅をつくっているのだけど、それも発表はしていません。要するに住宅に関心を持っていると思われるのが嫌だったんですね。

岡河　丹下さんの少し先輩にあたる山口文象さんから私もエピソードを聞いたことがあります。山口さんがバウハウスから帰国して前川事務所に遊びにいったとき、大学卒業したばかりの丹下さんが所員としていて、その図面がゾッとするほど美しかったそうです。常人ではないほど美しいプロポーションで、それを褒めたら照れておられたということでした。

藤森　1943年のコンペで丹下さんが1等、前川事務所が2等になった「日泰文化会館」では、丹下さんのエレベーションを前川さんの平面に乗せ、実施設計は審査員でもあった岸田日出刀さんが土浦亀城建築設計事務所でやっていたそうです。平面と立面、実施設計をそれぞれ別に、ほとんど学生にやらせてるというような、変な時代だったんですね(笑)。その状況に、なんだこれは……と反発して、松村正恒さんは土浦事務所を辞めるんです。◎ ただその時、土浦事務所の人たちは皆、丹下さんの図面に惚れ惚れしていたということです。でも、卒業設計を見ても、学生時代はそれほど図面が上手いわけではなかったと思います。

岡河　その後、恐ろしいほどの努力をされたということでしょうか。丹下さんの執念についてのエピソードを、国立代々木競技場の第二体育館の構造を担当した元日本鋼管の中村雄治さんから聞いたことがあります。◎ 鉄骨の原寸図を書く前日、徹夜で準備をしていたら丹下さん自身もフラフラの状態で夜中に現れたそうです。昔は3次元曲面をつくるとき、粘土模型の上にトタン板を突き刺して、そのカーブを拡大して原寸図に起こしていたらしいのですが、その直前に丹下さんが粘土を削って「このカーブにしてください」と言

上から、藤森照信氏、岡河貢氏、松隈洋氏

われたそうです。凄いですよね。

藤森　あぁ、それは凄いですね。側で見ている所員はそういうことに敗北感を感じるらしいですね。自分より偉い人が自分より努力しているの見るわけですから、若い人はついていけないでしょうね。だからほとんど建築だけを考えている尋常じゃないところがあったんですね。でも、だいたいそういう人がノーベル賞とか世界的な評価を受けることになるのだと思います。

瀬戸内海と日本のモダニズム

岡河　松隈さんは、丹下さんと同時代の瀬戸内で、モダニズムとは違うアプローチだった建築家の活動や瀬戸内海建築憲章を紹介してくれました。それらを松隈さんはどのように考えているのか、またご自身が師事した前川國男さんなど日本のモダニズムをどう考えているのでしょうか。

松隈　前川國男はル・コルビュジエの事務所の後に勤めたアントニン・レーモンドの存在が大きかったと思います。レーモンド自身はチェコからフランク・ロイド・ライトに憧れて米国に渡り、帝国ホテルをつくるために来日し、日本の集落に魅せられていくわけです。◎ 僕が一番知りたいのは、近代化の中で活躍した建築家が日本のオリジナルの建築物をどのように模索していったのかということです。その時に大事なのは、だれしもが一度はバウハウスとか、モダニズムの洗礼を受けていること。松村正恒であれば土浦亀城の洗礼を受けていたわけですが、最終的にはモダニズムの方向には行かずに、自分の居場所で建築をつくるための方法を編み出していきます。対極にいる天才モダニスト丹下健三の後についていくのではなく、別の道を選んでいったような感じがします。◎ 浦辺鎮太郎もオットー・ワーグナーに憧れ、バウハウスに惹かれたんだけど、自分の身の丈に合ったのは、まちづくりなどを手がけていたウィレム・デュドックだったということですよね。だけど、先ほど和田さんがプレゼンテーションされた「西条栄光教会」では牧師館と教会と幼稚園が全部違う作風で、自分の中で方向性を確かめようとしている感じがします。それをもしかすると松村正恒が横目で見ていて、松村さんなりの答えを日土小学校で出しているようにも思います。◎ 当時、実はそういうことが日本各地でたくさん起こっていたと思いますが、東京発の建築メディアでは一切取り上げられてなくて、歴史化もされていません。これから当時の色々なことが見つかっていくのではないかと思います。◎ 2013年の「丹下健三生誕100周年プロジェクト」の時に一番びっくりしたのは、山本忠司が実は1952年のヘルシンキオリンピックで見てきたものを直輸入し、次の年に「屋島陸上競技場」をつくっていたことでした。いわゆる工業化に突き進む時代に、地元の岡田石材や桜製作所などと組んで、むしろ別の価値を地元でつくりあげようとしていました。このプロジェクトのおかげで、香川県の人と建築のつながりが見えてきて、こういう歴史的な面白さが今後も発見できると思います。さきほどお話ししたように、坂出人工土地の大高正人や香川県文化会館や県立丸亀高等学校の大江宏にも、香川という土地柄が逆のインスピレーションを与えていたとしたら、それは興味深いことだと思っています。◎ まだ分かっていないことが日本各地に山のようにありそうだと、香川で気づくことができました。現代はそうしたことを相対化して見ることができる時代にいると思います。

岡河　松隈さんのご意見を受けて、今後の建築にはどのような方向があるか話をしていきたいと思います。歴史家として、建築家として、藤森さんはどのような可能性を感じていらっしゃるでしょうか。

藤森　僕は自分のことより割と他人に関心があって、それを考えるトレーニングだけを積んできましたし、作家というのは、自分のことは自分で考えないという大原則がありますので……。（会場から笑い）◎20世紀建築について言うと、基本的に2種類あります。◎まずそのひとつは、絶対的にグロピウスです。あの何もなさというのは科学技術の特性ですから。科学技術というのは20世紀の本質です。科学技術というのは最終的に数学です。物理学が数学で記述されるっていうのは分かりやすいですが、生物学や様々な現象も基本的には数学で記述されます。20世紀は数学が基本だから、国籍というものが一切ないんです。数学で国ごとに答えが違ったら、たまったもんじゃないですからね。それを基本としたのがバウハウスで、彼らがやろうとしてきたことは誰も否定できない。線と面だけで建築をつくるのが20世紀の原点0なんです。◎その一方、原点0からずれたものをつくろうという人達が現れます。「サヴォア邸」(1930)などル・コルビュジエの初期作品はバウハウスとあまり変わらない。ところが「スイス学生会館」あたりから、ガラリと変わります。◎ミースはやや曖昧な立ち位置です。なぜかというと、彼は理論をグロピウスに任せていて、自分は何も言わなかった。しかし、割と早いうちから大理石の存在感を出したり、クロムメッキを用いたり、原点0的ではない関心を持っていたと思います。ただ、全体の形はやはりグロピウスと一緒で、モダニズムの方向に行きます。彼は最後までグロピウスと並行しているような感じで、ちょっとだけずれている。◎一番ずれていたのは、アントニオ・ガウディですよね。きちんとずれると、他にはあんまり影響を与えづらいものなのだと思います。◎そして、ちょうどいい具合に原点0からずれて、大きな影響を与えたのがル・コルビュジエだと思うんです。ここが面白いところですが、日本とブラジルとインドには多大な影響を与えたのですが、ヨーロッパにはほとんど影響を与えていません。事務所にいた西洋人はせいぜいスペイン人くらいだったようです。◎僕はグロピウスなどモダニズムの原点0の方向に行く人を“白派”、ル・コルビュジエのようなずれた人を、“赤派”と位置づけています。日本はずっとその潮流を受け続けています。白派は、バウハウスの連中で、山口文象や土浦亀城とか、戦後では清家清さん。清家さんはミースの影響を明快に受けた最初の日本人ですから。現代では、SANAAの妹島和世さんとか西沢立衛さんとかですね。赤派は、ル・コルビュジエ、レーモンド、前川國男、丹下健三、坂倉準三、吉阪隆正……。これだけル・コルビュジエの影響を受けた国は世界的に珍しいと思います。◎先ほどの渡辺さんが見せてくれた「穴内川断崖住居群」を

上から、渡辺菊眞氏、和田耕一氏、平野祐一氏、大平達也氏

見て感動したのですが、誰かがひょっこりやったことを、周りの人が「いいぞいいぞっ」と広がっていてしまうということがありますよね。ル・コルビュジエは、そういう影響を与えたのではないかと思っています。そして、その影響を一番受けたのが瀬戸内海地域なのではないかと思うようになりました。

岡河　瀬戸内海文明圏で、そうした建築的探求や波及効果が起きればいいなと思っています。合理主義や機能主義といわれる科学技術と資本主義が結びついただけの建築の未来に限界を感じています。だからといって前近代に戻ることはできないですし、過去だけを向いても限界があります。それをどう考えるのか……。そういう意味で、渡辺さんの活動はタイなどで土着的だけれども現代の技術を使っていて、可能性を感じました。藤森さんの作品とも共通するところがありますよね。

藤森　今日、沢田マンションの話がでてくるとは思っていなかったので、嬉しかったです。建築界では、うんと早い時期から僕も注目していましたから。世界最大のセルフビルドですよね。

渡辺　高知を拠点に、変なことをやっているだけなので、瀬戸内とはあまり関係ないかと思いながらも、今日は自分のありのままの活動をお話させていただきました。普段はあまり瀬戸内海を意識することはないのですが、瀬戸内という観点でいろいろなお話を伺うことができて非常に刺激になりました。

和田　そういえば、1987年に高知の坂本龍馬記念館の設計コンペがありましたが、愛媛県の建築家がだれも応募していないのを知った山本忠司さんが、愛媛県庁に叱りに来てくれたのを思い出しました。私もホテルに呼ばれて「松村のもとでやっていたのに、どうして元気がないんだ!」と、真剣に叱ってくれたのをふっと思い出しました。それくらい、松村さんも山本さんも浦辺さんも四苦八苦しながら、建築の実験をしていたのだと思います。

平野　私は山本事務所に6年間お世話になりましたが、側で山本さんを見てると、自分が地域をつくっているという意識があったと思います。いっぽうでデザインは自由でした。自分が何をやっても地域のデザインが含まれているんだという、自信と自負のようなものを感じていました。

大平　県職員の視点で香川県の建築を色々見ていると、山本さんが関わった時代の建物は香川県庁舎の影響を受けている建物がたくさんあります。県庁舎の影響がものすごく大きかったんだとしみじみ感じることがあります。香川県立体育館も含めて、香川県の建築の歴史が詰まった当時の建物を今後にどうやって残していくかという課題を今、考えているところです。

松隈　東京や大阪や京都にいると気づかないことを、高松に来ると当たり前のように語ることができる喜びがあります。平野さんがおっしゃったように建築家の体の中に地域性がしみこんでいるということです。高松に来ると時間軸がものすごく広がります。色々な時代の色々な知恵が蓄積している建築が手に届くところにあり、さまざまな気づきをもらえる、そんな幸せがあります。そうした観点で、建築は先細りでなくまだまだ発展途上であることを伝えていけたら面白いと思います。

藤森　山本さん、浦辺さん、松村さん、それから大江さんに大高さん。皆さんと会ったことがありますし、よく知っている人もいて、今日は本当に懐かしかったです。◎彼らが抱えていた問題意識を日本の近代で考えていく中で、誰が浮かび上がって来るかというと、吉阪隆正さんなんですよね。モダニストでありながら、丹下さんの対極にいた人です。彼は、ル・コルビュジエに直接学び、愛された建築家です。「住宅は住むための機械である」といいながら、住宅には機械では絶対吸収できない質があるということに、おそらくル・コルビュジエが気づく前から吉阪さんも気づき、ル・コルビュジエの中にある赤の部分に気づいていたと思います。◎丹下さんと吉阪さんは違う道を歩いたわけですが、大変親しくお互いに認め合っていました。それは女性で初めて東大の建築学科に入った富田玲子さんの逸話が証明しています。彼女は、丹下研で代々木体育館の貴賓室の設計を担当したのですが、「一番立派な内装材にしました」とニコニコと言うのだけど、それがなんと虎の皮だった(笑)。丹下さんは絶句したそうです。「大変優秀だけれども、私のところではどうしようもないので、お前のところだったらなんとかなるんじゃないか」と、彼女の才能を伸ばすために吉阪さんのところに連れていったそうです。◎もうひとつ丹下さんと吉阪さんの対極を言うと丹下さんが海が好きだったのに対して、吉阪さんは本当の山男で、わざわざ『私、海が好きじゃない』と題した本まで出す。あるいは丹下さんの海好きを意識したのかもしれない。でも、吉阪さんの「大学セミナーハウス」が瀬戸内沿岸に建っていたら、素晴らしく合うでしょうね(笑)。

岡河　戦後、さまざまな試みを続けてきた瀬戸内の建築的な文明を引き継き、この瀬戸内が建築の実験をする場になるといいなと思います。今日は皆さんのお話を伺って、これから建築を考えていく上でのパワーやエネルギーになる何かを感じました。

瀬戸内
ニューライフスタイル
仕事・住まい・
移住・エネルギー

基調講演——**伊東豊雄**｜伊東豊雄建築設計事務所

講演——**古谷誠章**｜早稲田大学教授

講演——**槻橋修**｜神戸大学大学院准教授

講演——**坂東幸輔**｜京都市立芸術大学講師・坂東幸輔建築設計事務所

研究発表——**山田葵・兵藤周作**｜広島大学大学院

司会——**岡河貢**｜広島大学工学研究院准教授

@神戸［神戸大学出光佐三記念六甲台講堂］｜2018.11.25

古谷誠章	Nobuaki Furuya
1955年	東京生まれ
1978年	早稲田大学理工学部建築学科卒業、1980年同大学大学院博士前期課程修了
1986–94年	近畿大学工学部講師、90年より同助教授
1986–87年	文化庁芸術家在外研修員としてスイスの建築家マリオ・ボッタ事務所に在籍
1994年	八木佐千子と共同してNASCAを設立
1997年–	早稲田大学理工学部教授
2017–18年	日本建築学会会長
2020年–	早稲田大学芸術学校校長
2021年–	東京建築士会会長

坂東幸輔	Kosuke Bando
1979年	徳島県生まれ
2002年	東京藝術大学美術学部建築学科卒業
2002–04年	スキーマ建築計画
2008年	ハーバード大学大学院デザインスクール修了
2009年	ティーハウス建築設計事務所
2010年–	坂東幸輔建築設計事務所
2013年	aat+ヨコミゾマコト建築設計事務所
2018–20年	A Nomad Sub株式会社代表取締役
2020年–	京都市立芸術大学准教授

槻橋修	Osamu Tsukihashi
1968年	富山県生まれ
1991年	京都大学工学部建築学科卒業
1998年	東京大学大学院工学系研究科建築学専攻博士課程単位取得後退学
1998年	東京大学生産技術研究所助手
2002年–	ティーハウス建築設計事務所
2003–09年	東北工業大学工学部建築学科講師
2009年–	神戸大学大学院工学研究科建築学専攻准教授

Chapter 4

Kobe, Hyogo

神戸

第四回

21世紀のデジタル田園都市のライフスタイル

クラウドポリスとは21世紀の仮想の都市概念でコミュニケーションテクノロジーが可能にした、雲のような固定した形としては見えないネットワークによって結び付けられた都市である。ここでは大都市(メトロポリス)も地方(ローカル)もなく分散した地域(エリア)での個別のコミュニケーションネットワーク上の結びつきの集合が都市活動として機能している。ここでは過疎と自然の中にも都市生活がある。

20世紀の都市生活の究極の形をレム・コールハースはデリリアス・ニューヨークで以下のように記述する。

「1890年から1940年にかけて、新しい文化(機械時代とでも呼ぶべきか?)はマンハッタンを実験室として選ぶ。そこは、メトロポリス的生活様式とそれに呼応する建築の発明と試行が、集団的実験として遂行され得る神話的な島であり、その実験のなかで都市全体は、人工的な体験の生産工場と化し、現実と自然はともに存在をやめてしまったのである。……完全に人間の手によって捏造された世界のなかに暮らすこと、言い換えれば、空想の中で生活するということは、あまりに野心的だったため、実現できると明言することができなかった。……これはそもそものコンセプトからして、望ましき現代文化の基礎としてのメトロポリス的状況—超過密—に対する信頼を一度たりとも失うことなく、その状況がもたらす栄光と悲惨を自らの糧として生き続けたイデオロギーである。」

つまり超過密の都市と文化は20世紀がつくった都市である。それに対して、過疎の都市は20世紀には想像すらできなかった。20世紀の過密の都市が生んだ充血した人工世界の倒錯した虚構世界の境界をぬけて都市は21世紀に自由になって自然のなかに浸透するかもしれない。高速通信テクノロジーが可能にする都市、クラウドポリスは田園が広がる里山や離島の中なのに紛れもなく都市であるといえる未来がこれからくるかもしれない。クラウドポリスは瀬戸内を実験室として選ぶ?この都市は高速のネットワークがインフラとして人々を結び付けている過疎の都市であるが一方の過密の都市とも重ね合わされて繋がっている。科学技術の進化は20世紀の都市計画を生み出し、20世紀中盤の記号の明滅するみえない都市をつくり21世紀には密度を測ることのできないクラウドポリスを誕生させつつあるかもしれない。この都市のライフスタイルは21世紀の自然のなかの過疎の都市のライフスタイルの実験になるだろう。

大三島に移築・再生されたシルバーハット（設計：伊東豊雄） 写真｜阿野太一

21世紀のクラウド・ポリスのライフスタイル

@神戸［神戸大学出光佐三記念六甲台講堂］｜2018.11.25

［第四回］

伊東豊雄｜基調講演

文化の道としての瀬戸内海―薬師寺食堂復元

「明日の暮らしを瀬戸内から発信する」ということで話をさせて頂きたいと思います。僕がこういう話をするのは、瀬戸内海のまん真ん中、おへそといわれているしまなみ海道の中央にある大三島に、月に1回くらい訪れて、小さな活動を続けているということがきっかけです。

それと一見関係ないのですが、まずは奈良の薬師寺の食堂の改修・復元を紹介します（奈良県奈良市、2017、pp.180-183）。食堂と書いて"じきどう"と読みます。薬師寺の伽藍配置で東の塔だけは国宝で1300年くらい前の姿のまま存在しています。他の建物はすべて復元の建物です。中央に金堂があって、その後ろに食堂があります［fig.01］。昔のお坊さんたちがご飯を食べていた食堂ですね。そこだけがまだ復元されずにいたので、これを復元したことですべての伽藍が蘇ったことになります。

食堂の外側は元通りに復元しなければならないということで、文化財保存計画協会の監修で竹中工務店がこれを施工しました［fig.02］。スパンを飛ばすために梁は鉄骨で柱も鉄骨を直径60cmくらいの木で包んでいます。

僕は内部のデザインを依頼され、設計させていただきました［180-183頁］。田渕俊夫先生という日本画家が絵を描かれて、それを中心として、内部のデザインを考えています。僕が考えたのは天井ですけれども、田渕先生のすごくきれいな阿弥陀三像の絵「阿弥陀三尊浄土図」を中心にして、後方から天井全体に広がっていく雲のようなアルミのプレートを、レーザーでカットして金色に染めて天井をつくりました。阿弥陀三尊の絵の両側にやはり田渕先生が描いた7面ずつ14面の絵があります。それらの絵は、薬師寺が建てられた時代に、遣隋使や遣唐使が中国の長安の都に行って、そこで文明を勉強し、それを平城

01, 02

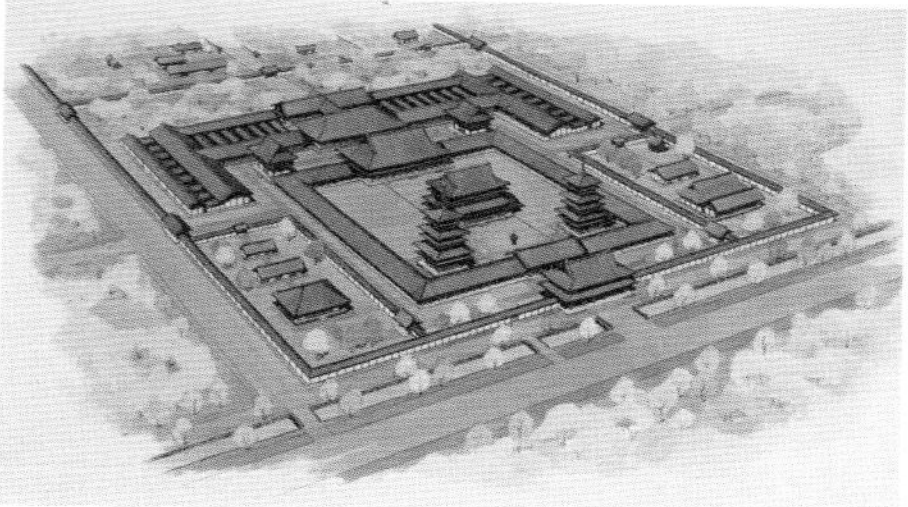

01 薬師寺白鳳伽藍復元図 提供｜薬師寺
02 薬師寺食堂 写真｜竹中工務店・田中隆吉

京に持ち帰ってきた時の様子です。長安の都から瀬戸内海に入ったところを描いていますが、これが面白い。下関から入って瀬戸内海を通って大阪に着いて最後、藤原京や平城京に行くわけです。藤原京は、20～30年くらいで平城京に遷都することになりますが、日本でおそらく最初の都市です。碁盤目状の都市が野原の真ん中にいきなりできて、そこに中国から輸入されたスタイルで、この薬師寺ができたことを絵を見ながら想像すると、日本人にとってすごい出来事だったと思うのです。

今、僕らが現代建築を見て喜ぶのとは比較にならないくらい大変な文化の輸入が瀬戸内を通って行われていました。瀬戸内は5,000くらいの島で成り立っているのですが、本当に素晴らしい風景です［fig.03］。100年ぐらい前に九州の雲仙や霧島と一緒に国立公園に設定されました。たしか日本で最初の国立公園だったのです。

今いる神戸の人口が153万、岡山70万、高松42万、福山46万、尾道13万、今治15万、松山50万、広島119万、それで福岡は154万です。20～30万人から100万人ぐらいの都市は人間にとって住みやすい都市だと思うのです。それらの都市がここ瀬戸内に散在している。

災害の少ない静かな海を囲んで、そういう都市が散在しているということは、これだけ日本で毎年、災害が起こっていることを考えると、東京、大阪よりもここは日本の文明圏としては最適かもしれません。

03 日本鳥瞰中国四国大絵図（吉田初三郎式鳥瞰図）
提供｜国際日本文化研究センター

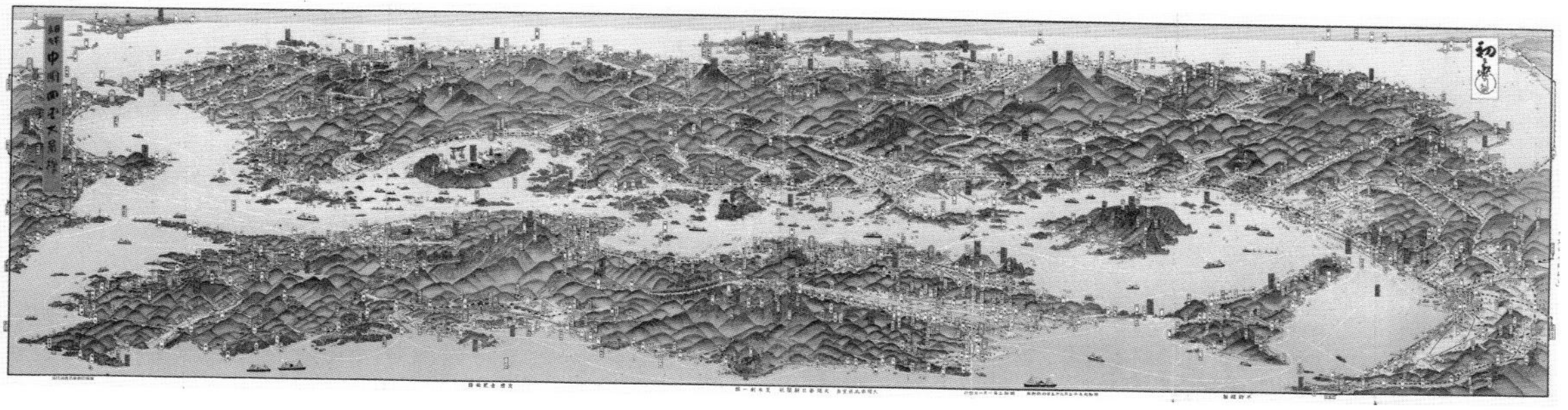

薬師寺 食堂

［写真］

1

1　復元した薬師寺食堂の内部　写真｜金子俊男

薬師寺 食堂

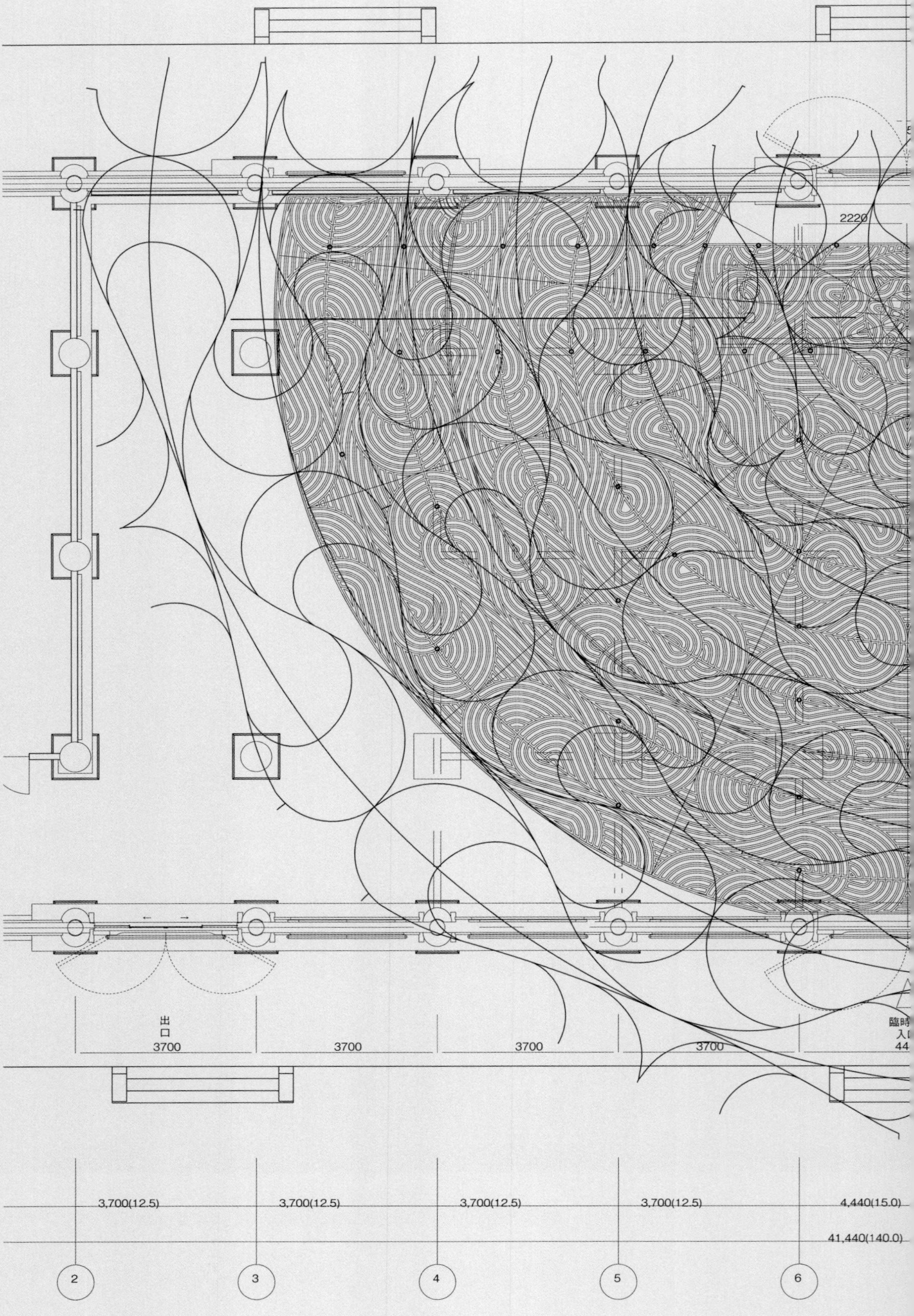
2220
出口
3700
3700
3700
3700
臨時
3,700(12.5)
3,700(12.5)
3,700(12.5)
3,700(12.5)
4,440(15.0)
41,440(140.0)
2
3
4
5
6

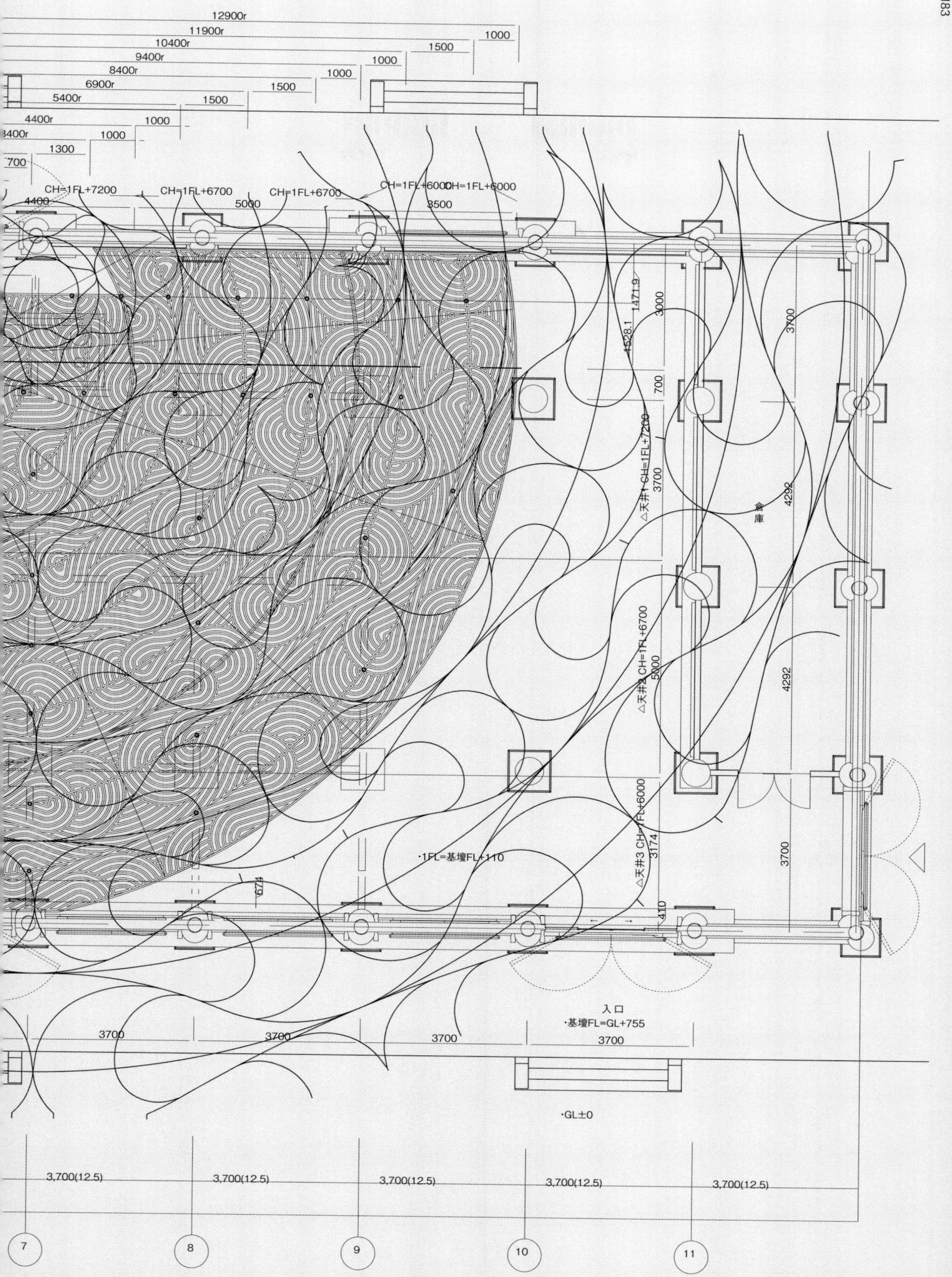
12900r
11900r
10400r
9400r
8400r
6900r
5400r
4400r
3400r
700
1300
1000
1000
1500
1500
1000
1000
1500
1000
CH=1FL+7200
CH=1FL+6700
CH=1FL+6700
CH=1FL+6000
CH=1FL+6000
4400
5000
3500
1471.9
1528.1
3000
700
3700
3700
4292
4292
3700
△天井1 CH=1FL+7200
3700
倉庫
△天井2 CH=1FL+6700
5000
△天井3 CH=1FL+6000
3174
·1FL=基壇FL+110
674
410
入口
·基壇FL=GL+755
3700
3700
3700
3700
·GL±0
3,700(12.5)
3,700(12.5)
3,700(12.5)
3,700(12.5)
3,700(12.5)
7
8
9
10
11

戦後から現代までの瀬戸内建築

瀬戸内の大三島は10数年前までは縁もゆかりもなかった島ですが、今は月に1回程度来ています。戦後の焼け野原の中で、なぜかこの瀬戸内を中心にして、現代建築の中でも最も重要な建築が次々に建ち上がってきました。

丹下健三さんは、大学の先生でした。今から半世紀前、1964年の東京オリンピックが開かれた国立代々木競技場を丹下さんがデザインしたことは皆さんご存知だと思いますが、そのためにほとんど大学には来ませんでした。

焼け野原の広島について書かれた丹下さんの文章があります。

「私はこの広島の廃墟に立って考えていた。そこから立ち上がってくる力強い人間の意志を、それと同時に母親のように優しく抱く愛情と。それまでの私の素朴な機能主義観は、この広島の体験によって大きく揺さぶられたのだ。」

そこから丹下さんの現代建築が始まるわけです。丹下大先生と比較するのは失礼な話ですが、僕も三陸の津波で被災したまちに行って、同じことを思いました。やっぱり建築を変えなければいけない、と。

1960年代まで日本は急な右肩上がりで建築家は丹下さんをはじめとして僕の師匠だった菊竹清訓さん、槇文彦さんなどメタボリズムの建築家たちがこれからの日本の都市の未来を次々に描いたのですが、1970年をピークにして経済成長が止まって、内向的な時代に変わっていくのです。そんなときに僕は自分の建築を始めました。

同年代の建築家の作品も瀬戸内海にはたくさんあります。

たとえば菊竹事務所で一年先輩だった長谷川逸子さんは同い年なのですが、彼女は愛媛県の松山のお医者さんに縁があって、当時きれいな建築をデザインしています。たとえば「徳丸小児科」(愛媛県松山市、1979)は、1階が診察室で、2階が住宅になっていて、斬新なことをやっていました。

翌年、その近くにアルミパンチングメタルを張った鉄骨の住宅「桑原の住宅」(愛媛県松山市、1980)をつくられます。内が透ける素材を使い、すごくきれいでした。この頃僕はほとんど仕事がなくて、長谷川さんが松山で次々にデザインした住宅を見て非常にうらやましかったですね。長谷川さんのこの頃の住宅はすごく即物的というか、素材が爽やかに現れる住宅が多かったです。

それから広島では、僕よりだいぶ後輩の村上徹さんが1980年代、広島を中心にして地域に根付いたエレメントの少ないミニマルと言ったら少し違うかもしれませんが、非常にきれいな住宅をつくっていました。「阿品の家」(広島県広島市、1990)で中庭にうっすら水を流して夏の暑さをしのぐというやり方は大変印象に残っています。村上さんは、地域に根付いてその地域で活躍する現代建築家の走りと言っていいと思います。村上さんと一時期広島におられた古谷誠章さんとは、よく一緒に飲みました。大体コースが決まっていて、最初に魚のうまい店に行き、それからカラオケ屋に行って、そして最後にお好み焼きを食べて、日本酒をもう一回飲んで、朝の4時ごろに帰るという、みんな元気な時代でした。

それで僕が長谷川逸子さんの松山の連作をうらやまし気に見ていた頃、愛媛銘菓の一六タルトで有名な玉置泰さんが「お前にもひとつつくらせよう」と言ってくださって、設計させてもらったのが「松山ITMビル」(愛媛県松山市、1993)[fig.04-06]です。3階建てのオフィスビルで小さなビルですが、本当にきれいに使って下さって、最近訪れたときに感動しました。今度また2番目のビルをやらせて頂くことになりました。ちなみに玉置さんは、松山に縁の深い伊丹十三が監督する映画のスポンサーでもありました。現在松山にある「伊丹十三記念館」の建設にも尽力されています。

04

05, 06

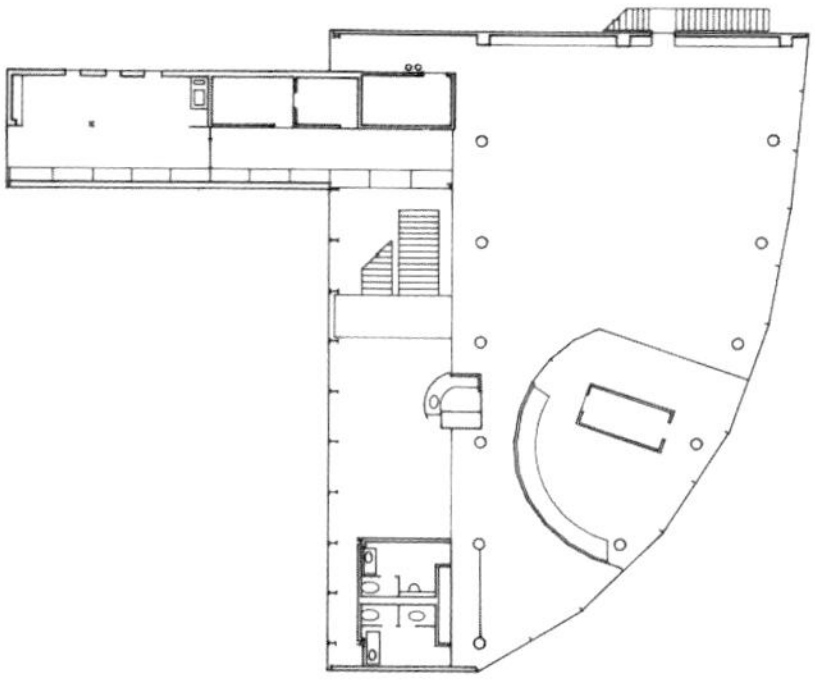

04 松山ITMビル外観
写真|大橋富夫
05 同ビル内部
写真|畠山直哉
06 2階平面

大三島発—みんなの建築

瀬戸内の大三島に来ることになったきっかけは、今治市がつくってくださった「今治市伊東豊雄建築ミュージアム」[愛媛県今治市、2011)[fig.07]です。

みかん畑の中に市が土地を用意してくださり、建物は東京近郊に住んでいた実業家の方がスポンサーになって1億円を寄付してくださってできました。「スチールハット」と呼んでいる鉄板でできている展示棟と、その隣に「シルバーハット」という、東京にあった私の元自邸を再生して2棟で構成しています。

ここでやっている活動をご紹介したいと思います。毎年展示替えをして、島で僕らがやっている活動を紹介しています。ワークショップやミニレクチャーなどをやるケースが多いのですが、時々小さなコンサートもやります。鳥の声が聞こえてきたり、そよ風が瀬戸内を伝ってものすごくいい雰囲気のコンサートになっています[fig.08]。

時々子供のワークショップもやっています[fig.09]。島は海沿いから急に山の斜面に変わっていくので中腹から上は集落や畑もありません。島中みかん畑です。

しまなみ海道は世界でもサイクリストの名所ということで年間30万人もの人が自転車を楽しんでいるようです。大山祇神社にも年間約30万人の人がおそらく来ているのでしょう。

ミュージアムの展示のために、島に移住をした方々など複数名にインタビューをしました。

僕もそうですが、島に一度来るとほとんどの人が「景色が素晴らしいから将来自分はここに移住したいくらいだ」と言ってくれます。それほど大三島は美しい島です。

大三島 みんなの家[fig.10]では今、カフェを運営してくれている久保木

07

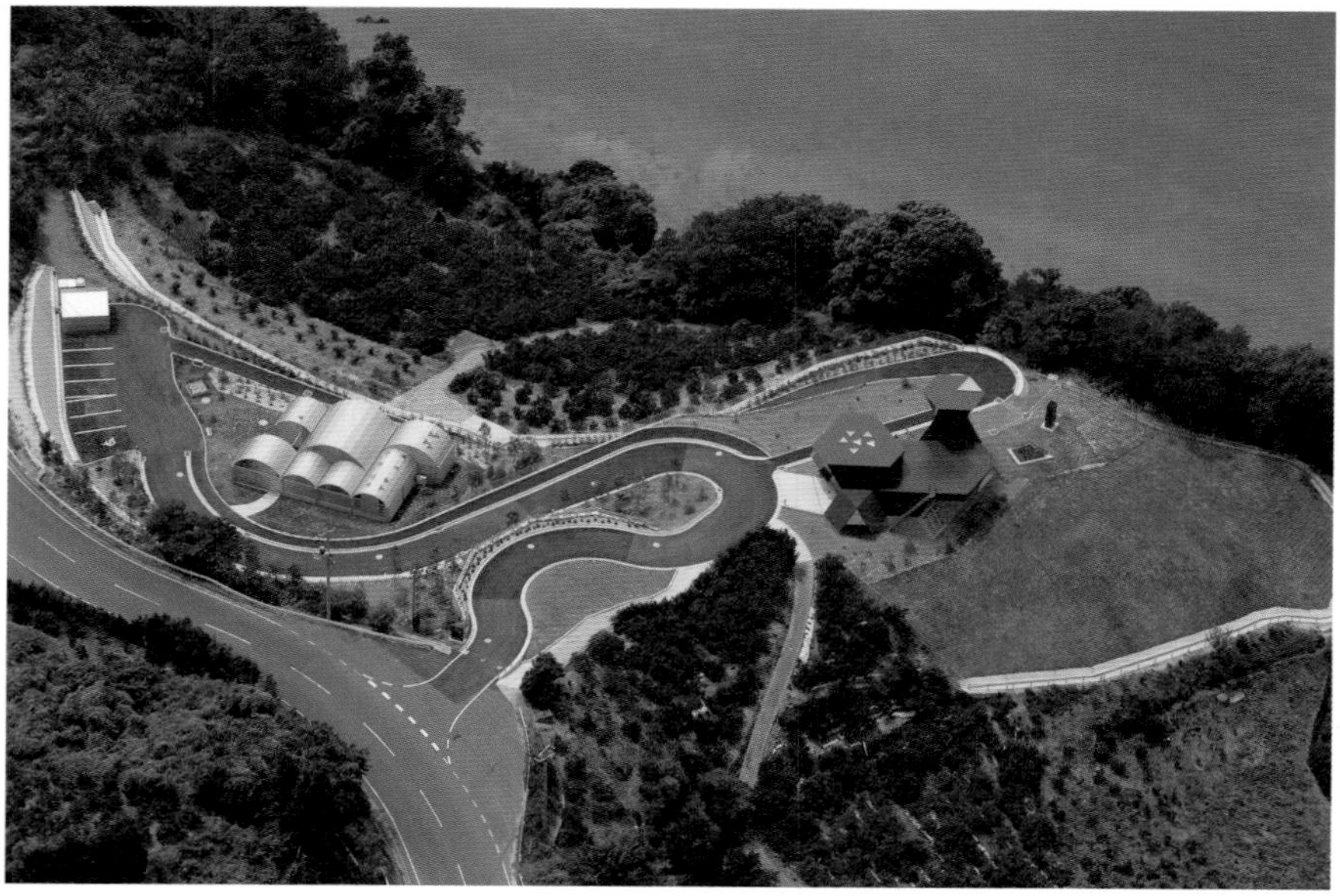

07 伊東氏の元自邸を再生した「シルバーハット」(左)と「スチールハット」(右)の2棟で成る「今治市伊東豊雄建築ミュージアム」(TIMA)
写真｜エスエス大阪

08, 09

08 TIMAで開催された「篠笛と大三島を巡る2Daysコンサート〈島風〉」、2019

09 93_TIMAで開催された子どもワークショップ「大三島どろんこハウスをつくろう!」、2019

写真2点｜吉野かぁこ

祥子さんと関戸沙里さんという女性がいます[fig.11]。久保木さんは物々交換に興味を持っていて、東京でそういうお店に勤めていたらしいのです。物々交換を今みんなの家の片隅でやろうとしています。また関戸さんは、この春小学校に入る男の子を連れて家族で東京から移住してくれました。東京で勤めていた御主人も仕事を辞めて、自転車が大好きだということでこの島でサイクルショップをやろうとしています。2人とも島の方たちとどうやってコミュニケーションをとるか、島の子供たちがここにやってきてくれるかを一生懸命考えています。

この島は神様が山の神なので漁師はいないのです。島中ほとんどの方は農民で、新しく農業をやる方も少しずつ移住してきています。農業をやりに横浜から移住してきた吉川努さんという方もそのひとりです[fig.12]。

島の古い木造の小学校が今「大三島 憩の家」という民宿として使われていますがそれを運営している藤原大成さん、真理さんというご夫婦です[fig.13]。旧小学校は佇まいはよいのですが、雨漏りしたり、床から湿気が上がってきたりして、この建物を市は壊そうとしていました。ここで多くの島の方たちが育ったのだから、何とかしてこれを残したいとお願いしたところ、今治市が国に地方創生の助成金を申請してくださって、今年の秋に改修をしました。市と国とで6,000万円ずつ1億2,000万円の助成金が下りたのですが、そのほとんどが耐震補強に使われてしまい、なかなか部屋をよくすることにはお金が回りませんでした。そこで、島の高校生や東京にいた塾生が応援してくれて、ボランティア

10

10 「大三島 みんなの家」にパーゴラを制作(塾生講座の延長で関東学院大学柳澤研究室が制作)2021

写真｜関東学院大学柳澤潤研究室

11、12

13、16

11 「大三島 みんなの家」でカフェを運営する久保木祥子さん(右)と関戸沙里さん(左)

12 横浜から移住し、農業に従事している吉川努さん

13 「大三島 憩の家」を運営する藤原大成さん、真理さん夫妻

16 「大三島みんなのワイナリー」で、ブドウ栽培、ワイン醸造を行うソムリエの川田佑輔さん

写真4点｜田中英行

の方の力を得てやっと改修ができました。

理科室だったところが食堂に変わり[fig.14]、教室だったところが畳敷きの宿泊室になっていたのですが、畳はよくないだろういうことで、板間のツインルームを5つつくりました。海の見えるお風呂もつくることができました[fig.15]。

それから島中に栽培放棄されているみかん畑が増えているのです

14 2019年に改修された「大三島 憩の家」の食堂。元は小学校の理科室

15 「大三島 憩の家」の海が見える浴室

写真｜青木勝洋

14、15

が、それを借りてブドウ畑にして、「大三島みんなのワイナリー」を立ち上げワインづくりを始めました。今年の初めに100本の苗木を植えました。2015年の夏に、初めて醸造用のブドウを栽培したのですが、そこそこ実がなりました。来年はさらに畑を拡張して、秋には少し醸造ができる位のブドウが採れるかなと楽しみにしているところです。その畑をほとんどひとりでやってくれているのが川田佑輔さん[fig.16]で、山梨大学を出て移住して、今3年目ぐらいになります。醸造学科で、ワイン造りを学んだ若い青年ですが、大三島に来て、ワイン造りをやってみたいということで、島のIターンの農家の方と一緒になって畑を耕しているところです。ワインをつくっている人が現れたら、参道で地ビールづくりを始めた人も現れて、移住してくれる人が少しずつ増えて島が元気になりつつあります。

今年も9月にブドウの収穫祭をやりました。収穫直前に、岡山、広島地域で豪雨被害がありましたが、幸いブドウは何とか大丈夫でした[fig.17]。今醸造中ですがどんなワインになるのか楽しみです。日本で開発されたマスカット・ベーリーAという品種で、去年200本初めて試験醸造し、今年も川田さんが行って、シャルドネとマスカット・ベーリーAを委託醸造して、新酒が800本ぐらいずつ12月、1月にはできる予定です。

自然相手の仕事は本当に大変だということを痛感しました。最初の年はイノシシに全部持っていかれて、次の年は鳥が来るので上からカバーをしたり、スズメバチの大群にやられたり、今年は豪雨というように、自然を相手にしている方たちの苦労が痛感されました。

2年ぐらいで島に醸造所をつくりたいと思っています。去年はじめてできたワインのラベルは原研哉さんにデザインしてもらったのですが、「島紅」と書いてとShimanka《シマンカ》と言います。今年は白ができたらシマシロにしようかと考えています。このラベルは僕が考えていて、今は鞄の中にその案が入っているのですが来年1月には皆さんにお見せできるかもしれません[fig.18]。

少しずつ元気な島にして、観光地ではなく瀬戸内のライフスタイルとはどんなものだろうか、我々は明日はどんな生活をするのだろうか、それを実現する島にしたいと考えています。美しいみかんや、みかんの真っ白な花が咲いていたり、ワイナリーでブドウを島の方と栽培しているとか、みんなの家に島の方たちが集まってお酒を飲んでいるとか、あるいは一緒になって参道の壊れかけ

17、18

17 シャルドネ、マスカット・ベーリーA、ヴィオニエの3種のブドウを収穫。
18 「大三島みんなのワイナリー」で醸造している「島赤」「島白」。ラベルのスケッチは伊東氏による
写真2点｜吉野かぁこ

19

19 再開発が進み超高層が林立する渋谷駅周辺
写真｜田中英行

た民家を改修・修復して、何かに使うとか、そういうことを積み重ねていきながら、未来の庭園、未来のライフスタイルがそこから生まれてくることは考えてみると楽しいし、僕も小屋をここに建てて住みたいと思っているのです。

巨大再開発から明日の建築を考える

20世紀の近代主義は技術によって自然を克服できるという思想に基づいて建築をつくり、それが現代都市になったのです。最近の渋谷の風景です。僕は大学に入った時から渋谷に縁があって今のオフィスに30数年いるのですが段々渋谷らしさが消えていって、数本の高層タワーがこの10年のうちにできるらしいのです[fig.19]。

ものすごい勢いで再開発が行われていて、毎週土曜になると駅の電車乗り場への上り口が変わっていたりする。高層化すればするほど自然との関係は離れていくし、建築内部も住まいであれば壁と壁ができて、人と人との関係も離れていきます[fig.20-22。

今日の建築の問題は人と自然の関係をどうやったら回復できるのか、人と人との関係をどうやったら回復できるのかがテーマなのだということを、東日本大震災後「みんなの家」を通じて考えています。それらを、通常考えている公共建築に近づけていきたいというのが私の立ち位置です。

20

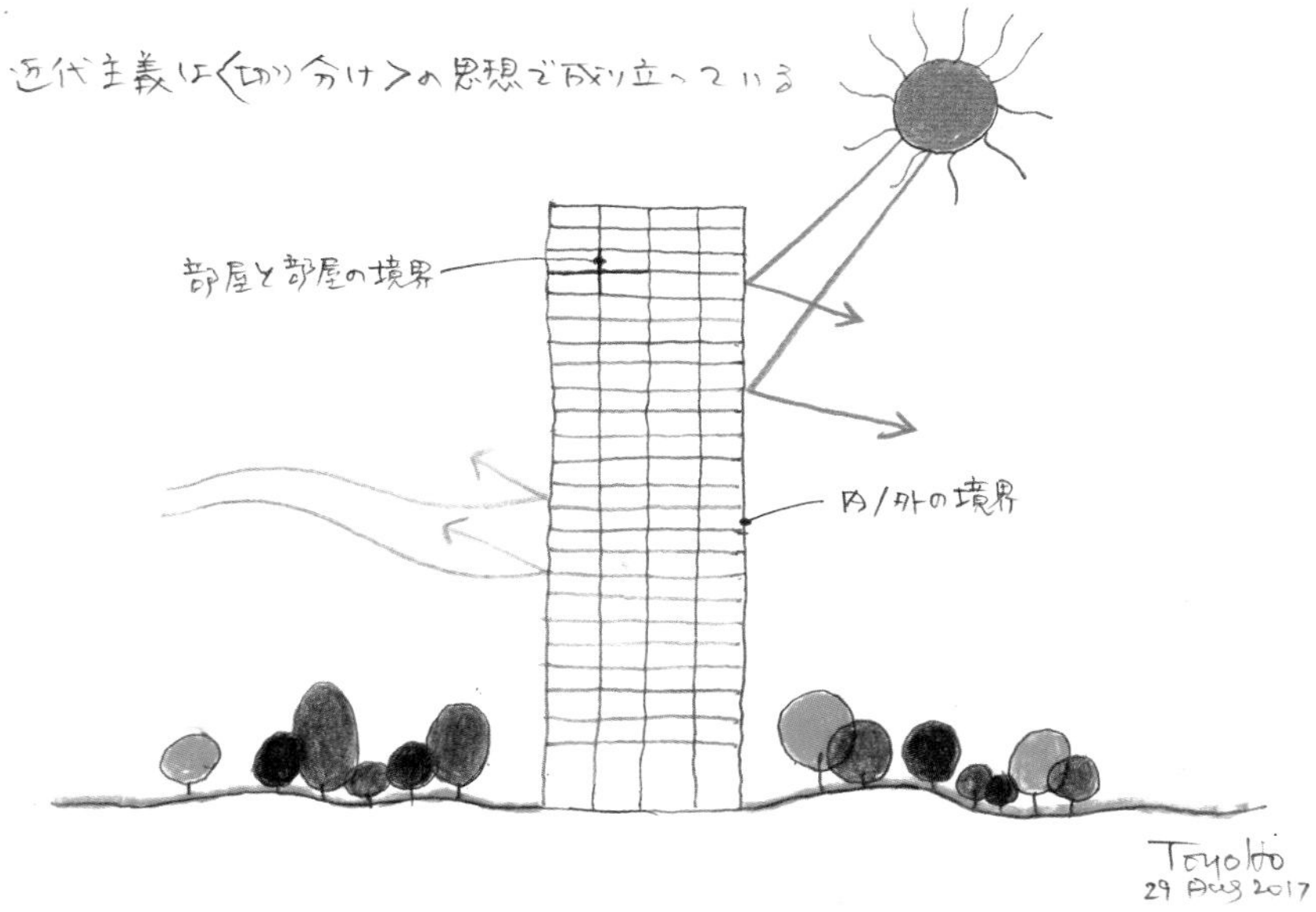

20 伊東豊雄氏によるスケッチ

21

21 現在計画中の集合住宅。幹線道路に面するファサードに半透明のガラスのルーバーを設け、風や音をコントロールして外部環境と優しくつながり合う共用廊下をつくり出す

22

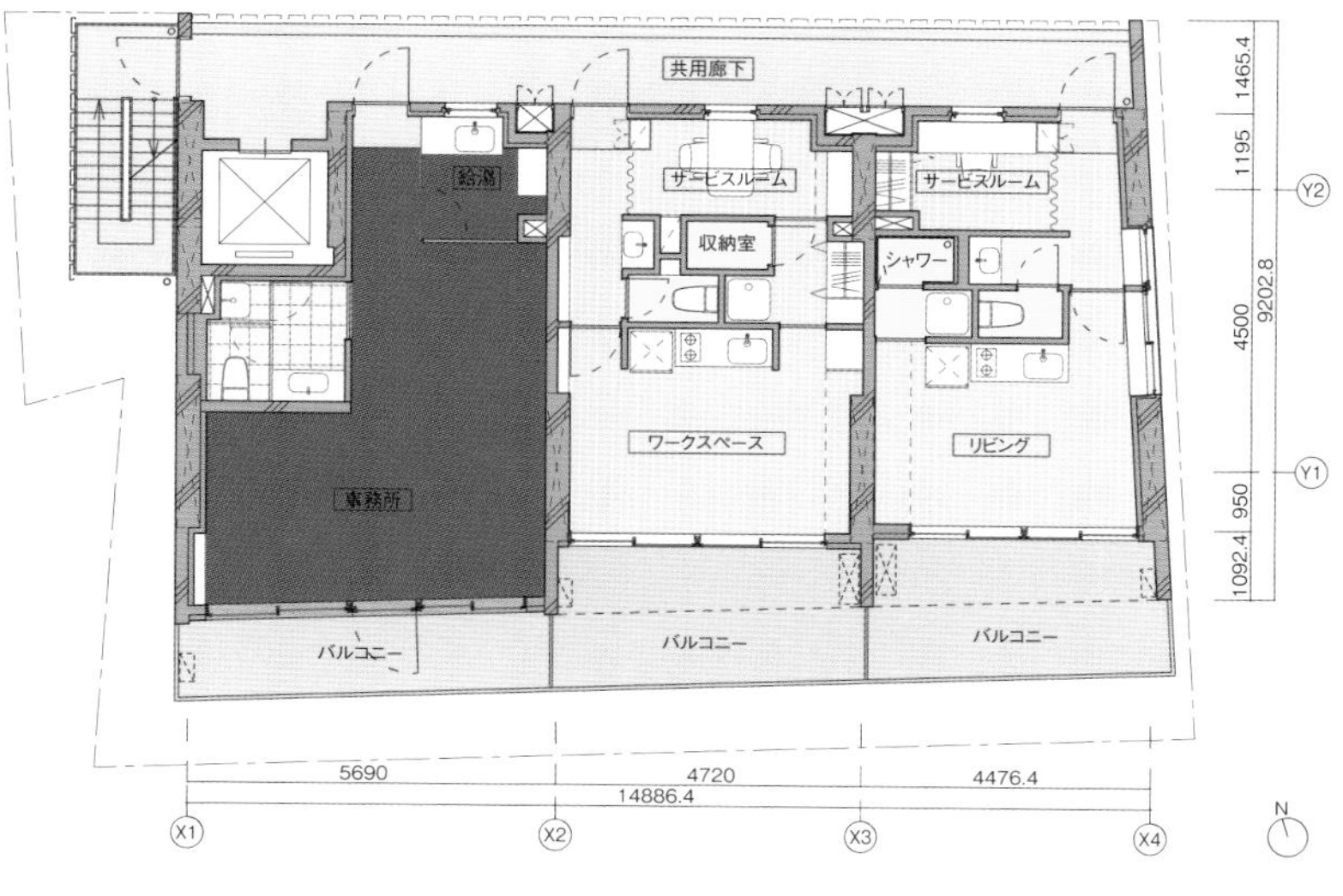

22 2階平面。職住一体を可能にするプラン

［第四回］

瀬戸内海文明圏——これからの建築と新たな地域性創造研究会｜瀬戸内ニューライフスタイル——仕事・住まい・移住・エネルギー

住まうこと・暮らすこと

四国からみた瀬戸内、本州からみた瀬戸内

古谷誠章

神戸｜神戸大学出光佐三記念六甲台講堂

穏やかな気候の中での暮らしを発見

僕は東京生まれの東京育ちですが、以前、広島にある近畿大学工学部で講師をしていて、呉キャンパスに通っていました。大学からお誘いいただいたとき、まずはどのような所かを見に行きました。広島市内から呉に向かう国道31号線から見えた瀬戸内海の島々の風景がすごく魅力的で、それに惹かれて1986年～94年にかけて、8年間も広島に住むことになってしまいました。東京がバブル経済の真っ只中の頃にゆったりとした風景に囲まれて家族と共に暮らすことができたのは、とてもよかったと思っています。それが最初の瀬戸内体験でした。

その頃、一軒の住宅の設計を頼まれます。「狐ヶ城《こがじょう》の家」といって、僕が35歳の頃の作品です［fig.01］。

01
狐ヶ城の家

住宅団地の端にあって、後ろにある山までが自分の庭のような環境でした。都会の密集地ではありえない素晴らしい住環境でした。家の周りに塀をつくらなかったので、中から向こうの畑まで広がる景色が見られます。塀がないから、地域のお百姓さんが庭から入ってきて、家庭菜園の指導してくれるような付き合いが始まったそうです。造成されたこのエリアでは、この家だけが塀がないから、周囲とのコミュニケーションができるようになった。お百姓さんが「作物ができすぎた」といって、お米や野菜をしょっちゅうもらえる間柄になったそうです。

なぜこの話をしているかといいますと、広島は東京とは違うゆとりがあって、穏やかな気候で暮らすということは、やはり素晴らしいことだと感じたからです。

四国のおおらかな建築群

当時、四国でいくつかの建築を見てまわったのですが、これも何度か驚かされた経験があります。

中でも印象に残っているのが、松村正恒さんの日土小学校です[fig.02]。松村さんは土浦亀城のところでモダニズムの建築を学んだのち、故郷の八幡浜市で営繕の職員になり、多くの学校建築に携わります。彼自身の学校建築観というのは、「30年くらいで教育の仕方も変わるから学校も建て替わっていく方がよい」という理念だったそうです。それですでにほとんど残っていないのですが、日土小学校はあまりにもよくできた小学校だったので、皆さんが努力されて現在保存されています。

デッキも階段も河川に飛び出していて、実は法律違反になります。営繕課の仕事なので、松村さんは当時の地建局長に呼び出されて、問いただされます。そこで松村さんは「大人のための料亭のデッキならともかく、小学生のためのもの。ここで風に吹かれた思い出や、ここで釣りをしたようなエピソードをみんなが記憶できるような場所としてつくったので許してもらえませんか」って言うんですね。そしたら地建局長も「そこまで言うなら今回は大目に見よう。だけど次は駄目だぞ」と言ったという話を聞きました。

都会とは違った風土を感じます。学校がそんな風に地元のみんなに愛されて建てられたというのは驚きでした。

03
讃岐富士とよばれる
おにぎり形の山

04
だれでも自由に出入り可能
丸亀市立猪熊弦一郎現代美術館のオープンスペース

もうひとつショックを受けたのが香川県の「丸亀市立猪熊弦一郎現代美術館(MIMOCA)」です。まずその近くにある讃岐富士にも強いショックを受けました[fig.03]。この山を見るとなんかこう力が抜けるでしょ。なんとも言えない和みのある風景が四国の印象なんです。

それで、もっと驚いたのがMIMOCAのオープンスペースでした[fig.04]。猪熊さんは、香川県庁舎の壁

02
八幡市立日土小学校　写真・宮畑周平

画でも知られている世界的な芸術家です。金子正則香川県知事に丹下建三先生を会わせた人としても有名ですよね。当時ニューヨークに住んでいたのだけど、郷里の讃岐のことを思ってこの二人を引き合わせ、それが香川県庁舎につながったというわけです。

その猪熊さんが、自身の作品を展示する美術館に対して、子供に開放していつでも入れるようにしておきたいとう強い理念を持っていたとのことです。現代美術という少しハードルの高いものだからこそ、高校生以下は無料で入館できるようになっています。開館から2年後に猪熊さんが亡くなるのですが、新聞で猪熊さんの訃報を悲しむ女性からの投書を読みました。小学校低学年の娘さんが幼稚園の弟の手を引いて毎日のように学校帰りにこの美術館に寄って遊んだ場所で、子どもに開放した芸術に対して敷居の低い場所がもっともっと全国にもあるとよいという内容でした。

地域と建築の関係をつくる

僕が四国で初めて仕事をしたのは「香美市立やなせたかし記念館アンパンマンミュージアム」です[fig.05]。高知ですから瀬戸内とは違っていて、四国山脈を越えた別の世界観があります。太平洋に向かって胡坐かいて座ってるみたいな感じで、個性のある独特な地域です。

この美術館を建てるときに我々は、美術館が建つ敷地の前に7分の1の模型を置いて、1年間ワークショップをやりました[fig.06-09]。将来、ここのユーザーになる子どもたちとプロセスを共有しようということですね。ここでお伝えしたいのは、建築は何かの目的のためだけに建てるのではなく、つくるプロセスをそこに住んでいる人たちと何らかのかたちで共有できると、建築を使いこなしていってもらうきっかけになるということです。子どもたちだけではなく、館を運営するスタッフにとっても、1年間の

05
香美市立やなせたかし記念館アンパンマンミュージアム

プロセスがイベントを考えたりするためのいわば予行演習になっていたのではないかと思います。

2013年から取り組んでいる「小豆島堀越地区シシ垣アート計画」を紹介します[fig.10-15]。瀬戸内の中でも最も瀬戸内らしい気候の小豆島の半島にある堀越という集落で、南側の正面に海が見えるところです。

なぜここに関わることになったかというと、僕の研究室の学生が四国のまんのう町出身で、彼女がどうしてもここを卒論のテーマに調査したいと言うんです。「移住者と元から住んでいる人たちの関係がとてもうまくいっている。なぜ、そんなにうまくいっているか調べたい」と。この集落には、「二十四の瞳」の作者である壺井栄の夫である壺井繁治の生家があります。おそらく、執筆するときに頭に思い浮かんだであろう分教場や教員住宅もあります。

06
ワークショップに用いた実物の7分の1の大きさの模型

07
上棟式では、模型の上から古谷氏が餅まきを行った

08
建設中に、子どもや運営スタッフと共に行ったワークショップ

09
完成後、ミュージアムのエントランスホールにて

10
香川県にある小豆島堀越地区の海岸

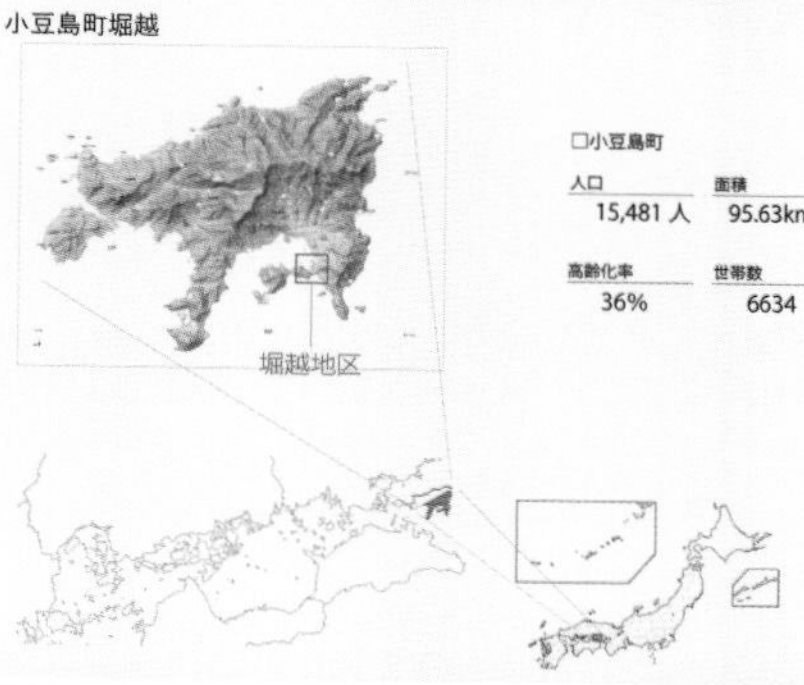

11
早稲田大学古谷研究室による堀越地区の調査

12
小豆島堀越地区で行われた住民ワークショップ

住人と移住者の関係がなぜ上手く築けたかというと、空き家に移住してきた人たちが、集落では担い手がいなくて途絶えていたお祭りを復活させたんです。いわば地域のリクリエーションやエンターテイメントだったお祭りがなくなってお年寄りたちは寂しい思いをしていたので、復活させてくれるなら有り難いということだったようです。面白いのは、

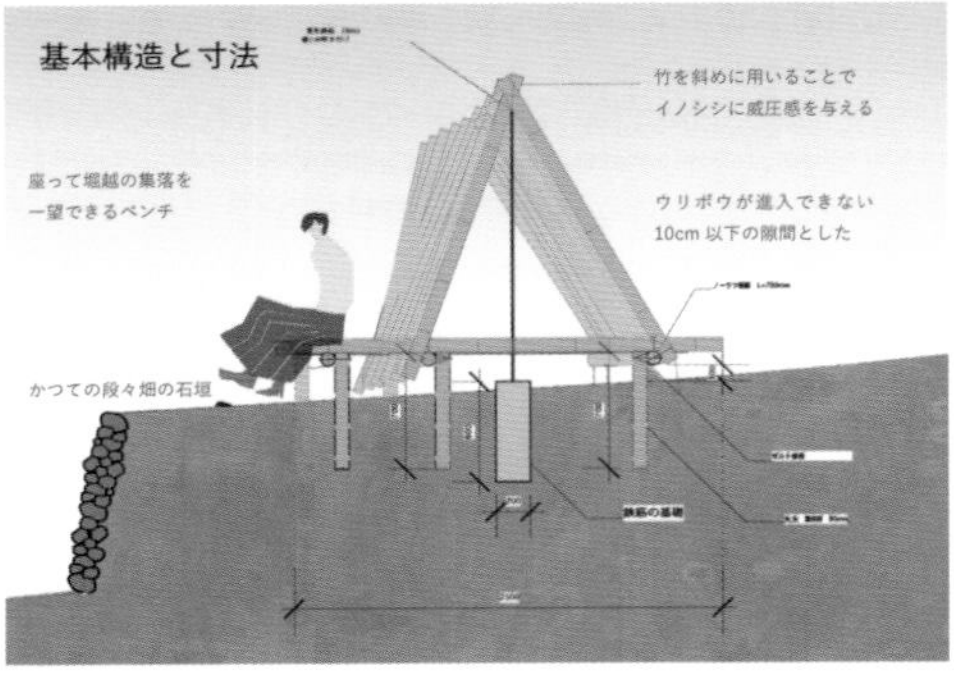

基本構造と寸法
竹を斜めに用いることで
イノシシに威圧感を与える
座って堀越の集落を
一望できるベンチ
ウリボウが進入できない
10cm 以下の隙間とした
かつての段々畑の石垣
鉄筋の基礎

13-15
イノシシから農作物を守る伝統的なシシ垣を研究し、竹を材料にしてベンチにもなるシシ垣を考案した

16-17
瀬戸内国際芸術祭２０１６に「シシ垣でつくる堀越くらしの輪プロジェクト」を出展。
古谷誠章＋早稲田大学古谷誠章研究室

納涼祭に行ってみると、イタリア料理のニョッキとか、目新しいものが並んでいる。地元の人たちと移住者の両方が楽しむ機会をつくってるわけです。僕たちもこの集落に通うようになって、地元の方々から歓迎してもらっています。

そんな関係をつくっている過程で、畑にやってくるイノシシの被害をなんとかするための防護柵を考えようということになりました。小豆島には江戸時代からの伝統で「シシ垣」があるんですが、それを研究して、周辺に生えている竹を使ってシシ垣をつくる方法を考えて、みんなでつくりました。垣根なんだけど、そこに座って海を眺めることもできます。里山に人が入る行為自体が、シシ垣となるわけです。

これは瀬戸内国際芸術祭の作品としても出展しました[fig.16-17]。その時にはのぼり旗をたてて、集落の中心まで人を呼び込んで、さきほどの教員住宅なども見てもらいました。

大切なことは、カンフル剤のようにいきなり多くのお客さんを呼んくることではなく、少しずつ活性化する中で、住んでいる人たちが楽しんでいるということが一番だと思います。

暮らしを楽しむための建築

地方再生では、2007年からずっと継続的に関わっているのが島根県雲南市の「地域再生デザインプロジェクト」です。きっかけは遊休公有施設の活用法を考えて欲しいという市からの依頼でした。雲南市はヤマタノオロチ伝説があり、桜が満開の時には多くの人が来ます。その時でも下の商店街ではガランとしています。みんな車庫になってるからです[fig.18]。

それで、遊休施設の活用に着手する前に、まず商店街をどうにかしてはと、桜のシーズンだけ週末の土日2日間だけ復活する商店街を提案をしました[fig.19]。

空いていた雲南商店街の店舗を2日間借りて、そこで地域の人たちが草木染めや牧場でつくった酪農製品、農産加工品瓶詰を販売しました。合併で広くなった雲南市の人たちがお互いに知り合える機会になるんじゃないかと提案したんです。

18 島根県雲南市の商店街

19 人出が増える桜祭のときに、空き店舗を一時的に活用して物販を行う

20 商店街につくられた100mのロングテーブル

僕はそれだけでは物足りないと思って、商店街でみんなが出会えるように100mのロングテーブルを出す提案もしました。道を通行止めにするのが面倒だとか、最初は商店街の人も全然乗り気になってくれなかったのですが、完成したらみなさん満足そうな顔をしてくれました。買い求めたものをこのテーブルで食べたり、交流を生み出すきっかけの場所になったと思います[fig.20]。

1年目に出店してくれたのは7軒しかいませんでしたが、2年目は14軒に倍増し、3年目30軒、4年目40軒に

21 雲南市にある高校の美術部と共にアートイベントを開催

22 古谷研究室がつくった屋台を活用し、地元の高校生が蒸しパンの販売を始め、現在は恒例行事になっているという

増えます。今では、僕たちがテーブルをつくらなくても、商店街の人たちが自主的に机を出して、震災の年以外ずっと継続していて、もう10回目を迎えました。

さらに、そこに子供たちが参加できる仕組みを考えたいと思いアートイベントを始めました[fig.21]。地元の高校の美術部部員が積極的に手伝ってくれました。そのうちアートイベントだけではなく、子どもたちも何かを販売したいと、私の大学の学生がつくった小さな屋台を使って蒸しパンを売って歩くようになりました[fig.22]。かわいいからすぐ売れちゃって、なくてはならない存在になっています。子どもから高齢者までが協働して何かをやり、そこで新たな人と出会えるきっかけを作る。参加している人たちが楽しんでやっていると、それが、ここを故郷とする人に伝わって、桜まつりのときに帰ってみるかというふう広まって行くといいなと思います。「里帰り観光」と名付けていますが、まずは住人が楽しんで、次にその身内が集まってくることが秘訣です。

雲南市では、この他に「オーベルジュ雲南プロジェクト」(2009)を行いました[fig.23-26]。出雲風土記にも出てくる薬湯のある温泉がありますが、旅館はすでに一軒だけとなっています。その中のひときわ老朽化している民家一棟をリノベーションし、オーベルジュにする提案です。最初は雨漏りもして床が抜けている状態でしたので、まずは掃除から始めました。地域の人たちとどんなオーベルジュにしたらよいか、既存の旅館とどういう相乗効果が出せるだろうかなど考えました。広島や米子からも学生が参加してくれて、みんなでワークショップをやりました。できるところは自分たちでやろうと、手漉き和紙の手ほどきを受けて、和紙を貼った耐震壁ができました。オーベルジュとして営業を始めると、シーズンの週末は予約はいっぱいです、2組しか泊まれません。

さらに雲南市の奥地で、廃校となった小学校を地域の人たちが使える交流センターにする「入間小学校再生プロジェクト」(2011)をやりました[fig.27-29]。住民や学生たちと一緒に考えてやっています。学生からの提案は、学校には縁側がないので縁側を付けましょうということでつけました。できるだけ学校の雰囲気を残しながら、一階にはガラス張りのキッチンを設けています。集落のお祭りのときにはここを使って料理の準備がされたり、普段はここで料理教室をやったりしています。小学校ではなくなったけれど、集落の人にとっての第二の学校のようになっています。

また倉庫だったところの壁を取り払って舞台もつくりました。夏祭りの日には、人々が集まって、私も舞台で歌を披露しました。日本には昔こうした集落の人が集う場所はいっぱいあったはずなんです。新たに設計する建築にもこうした使い方ができる場所を仕組んでいく考え方が必要だと思っています。

最後に、今日のテーマの「住まうこと、暮らすこと」について申し上げます。それは、自宅に定住するということだけを意味するわけではありません。われわれ現代人は発達した情報インフラ、高速交通網を使って、いろいろな空間を行ったり来たりしています。たった一日しか行かない場所もありますが、それも重要な生活空間の一部となっている。われわれは今日、すでに全員がマルチハビタントになっていて、あちこちで過ごす時間を全部束ねて、それがひとつの膨らみのある豊かな暮らしになっているということです。

23–26

オーベルジュ雲南プロジェクト。温泉街にある老朽化した民家をオーベルジュに改装

手漉きの和紙を用いた耐震壁（写真左下）など、さまざまな創意工夫が見られる

27–29

雲南市での入間小学校再生プロジェクト。外部に開いた縁側（写真上）や、学校の階段下を生かした小上がり（写真左下）、

開放感のあるガラス張りのキッチン（写真右下）をデザイン。料理教室や夏祭り、集会施設として住民に活用されている

192-199頁 特記なき写真提供・古谷誠章

徳島県神山町 空き家再生まちづくり

坂東幸輔

瀬戸内海文明圏——これからの建築と新たな地域性創造研究会｜瀬戸内ニューライフスタイル——仕事・住まい・移住・エネルギー

[第四回]

神戸｜神戸大学出光佐三記念六甲台講堂

創造的過疎を実践する神山町で

私は現在、東京で設計事務所を主宰し、京都市立芸術大学で教鞭もとっています。徳島市出身で、東京藝術大学卒業後、スキーマ建築計画に就職しました。その後ハーバード大学に留学しましたが、卒業した2008年6月にニューヨークでリーマンショックが起き、就職できない状態でアメリカで1年半過ごすことになりました。

その時に徳島県神山町に出会います。神山町は徳島市内から車で40〜50分くらいかかる場所ですが、東京の羽田空港を発って2時間ちょっとで神山町にいけますので、意外と近い。

人口は5,350人(2018年時点)で順調に右肩下がりをしています。高齢化率は46%なので、住人の半分はおじいちゃんおばあちゃんです。主要な産業は農業、とくにすだちが日本一の生産量で梅も有名です。データだけ見ると過疎化した田舎の集落ですが、2011年東北大震災の年に転入者が転出者を上回ると社会増加が起きました[fig.01]。過疎の町にとっては快挙で、メディアに注目されるようになります。移住したのは、ITベンチャーの方やアーティストなどで、クリエイティブな人がすごく多いです。

その要因のひとつがテレビの地デジ化でした。それをきっかけに徳島では多くの町がケーブルテレビと一緒に高速インターネットの回線を引いたんです

01, 02

テレビの地デジ化により、徳島県ではブロードバンドサービスが整備された神山町の移住者による転入者増

200-201頁特記なき写真・図・NPO法人グリーンバレー

[fig.02]。そのおかげで、神山では高速インターネットが使える環境になりました。

もうひとつ大きなの要因は、地元のNPO法人グリーンバレーです。初代理事長の大南信也さんを中心に自分たちでまちづくりの活動を頑張っていました。グリーンバレーの皆さんのキーワードは「やったらええんちゃうん」。若い人に「失敗してもいいからやりなさい」と言って、応援してくれています。それに加えて、過疎化も楽しくやっていこうと意味で「創造的過疎」という言葉も使っています。また、面白い人をたくさん呼んでくることがまちづくりになると「ヒトノミクス」いう言葉を使っていて、たくさんの若者を引き込んでいます。

グリーンバレーの最初の活動は、アーティスト・イン・レジデンスで、20年くらい続けています[fig.03]。毎年外国人2人、日本人1人の3人のアーティストを神山町に呼んで、アート作品をつくってもらうと同時にアーティストにとって居心地のよい制作環境をつくりました。そうすると町に何度も訪れるアーティストが出てきました。

03, 04

西村佳哲氏がデザインした「神山町のいまを伝える」ウエブサイト

神山町のアーティスト・イン・レジデンスの作品

神山町に移り住むアーティストもいたことで、アートの町だけでなく移住の町にもできるのではないかという構想が生まれます。2008年、西村佳哲さんがイン神山というおしゃれなウェブサイトをつくり、「神山で暮らす」というページをつくったところ、かなりなアクセス数があったと聞いています[fig.04]。

僕もこのウェブサイトにひっかかったひとりです。ニューヨークで職探しをしている頃に月1万円で古民家が借りられて生活ができるというのを知り、2008年に神山町に訪れました。そこで大南さんと知り合ったのがきっかけで、いろいろプロジェクトが動きます。

移住の化学反応が起きるサテライトオフィス

2012年ぐらいに東京に本社を持っているIT企業の人たちが、休暇みたいな形で神山町にサテライトオフィスを構えるという働き方が流行り始めたんです[fig.05, 06]。今では町内に20社くらいのサテライトがあります。

05, 06

神山町の築70年の古民家をサテライトオフィスする「Sansan神山ラボ」　写真提供・Sansan

神山町の自然の中で働く光景

ランチを食べる場所やディナーを食べる場所もできてきました。移住者と地域の人たちが協力して野菜を育てて食べる地産地消の動きもでてきて、電気屋さんの工場だったところを改装した食堂などもできました。徳島市内で食べるよりも神山の方が美味しいものが食べられる状況になっています。また、人口減少している町ですが、新たに町営住宅ができました。どんどんと神山の活動が活発になっていて、さらに教育機関をつくる動きもあります(神山まるごと高等専門学校が2023年4月に開校予定)。

そんな神山町で、私もBUS(須磨一清、伊藤暁と共に神山町のプロジェクトのために結成した建築集団)として建築のプロジェクトを手がけることになります。きっかけは2010年、大南さんから築80年の空き家になっている長屋の改修をして欲しいという話を頂いたことでした。そのときは東京藝術大学の助手になっていたので、夏休みの1カ月間を使って学生たちとセルフビルドでできるところはやり、難しいところを大工さんにやってもらいました。スケルトン状態から、廃校になった木造校舎の建具を窓に使ったりしてリノベーションしたのが「ブルーベアオフィス神山」(2010年)です[fig.07, 08]。

07, 08
学生たちもセルフビルドでリノベーションに参加したブルーベアオフィス神山

当時はまだサテライトオフィスみたいな考え方はなかったのですが、その後神山町にサテライトオフィスブームが起こるひとつのきっかけになったプロジェクトです。現在も、テレビ電話システムやスカイプを利用して、営業時間中はずっとつないで、東京の本社と一緒の空間にいるような感じで仕事をされています。

その後、2012年にサテライトオフィスがブームになります。神山町は空き家が増加しているんですが、なかなか使えるものは少ない。移住する人が増えてきているので、空き家が使えない状況をなんとかしようと、グリーンバレーの皆さんらと一緒に取り組み、BUSとして、6件のリノベーションと2件の新築に携わりました[fig.09]。

「神山バレーサテライトオフィスコンプレックス」[fig.10-13]は、廃業していた縫製工場をみんなが集まって働けるコワーキングスペースにしたものです。お金がないということで入口に近いところの一部分を区画して、成長するオフィスということで、今後人が増えれば改修していくことを提案しました。ガラス張りにしてお互いの活動が見えるようにしています。町で不要になった家具をもらってきて、タンスをデスクにリノベーションしたりして、学生たちと家具を製作しました。これが話題になりまして、徳島県庁の一角に移転してきた消費者庁の長官が関心を持ってくれました。一週間長官がここに滞在して、霞が関とテレビ電話でつないで会議を行うといった実証実験を行い、その光景がニュース映像になって流れました。

若いクリエーターたちがここで出会うことで、さまざまな化学反応みたいなことが日常的に起こるようになります。例えば、車のモデリングをする人、コンピュータのプログラミングができる人、靴職人などが出会ったことで、足を3Dスキャンして3Dプリンターで靴型をつくるということが起こった。それで、デジタルファブリケーションの場をつくればよいのではないかということで、最初の成長が起きました。地元の子供たちが移住者の人たちと電子工作を一緒に勉強したり、神山町の農業高校

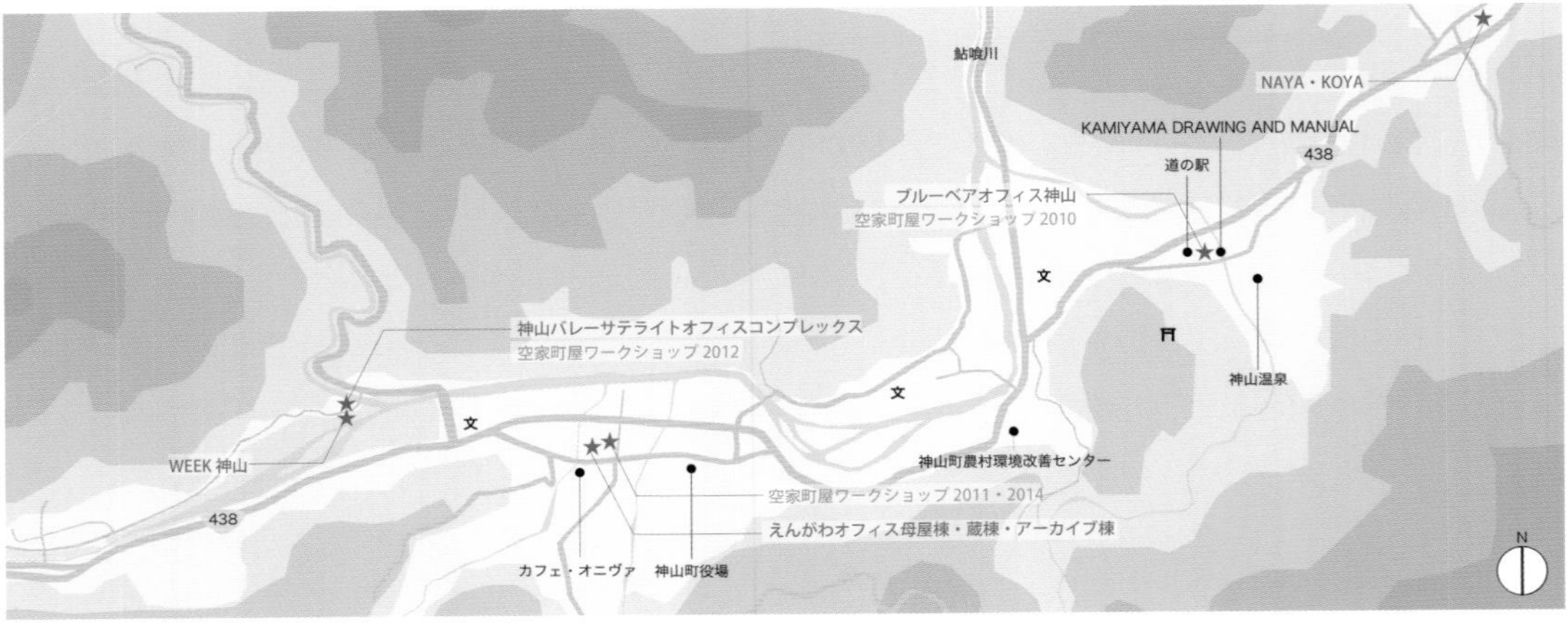

08
バスアーキテクツが神山町で手がけたプロジェクト

10-11
廃工場をリノベーションし、コワーキングスペースにした「神山バレーサテライトオフィスコンプレックス」。クリエイターの創発の場となっている　写真2点・樋泉聡子

12, 13
オフィスコンプレックス外観　写真・伊藤暁
クリエイターの創発の場となるオフィスコンプレックス

14-16

えんがわオフィス母屋棟と人が集う中庭　上・左下写真・伊藤暁

17, 18

えんがわオフィス蔵棟　右写真・伊藤暁

19, 20 新築の宿泊施設WEEK神山 写真2点・伊藤暁

で林業を学ぶ森林女子が、神山のスギを使った商品開発をしたり、自然と人が集まる場所に成長しています。現在は、県庁の一部の部署も入っていたりして、満室になっています。

「えんがわオフィス」(2013年)[fig.14-18]はひとつの企業が古民家一戸を買って、サテライトオフィスにリノベーションして使っているオフィスです。1階の壁の部分がすべてガラスになっていて、その周りに縁側がぐるっと回っています。会社のコンセプトが「オープン&シームレス」なので、そのコンセプトをかたちにしています。縁側は幅が2mくらいあるんですけれども、皆さんよく活用してくださっています。プライベートの会社なのですが、地域の人や移住者が集まる集会所みたいな感じになっています。

「えんがわオフィス」ができ、移住者の働く姿が見えるようになったことで、これまで空き家の利用に積極的でなかった人にも伝わって、一気に500軒の使える空き家が見つかりました。

隣に蔵があり、そこもリノベーションして、桜の木が見えてすごくいい環境で仕事ができるようになりました。えんがわオフィス母屋棟と蔵棟、新築したアーカイブ棟があり、そこに包まれた中庭のような場所が、不思議な公共空間に変化しています。

神山町は年間2000人以上の視察者がくるようになり、働き方を体験できる施設をつくりたいということでゲストハウスを新築で設計しました。また、宿泊施設「WEEK神山」[fig.19, 20]を地元のヒノキを使ったラーメン構造で設計しました。鮎喰川に面しているので、客室から川を眺められるようにしています。

2016年のヴェネチア・ビエンナーレ建築展の日本館は「en[縁]: アート・オブ・ネクサス」というテーマでした[fig.21, 22]。そこで私たちも「地域の縁」というカテゴリーで神山町のプロジェクトを紹介しました。シンガポール大統領やレム・コールハースが見てくださいました。

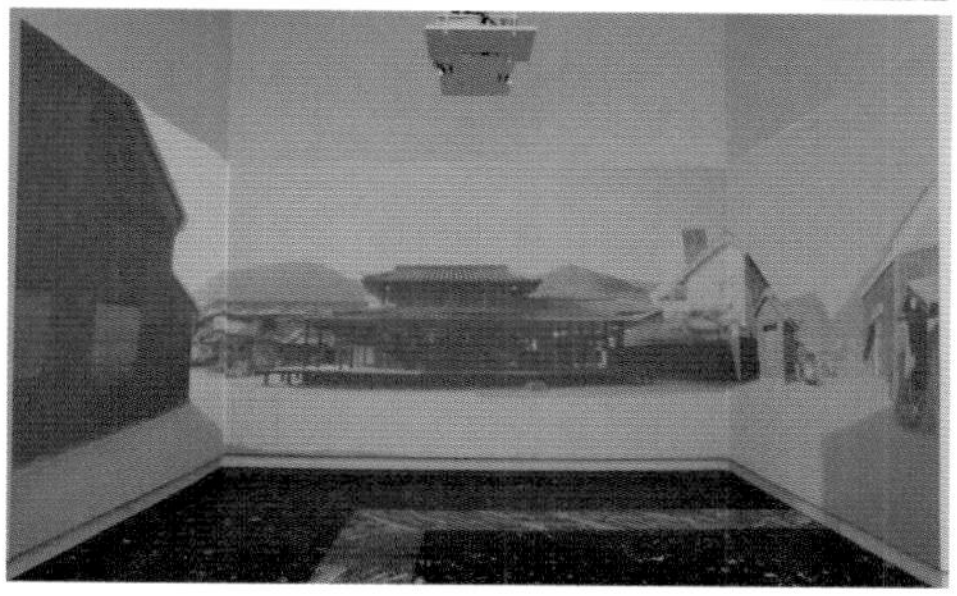

21, 22 ヴェネチア・ビエンナーレ建築展。「地域の縁」のカテゴリーで神山での活動を紹介

人口減少時代の自然や地域資源を生かした再生

最近は、神山町のような町にしたいという地域の自治体から相談を頂くことが増えました。

今、徳島県の牟岐町という海沿いの町にある出羽島という島のまちづくりに関わっています。人口70人で、住戸は180戸あるので、3分の2が空き家になっている状態です。四国から連絡船で15分くらいですが、70歳以上の方が多い、やはり高齢化が進んだ島です。車が一台もなくて、道が細いので建物の解体や新築がしづらくて、明治、大正、昭和初期の建物がそのまま残っています。

ベンチと蔀戸になる雨戸がついている「ぶっちょう造り」が

この集落の建物の特徴です。重要伝統的建造物群保存地区に2017年に指定され、伝統的な様式のまち並みを少しずつ元に戻していく活動をしています。外観を戻しても、人が少ないので何に使っていくかを学生と一緒に考えています。また、太平洋で囲まれているせいで霜が降りないので、琉球藍が育てられそうなので、その染料が新しい産業にならないかということもを試みている移住者もいます。

波止場にある「波止の家」のリノベーションが2016年に完成しました[fig.23-25]。カフェ、土間スペースをつくって長靴でも仕事から漁師さんが帰れるような場所にしてます。少しずつですが、ここで何かをやりたいという人も現れて、若手の漁師さんが移住してきたりと今後が楽しみな状況になってきました。

23-25
重要伝統的建築物群保存地区で、「ぶっちょう造り」の建物を、漁師のための「波止の家」にリノベーション。土壁の修復なども学生たちが行った

こうした地域での活動を評価していただき、徳島県内外の他の地域でもまちづくりに関わっています。

徳島県の三好市では、建物を改修せずにコンテンツをつくることをやってみました。たくさん空き店舗がある商店街に本屋をつくるプロジェクトです[fig.26,27]空き店舗を掃除して、3日間だけ本屋さんをやりました。空き店舗や空き家を再生しようとしても、実際に何をやってよいか分からない自治体が多い。まずは実際に何かプロジェクトを立ち上げてみると、その後スムーズに動くことが経験から見えてきました。そうしたきっかけづくりを今後は建築家がやっていくとよいと思いながら活動をしています。

26, 27
徳島県三好市では空き店舗を一時利用して本屋に。ハードだけでなく、コンテンツづくりを行う　200-207頁 特記なき写真・坂東幸輔建築設計事務所

福山市の北にある神石高原町では現在「神石インターナショナルスクール」[fig.28-31]を設計しています。日本初の小学生を対象としたボーディングスクール(寄宿学校)のインターナショナルスクールです。傾斜地を造成したテニスコートだったところに建築を配置していくというプロジェクトです。

神山町もそうでしたが、どんどん人口が減少していくという、日本人がこれまでに経験したことがなかった状況下で建築に何ができるのか。そうした課題に対して、建築家に設計を依頼される施主は、いろいろなことを悩んでいると感じています。設計者として、そうした施主の課題や思いに寄り添って、一緒に新しい価値をつくっていければということを最近は考えています。

建物に限らず、面白いコンテンツを創っていく。それと同時に建築でも新しい価値を生み出していくということを、神山で学んで、他の場所でも取り組んでいるところです。

28-31

広島県神石高原町の神石インターナショナルスクール

写真上・神石インターナショナルスクール／中と右下・河野真治／フォトクラフト河野写真事務所

[第四回]

瀬戸内海文明圏――これからの建築と新たな地域性創造研究会|瀬戸内ニューライフスタイル――仕事・住まい・移住・エネルギー

プレイスメイキングと建築

槻橋修

神戸|神戸大学出光佐三記念六甲台講堂

市民と協働で行う減災街づくり

今回のシンポジウムは、瀬戸内海文明圏研究会と神戸大学の減災デザインセンターの共催で出光佐三記念六甲台講堂にて行うこととなりました。

減災デザインセンターは、学部や学科を超えて領域横断的デザインというキーワードで、レジリエントで災害に強く生き生きと暮らせる社会をつくっていくための調査研究を行う機関です。以下の3つの柱を掲げています。

○減災デザイン研究　理念構築/手法開発

○減災アクションリサーチ　プロジェクト/協働

○減災マネジメント研究　地域実装/国際交流

神戸大学は、阪神淡路大震災以降、災害復興に携わってきて、さらに東日本大震災以降の知見が積み重なり、大学内外に深い絆があります。そのネットワークをいかした活動をしていきたいと思っています。

私自身、この活動の源泉となったのが、東日本大震災以降に行っていた「『失われた街』模型復元プロジェクト」[fig.01, 02]です。被災前の街並みを再現した白模型を学生がつくり、被災住民と学生が協力して、人々の思い出を模型に集めていきます。旗を立てたり、オーラルヒストリーを記録したり、最

01, 02

白模型の上に市民の記憶を重ねていく「『失われた街』模型復元プロジェクト」

初は白い模型だったものが、1週間のワークショップを経て色とりどりの模型になります。ただの形状模型ではなく記憶の模型をつくっていくというものです。

そこから私が教わったことは、街は、建物や道路などのハードでできていると同時に、そこで暮らしている人々が思い出を紡いでいくことで街ができているということでした。

減災デザインセンターでは、津波や地震に対して強靱なインフラ整備、避難のしやすさなどと併せて、住民が参加して、将来のリスクに対して協働で行動できるコミュニティや都市づくりも重視しています。それには日常的なコミュニケーションが大事ではないかと考えています。災害に強い街とは、そこに住んでいて楽しく、その社会に参加することで何か自己実現が可能になる街ではないかと思います。その街の中で建築が担う役割も同時に考えていく必要があると考えています。

リバブルシティのメソッド

そうした経験をもとに、リバブルシティ（Livable City：住みやすい都市）という理想を掲げて、研究や実際のプロジェクトをやっています。

大きな教えを受けているのがオーストラリアのメルボルン。世界で最も住みやすい街ランキングで7年間連続1位をとったところです。1980年代はドーナツ現象で、夜になると人が郊外都市に帰ってしまい都心部は犯罪の温床で危険な場所でした。そこから市も州も都心をよくしていく政策やプロジェクトを行って、15年ぐらいで世界で一番住みやすい都市と称される効果が出始めて、今は世界中から観光客や留学生が訪れる街になりました。トラムの運転手も車内放送で「モスト・リヴァブルシティ・インザワールド・メルボルン」と言って、エンジョイしています。

その仕組みを調べてみると、「レーンウェイ」[fig.03]いう路地空間の再生をしたり、ビルの屋上「ルーフトップ」[fig.04]を都市を楽しいむ場所として位置付けていることです。また、「ストリート」[fig.05, 06]にカフェやベンチが非常にたくさんあります。なるべく自動車をなくしてトラムで移動しやすい空間や仕組

03 レーンウェイ

04 ルーフトップ

05 ストリート

06 歩道を拡幅したストリート

07 メルボルンのパブリックスペース 写真・福岡孝則

08, 09
ヤン・ゲールによるメルボルン市の調査レポート
PLACES FOR PEOPLE 1994(左)と2004(右)

みが整備されています。広場は「パブリックスペース」[fig.07]として活き活きと運営されています。計画対象のエリア、ゾーンに代わる言葉として「プレシンクト」という言葉がよく使われています。プレシンクト単位で計画的にプレイスメイキングをする形になっています。キーワードはプレイスメイキングです。

デンマークの建築家でストリート・スケープを大きく変えるのに貢献したヤン・ゲールは、「Life between Buildings」と言っています。メルボルンはヤン・ゲールの事務所に都市の変化に対する調査を依頼し、10年に1度「PLACES FOR PEOPLE」[fig.08, 09]と題した評価レポートを行っています。そこでは外部空間、とくに公共空間の変化が報告されていました。

レーンウェイと言われる建物の間の路地は、メンテナンス用の裏路地からレストランやカフェがひしめき合う親密な飲食通りに変化し、その通りを抜けていくとメルボルンの中心市街地をぐるりと一周できるつくり方をしています。ディヴェロッパーや自治体、都市デザイナー、建築家らのコラボレーションで非常にうまくいっていると感じます。

メルボルン市は、オープンカフェをつくる際の思想やデザイン方法を詳細に記したガイドラインを出していて、インターネットで公表し、誰でも参照することができます。また、道路の舗装をブルーストーンで統一することにしていて、新しく開発するところには、その詳細図を提供している。それによって車道も歩道も一体的になり、人の活動が活き活きと見えるデザイン的な効果もあると感じます。

メルボルン市は2002年、街の中心駅であるフリンダースストリート駅の真向かいに線路を跨いだ構造の大きなパブリックな広場「フェデレーション・スクエア」をつくりました。周りに博物館や美術館やレストランがあり、常時賑わっている公共空間です[fig.10]。毎日最低3つ以上はその広場で何かイベントをやっています。驚いたのは、プレイスメーカーという専門職の人が常勤で10名程度いて、この新しい広場を活気づける市民団体やイベント企画を支援しているということです。新しい開発でも、アーキテクトとプレイスメーカーが一緒に参加していて、戦略的にプレイスメイキングを位置づけています。

日本のまちづくりや都市計画を見るとひとつのコミュニティを対象にデザインを考えることが多いわけですが、複雑な利害関係者が絡み合う都心部において、多主体を連携させ、さまざまな場所に展開していくプレイスメイキングという考え方はこれからの都市に重要な視点だと思っています。

21世紀のリバブルシティの条件は何かと考えたときに、大きく3つあると思っています。

ひとつは多機能であること。例えば道路は通行のためだけではなく、そこにカフェをつくったり、コミュニケーションの場となることです。日本でも道路法が改正され「歩行者利便優先道路」が位置づけられるなど、いかに道路をリビングのような場所にして

10
フェデレーション・スクエア
写真・福岡孝則

いくかということに知恵を絞っている事例が増えています。

2つ目は見える化。世界の多くの都市ではさまざまな指標をグラフィックで見える化しています。例えばニューヨークでは、市民が街路樹の健康状態を自発的に測定や管理をして、ホームページで共有できるようになっています。そうした関係性を見える化するには、デザインの力が必要だと思っています。

3つめは、そこで暮らす人にとって表現の機会があることです。たとえはゴミ拾いなど、自分が街の中で担っている役割を増やすことができるとよいと思います。

街はみんなのものなので、コモンをどうやって育てていくか、それをどのように評価し、表現していくか、その方法を考えたいと思っています。

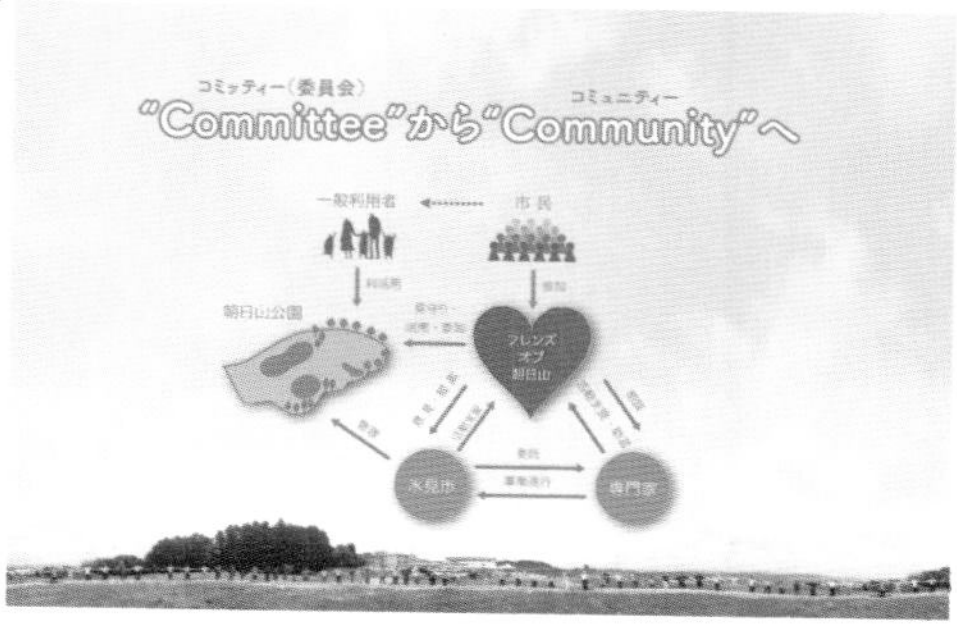

11 フレンズオブ朝日山の概念図

12 朝日山公園の集会室

13 朝日山公園の回遊デッキ

14 朝日山公園でのワークショップ

公共空間での実践

東日本大震災以降、みんなで街をつくるということを考え公共空間のデザインをしています。

氷見市の朝日山公園[fig.11-15]では、委員会ではなくコミュニティでつくるまちづくりを目指して、基本計画のときから「フレンズ・オブ朝日山」という公園友の会のようなものを形成しました。一気に全てをつくるのではなく市民と一緒に一歩一歩やっていく計画です。例えば最初に集会所をつくり、そこで次に何をつくっていくか現地で話し合う。みんなで氷見のことを考える場になっています。

15 朝日山公園の集会室での活動

16
気仙沼市復興祈念公園の夕景　写真・太田拓実

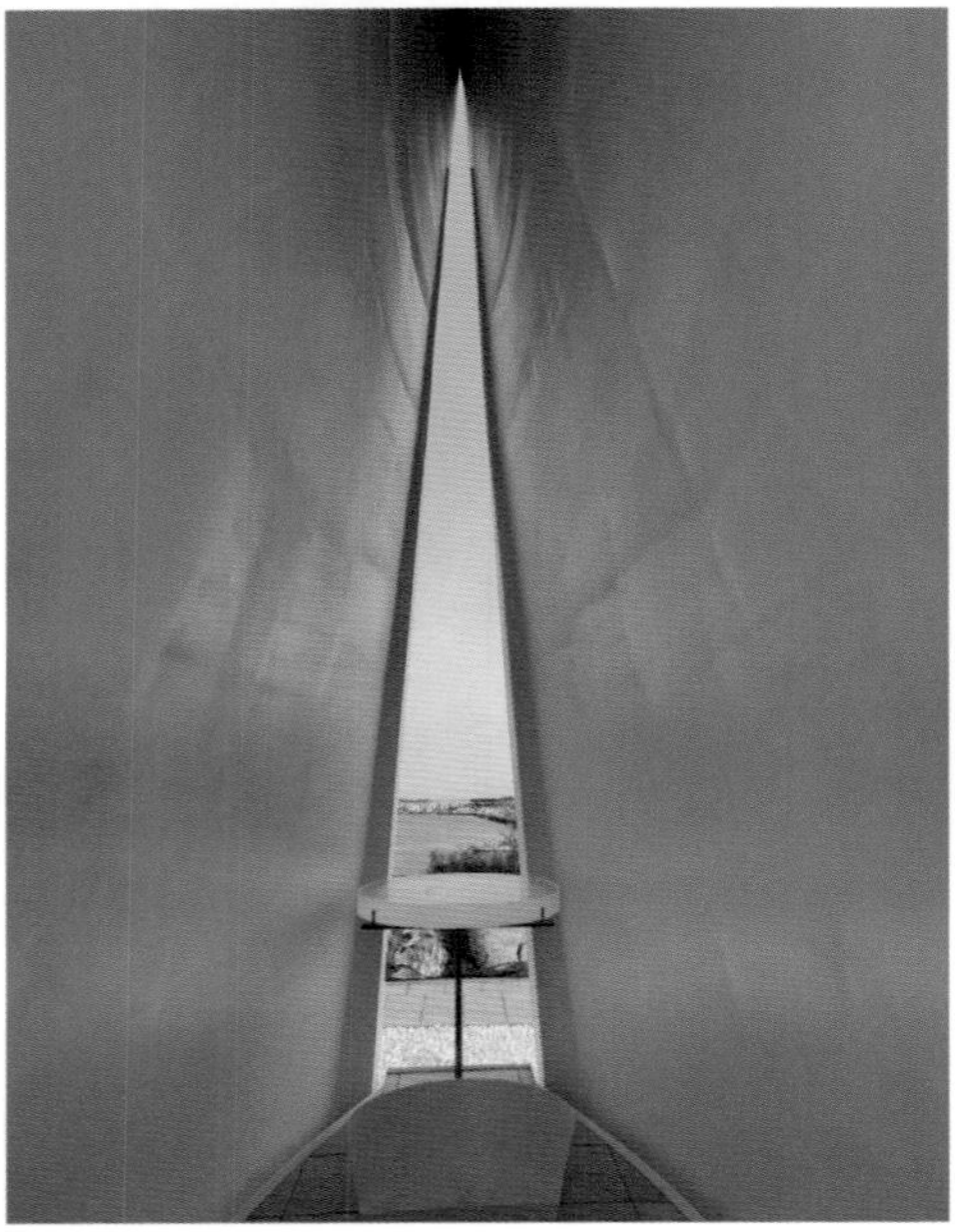

17,18
気仙沼市復興祈念公園の犠牲者銘板
気仙沼市復興祈念公園の祈りのセイル

気仙沼市では、2018年にコンペで選んでいただき、復興記念公園のデザイン監修をしています（2020年竣工）［fig.16-18］。

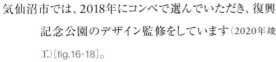

仙台の青葉山公園・仙臺緑彩館［fig.19-21］は、公園と公園センターを一緒にデザインするプロジェクトで、2017年のプロポーザルの際からプレイスメイキングが大事だと考え、プロジェクトのキーワードに位置付けました。基本設計の期間中、市民の人たちと密なワークショップやデザインレビューをやり、設計案を練っていきました。仙台藩の片倉小十郎という人の武家屋敷の跡で、地元の人たちにとってはとても大事な場所です。既存の都市や川と向かい合う場所なので、市民の皆さんの思いを受け止めつつプロジェクトを進めています。仙台市もプレイスメイキングと銘打って一緒にやっているプロジェクトです（2023年4月グランドオープン予定）。

神戸では、三宮のセンター街の雰囲気をなんとか変えていこうということで、10年以上にわたり学生と共に取り組んでいます。まずは、人が溜まることができるベンチをつくろうということで、神戸大と神戸芸

19 青葉山公園センターのパース

20 青葉山公園センターのワークショップ

21 青葉山公園センターのためのデザインレビュー

術工科大の学生の力で制作し、設置させてもらいました[fig.20、21]。少しずつ照明を入れ替えたり、修景計画もやっています。

夜8時にお店が閉まってしまうので、その後このアーケード街で若い人たちがコミュニケーションをとれる場をつくろうと、地域の若い人が企画して飲食店を出し「ヨルバル」をやる試みを年に数回やっています。こうした活動で街に新しい回遊性や場所性が生まれてくるのではないかと思っています。

プレイスメイキングというキーワードでお話をさせていただきました。建築をつくると同時に、生き生きとした場所をどうやってつくっていけるか、これからもチャレンジを続けていきたいと思います。

20 三宮センター街にベンチを設置

21 三宮センター街の3階にストリートファニチャーをデザイン

21 三宮センター街でヨルバルを企画

208-213頁 特記なき図・写真提供・槻橋修

大三島の自然エネルギーポテンシャル

山田葵

瀬戸内海文明圏――これからの建築と新たな地域性創造研究会｜瀬戸内ニューライフスタイル――仕事・住まい・移住・エネルギー

［第四回］研究発表

神戸｜神戸大学出光佐三記念六甲台講堂

「大三島の自然エネルギーポテンシャル」というタイトルでエネルギーの面からライフスタイルにつながるお話をさせて頂きたいと思います。

伊東建築塾の皆様が大三島を新しいライフスタイルの島にするというテーマを掲げて、いろいろな活動を行っております。そこで、エネルギーの地産地消がこの島で有効な計画ではないかと考えました。

私の研究は、島内のエネルギーの需要と再生可能エネルギーによる供給可能量を、シミュレーションツールやGISというツールで推定するものです。大三島の資源量、ポテンシャルを把握し、再生可能エネルギーの活用の基礎調査を目的としました。

需要は大三島では大部分は住宅と考えられることから、今回は住宅のエネルギー消費量を推定しました。供給は大三島の特徴からポテンシャルが高いと考えられる4種類の再生可能エネルギーを推定しました。需要はスケジュールとスマッシュと呼ばれる2つのシミュレーションツールを用いて熱負荷と電力負荷に分け、4種類の住宅エネルギー消費量の原単位を算出しています。

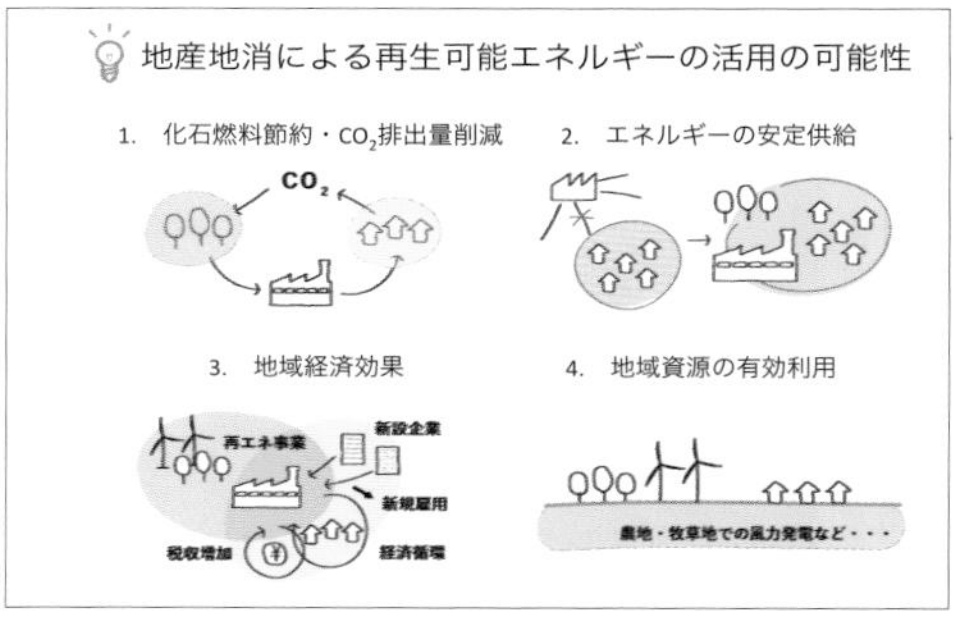

このとき、対象地の躯体年数であったり、気候や年齢別の人口などを考慮した原単位を算出し、加重平均を行っていくフローで島全体の原単位を算出しました。

スケジュールというツールを用いた推定のフローはこちらになります。このツールでは家族属性を男女や年齢別に設定することでその属性に応じた家庭

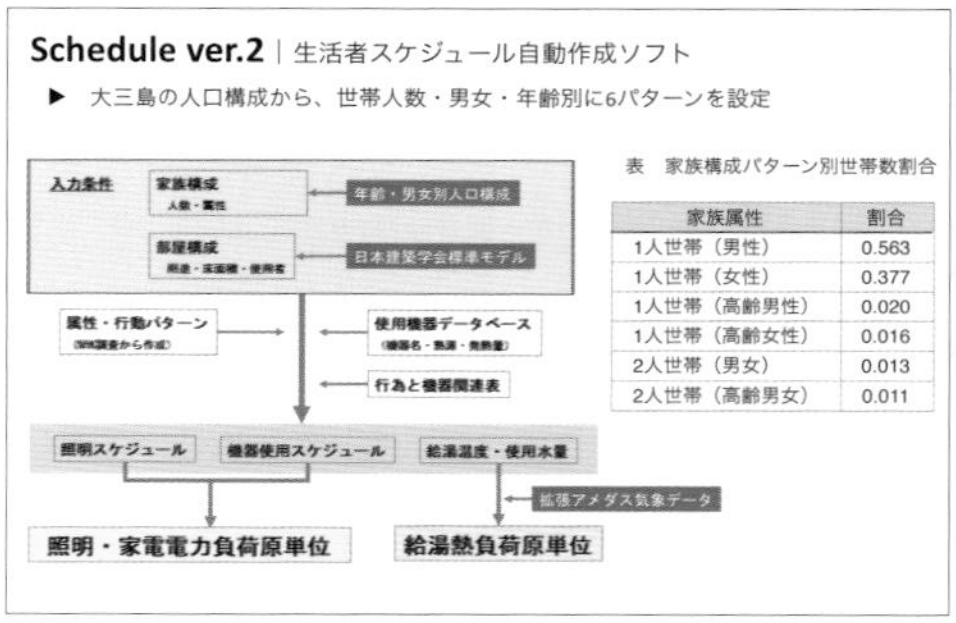

内でのスケジュールを一様に算出して給湯負荷や照明や家電の電力負荷を推定するツールになります。

対象地の人口構成から6つのパターンを設定し、それぞれに原単位を算出して加重平均を行っていきました。スマッシュを用いた推定のフローは、家庭内での冷暖房負荷を算出するために気象条件を入力条件として与えて、住宅の断熱性能別に設定して原単位を算出しました。

供給側の再生可能エネルギーによるポテンシャルの量を推定した分析方法について説明していきます。

その前に木質バイオマスエネルギーというものを紹介するんですけれども木材を利用したエネルギーのことで、森林の間伐材であったり建築廃材などを燃料にするものです。

大三島の植生分布は広葉樹が大部分を占めており、今回はこの広葉樹の伐採を想定したポテンシャルを推定していきます。植栽計画をつくりゾーニングを行い、機能を持つゾーンでは伐採率を抑えるという計算のもと推定を行っていきます。ペレットストーブの利用とガスコージェネレーションによる電力供給の2通りのケースを想定して計算を行いました

次に剪定枝による木質バイオマスエネルギーです。剪定枝というのは果樹園の樹木などから廃棄される切り落とされた枝で、エネルギー源として利用することができます。計算方法ですが果樹園の面積に排出量原単位というものを掛け合わせることでバイオマス量を求めました。剪定枝についてもペレットストーブとガスコージェネレーションの2通りに分けてそれぞれ計算を行いました。

太陽光エネルギーについて日射量の解析にはGIS地理情報システムというツールを用いました。太陽熱利用と太陽光発電電力利用の2通りに分けて計算を行いました。

風力発電について大三島の風況マップで9地点が風車を設置できると考えられます。

全体の需要と供給を比較した結果、熱と電力どちらにおいても供給可能量が需要量を上回っているという結果となり、大三島はエネルギー自立が実現可能なほどのポテンシャルを持っているという結果が示唆されました。

この分析と同じような分析調査を瀬戸内海の他の島、大崎下島という島でも行ったのですが需要と供給の比較の結果を比べてみると、エネルギー自給率が非常に類似していることが分かりました。

つまり瀬戸内海の島嶼部のエリアは自給自足が可能なポテンシャルを持っているということが分かったため、エネルギーの面でも時給自足の新たなライフスタイルを提案していく場所として適しているエリアであるといえます。

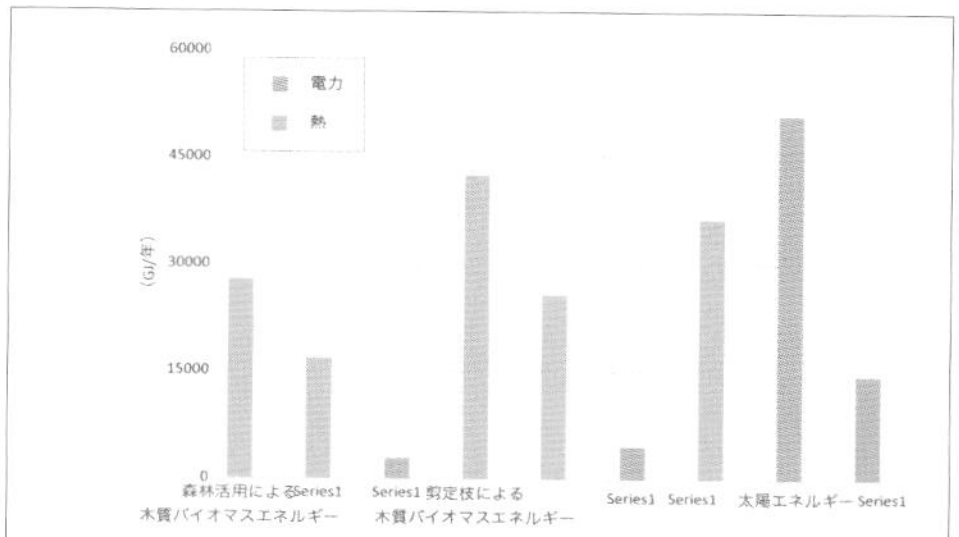

図　再生可能エネルギー供給可能量

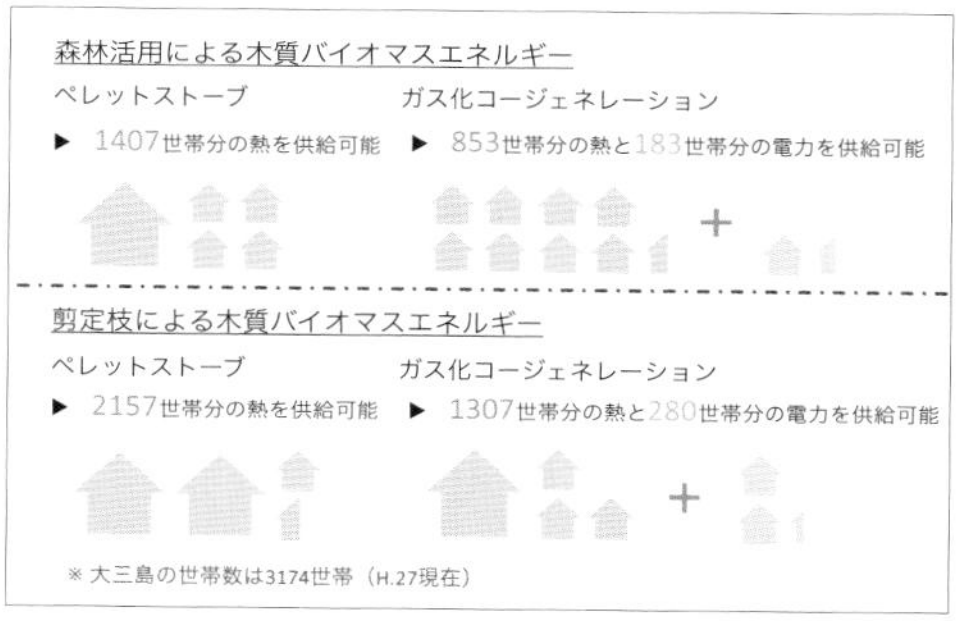

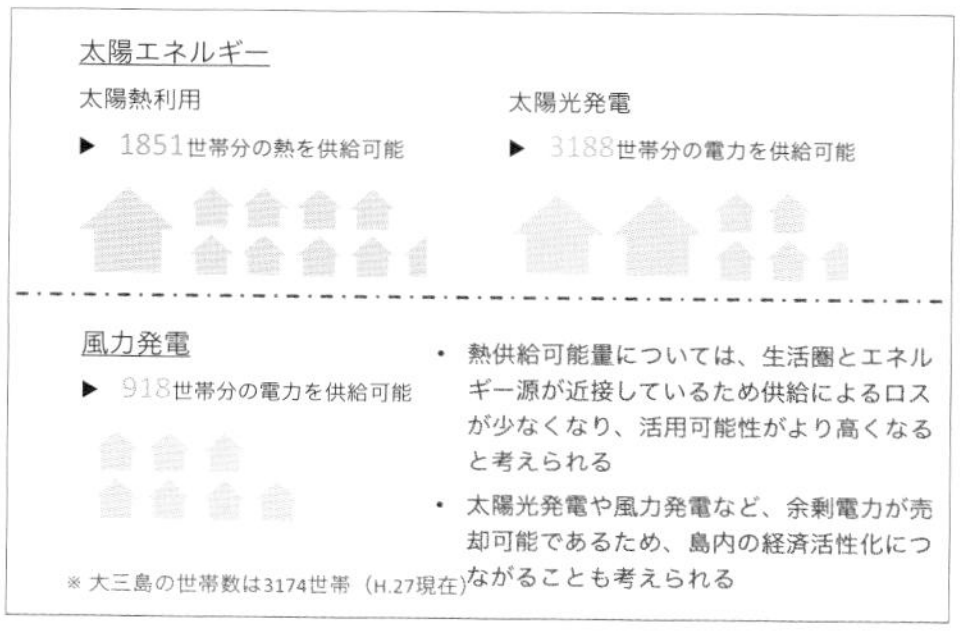

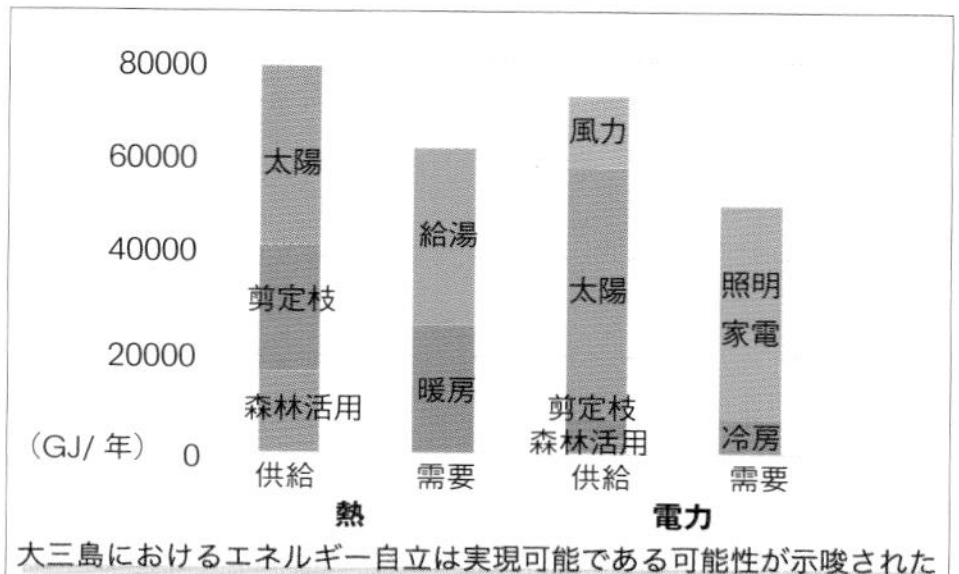

［第四回］研究発表

瀬戸内海文明圏――これからの建築と新たな地域性創造研究会｜瀬戸内ニューライフスタイル――仕事・住まい・移住・エネルギー

過疎地域における移住者の住宅取得と交流

兵頭周作

神戸｜神戸大学出光佐三記念六甲台講堂

「過疎地域における移住者の住宅の取得方法と交流に関する研究」を発表いたします。2014年に日本統計会議によって896の消滅可能性都市が予測されました。図の青で囲んだところが広島県の消滅可能性都市です。

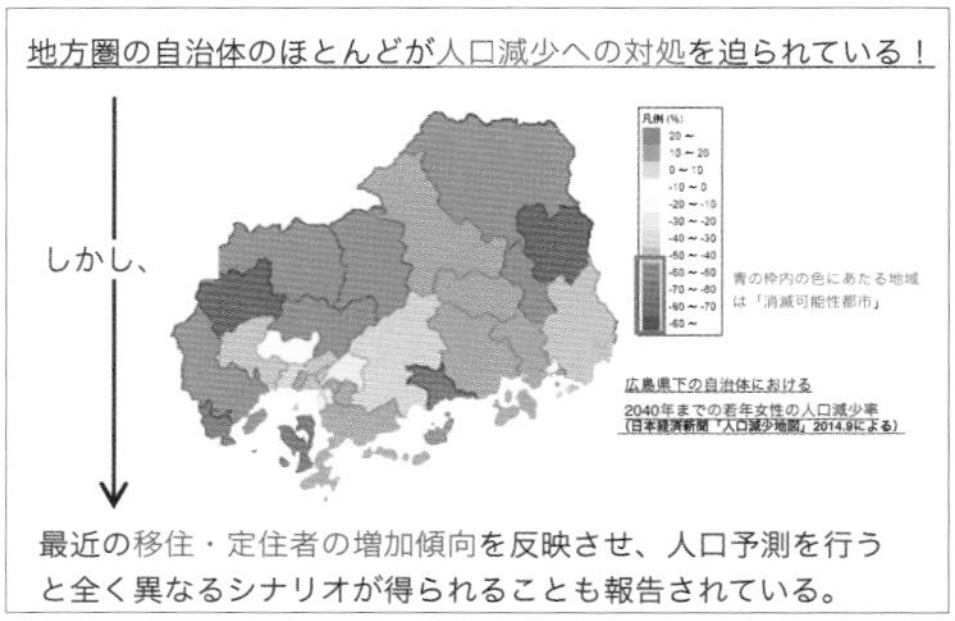

多くの自治体が人口減少に対する対処に取り組んで、移住・定住者が増えていることを反映させると、人口予測が全く異なるシナリオになることが予測されます。移住する際のハードルとしては、住まい、コミュニティ、仕事の3つが挙げられます。住まいとコミュニティについて着目し、移住者が住まいを取得する方法や過程が、その後の生活に影響を与えているのではないかと仮定し、その関係性を明らかにします。

広島県内で消滅可能性都市であり人口1万人未満である、大崎上島町、神石高原町、安芸太田町の中で最も転入者が多い大崎上島町を対象としました。大崎上島町は瀬戸内海に浮かぶ島です。人口は近年減少傾向ですが転入超過している年もあり、転入者が多いことが分かります。産業構成はみかんなどの柑橘類を中心とした農業と造船などの製造業が中心です。

21名の方に1人ずつヒアリングして、移住した理由、住まいの取得方法、取得方法によるメリット・デメリットを伺いました。アンケートの結果移住者の年齢は20～30代、移住スタイルはIターン者が多く、移住前の居住地は、近畿、広島県内、関東、広島県以外の中国地方の順でした。大崎上島町における移住者の職業ですが、移住前は会社員が最も多く、移住後の職業は自営業やパート・アルバイトが多いことが分かりました。

移住者による住まいの取得方法別の取得数で一番多いのが「建物所有者との直接交渉」です。次が「空き家バンク」の利用、「役場の紹介」です。空き家

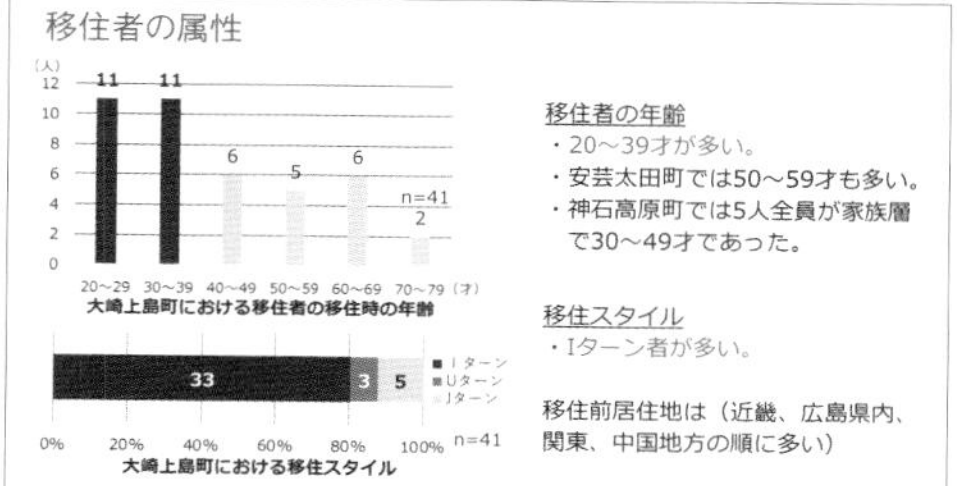

比較対象地域における移住者の移住時の年齢と移住スタイル

	20～29才	30～39才	40～49才	50～59才	60～69才	70～79才	Iターン	Uターン	Jターン	その他	計
安芸太田町	4	5	2	6	2	0	9	4	0	6	19
神石高原町	0	2	3	0	0	0	2	1	2	0	5

バンクの利用では空き家登録の物件数が少ないことや、登録している空き家の状態があまりよくないことが問題として挙げられています。役場の紹介というのは、町営住宅などです。建物所有者との直接交渉では、移住者が移住前にこの土地を訪れて、何らかの形で地元住民や先輩移住者と交流していたことが分かりました。住まいに関する相談を受けた地元住民や先輩移住者が知っている空き家を紹介したり、知り合いに空き家がないかと聞いてくれます。その後、移住者は建物所有者と直接交渉して空き家を手に入れています。

移住した理由は、田舎暮らしがしたいということ、スローライフを実現したいというのが多いです。大崎上島の魅力であるゆっくりした時間の流れや、豊かな自然に憧れている人が多いことが分かりました。なぜ大崎上島町を選んだかについては、仕事や気候が挙げられています。その中でも地元の人の人柄が良いが一番選ばれています。建物所有者との直接交流で取得している人の多くがこの項目を選んでおり、取得している過程で地元の人との交流が生まれるためと考えられます。

移住者の地元の人との交流については、地域行事を通した交流が全体的に多く、地域の祭りや町民運動会などが挙げられています。その他にも近所づきあいが多く見られました。その頻度はほぼ毎日、2～3日に1回で日常的な交流があるといえます。移住者同士の交流も地域行事を通した交流が多く、マルシェなどの出店イベントを通した交流が多く見られました。

住まいの取得方法別で比較すると、直接交渉で取得している移住者は他の取得方法と比べて、自治会などの集まりに参加している人が多いことがわか

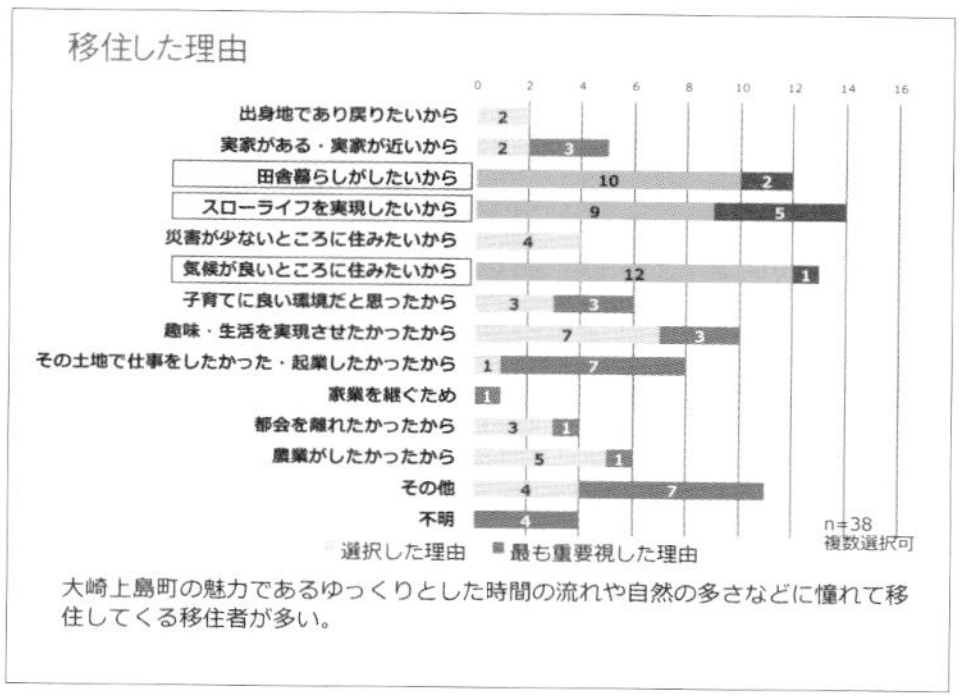

りました。地元の人との近所づきあいも多くこれも日常的な交流があることがわかります。空き家バンクでは移住者同士が集まる会の参加が多くありました。これは空き家バンクを役場で手続きをする際に移住者同士で交流することを促されるためだと思われます。空き家バンクも住まいを地域のコミュニティに入り込む形で得るので、日常的な近所づきあいの交流が生まれやすいのだと考えます。

大崎上島町の残したい点は、新しい住民と昔から住んでいる住民と仲が良いということや、知らない住民との交流が増えたことと挙げている人が、全体の2割から3割ほどいることが分かります。移住者との交流に関して改善したいという項目を挙げている人と合わせると、約3割の人が積極的に移住者との交流を望んでいると言えます。

ヒアリング調査では、約3割の人が積極的に移住者と交流することによって、あとの7割の人がそれにつられて、移住者と交流するようになるんだということがわかりました。広島県内で同じく消滅可能性がある神石高原町では団地に住んでいる移住者が多く、団地内では盛んに交流しているんですが、団地外の地元住民との交流はあまり見られませんでした。このことから、移住者が固まって住むことが地域との交流の妨げになっていることが考えられます。

結論としては、住まいの取得方法の違いで移住後の交流の仕方が異なるということです。少なからずすまいの取得方法やそのプロセスが移住後の生活に影響を及ぼすと考えられます。今後の展望として移住者が住まいを手に入れやすくなる制度や、移住前の地域とのコミュニティを形成できる場の提供が必要ではないかと考えています。

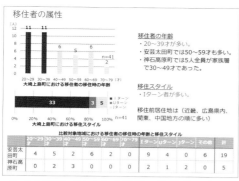

［第四回］

瀬戸内海文明圏――これからの建築と新たな地域性創造研究会｜瀬戸内ニューライフスタイル――仕事、住まい、移住、エネルギー・神戸

丹下さんとは違う、新しい思想の建築をつくろう！

神戸｜神戸大学出光佐三記念六甲台講堂

伊東　今日、登壇された方がそれぞれに瀬戸内を中心にして、実際にいろいろなことをやっておられるんだなぁということに改めて感動し、面白かったです。

渋谷の状況について先ほど少しお話ししましたが、渋谷では僕はお呼びではないのです。

また東北に行っても東北の復興計画には関わることができなかった。東北でできたのは、あの小さな『みんなの家』をつくることしかなかった。そのように、今日本のここにおられる皆さんもそういうことしかできないのです。

一方で、渋谷で超高層をつくっている人たちがいて、そういう風に分化されているのが今の日本だと思います。見方によれば、我々はそういうところまで追い込まれているということです。それでいいのかと、すごく思いました。

今日、瀬戸内に面する神戸に来て、瀬戸内はとても素晴らしいところだと思っています。東京、名古屋、大阪など大都市からさらに西にあるのは一番大きくても、北九州や広島などせいぜい人口は100万人くらいの都市です。そのほかに岡山、山口、高松、そして今治など数十万人の都市があり、そういう場所には、まだ僕らが素晴らしい建築をつくる土壌があると思うのです。

だからそこで今日のような非常に誠実な試みをこれからどういうふうに、丹下さんに対抗できるような素晴らしい建築にしていくのかが問われているんだなあと今日ずっと思っていました。僕は、まだ大三島で小さなことしかできていないけれど、頑張らなくてはいけないな。

――

板東さんの神山町についてのご講演もとても素晴らしいと思いました。自然エネルギーについての山田葵さんや移住と空き家についての兵頭さん、そういう活動のひとつひとつに感動しました。ただ、山田さんが発表してくれた大三島での自然エネルギーというテーマは、本当は今治市がやるべきだと思っています。空き家の問題もしかり。大三島だけで空き家が800軒もあるんです。今日の兵頭さんの話では、すごく丹念にインタビューして歩いているけれども、自治体の話は

一切でてこなかったですよね。それはおかしいことだと思います。もう全国に空き家だらけで大問題のはずなんだから、どうして本当に政府が力を入れてやらないのでしょうか。

今、いろんなところで空き家を改装して、新しいものに変えていこうという試みがあちこちで行われていますよね。そこにこそ21世紀の建築の可能性があると思っているのです。それは21世紀型の建築。残っている空き家の多くは戦前のものだから、自然との関係が既にできている。それをもう一度何かに変えようとすることに可能性があるわけです。

それが21世紀的なのです。僕がさっき言いたかったのは、そうした建築を理論化して、瀬戸内海という非常に温暖な気候の場所でそれを新しい建築としてアピールするべきだということです。東京ではできなくなってきているけれど、尾道や岡山、今治、そういう都市だったらまだできると思うのです。

だから丹下さんに対抗するというのは、別に巨大な建築をつくることではないんです。丹下さんの時代とは違う、新しい思想の建築がこの瀬戸内海にあるべきだと、それを岡河さんが「ここから明日のライフスタイルを考えよう」と言ってくれていることの意味だと思いました。

あとがき

編著者である2人は広島で開催された広島8大学卒業設計展で再会した。伊東豊雄はこのときに卒業設計賞の審査委員長として学生の卒業設計作品を評価するために被曝建物の旧日本銀行広島支店の会場に来た。
21世紀の始まりから数年経った頃のことであった。

伊東豊雄は、瀬戸内海のほぼ中心に位置する本州と四国を結ぶしまなみ海道の通る大三島に世界でも希少なひとりの建築家のための「今治市伊東豊雄建築ミュージアム」が開館し、2011年から定期的に東京から瀬戸内を訪れていた。岡河貢も東京と広島を行き来しながら建築活動を行っていた。伊東豊雄は長野の諏訪、岡河貢は尾道で過ごした経験を持っている。つまり、2人とも瀬戸内海地域の今後に興味を抱いていたのである。東京一極集中と呼ばれる一方、地方の未来が見えない中で、地域の未来の可能性を模索するために「瀬戸内海文明圏、これからの建築と新たな地域性創造・研究会」を立ち上げ4回のシンポジウムを開催した。

建築と公共性、地域社会と建築・環境、地域の建築家たちの仕事、サスティナビリティを目指したさまざまな試み、パブリック・スペースの概念の拡張、地形・気候などの自然の応答を考慮した建築、エネルギー消費の問題、人口減少に向かう社会に対して建築の関わり方、共同性、新たなテクノロジーへの対応など、今日的な社会課題を再考する中から、本書のタイトルともなったデジタル田園都市の可能性が浮かび上がってきた。デジタルがもたらす新しい文化や技術が、これからの大都市と地方を相互に融合させるというものだ。本書が、レム・コールハースが『錯乱のニューヨーク』の中で分析した、テクノロジーが捏造する錯乱した人工の夢としてのメトロポリス、グローバルな資本主義によりアイデンティティを失いかけた世界の大都市、「ジェネリック・シティ」の先を見据えた、テクノロジーと自然が織りなす21世紀型都市にむけたメッセージの先駆けとなれば幸いです。
本書は伊東豊雄建築設計事務所、伊東建築塾の皆さん、総合資格のスタッフ、広島大学の建築学生、シンポジウム関係者の皆さん、編集の寺松康裕、有岡三恵さんの惜しみない協働によって生まれました。編著者の一人として心から感謝します。

2023年1月吉日

岡河貢

伊東豊雄 | Toyo Ito

1941年生まれ。1965年東京大学工学部建築学科卒業。1965～69年菊竹清訓建築設計事務所勤務。1971年アーバンロボット設立。1979年伊東豊雄建築設計事務所に改称。主な作品に「シルバーハット」、「八代市立博物館」、「大館樹海ドーム」、「せんだいメディアテーク」、「TOD'S表参道ビル」、「多摩美術大学図書館（八王子キャンパス）」、「みんなの森 ぎふメディアコスモス」、「台中国家歌劇院」（台湾）など。日本建築学会賞（作品賞、大賞）、ウェネチア ビエンナーレ金獅子賞、王立英国建築家協会（RIBA）ロイヤルゴールドメタル、高松宮殿下記念世界文化賞、プリツカー建築賞、UIAゴールドメダルなど受賞。

東日本大震災後、被災各地の復興活動に精力的に取り組んでおり、仮設住宅における住民の憩いの場として提案した「みんなの家」は、2017年7月までに16軒完成。2016年の熊本地震に際しては、くまもとアートポリスのコミッショナーとして「みんなの家のある仮設住宅」つくりを進め、各地に100棟以上が整備され、現在もつくられ続けている。2011年に私塾「伊東建築塾」を設立。これからのまちや建築のあり方を考える場として様々な活動を行っている。また、自身のミュージアムが建つ愛媛県今治市の大三島においては、2012年より塾生有志や地域の人々とともに継続的なまちづくりの活動に取り組んでいる。

岡河貢 | Mitsugu Okagawa

1953年広島県生まれ。1979年東京工業大学工学部建築学科卒業。86年同大学院博士課程単位修了。1985～86年バルク・デ・ラ・ヴィレット：バーナード・チュミ事務所。現在、パラディサス・アーキテクツ一級建築士事務所代表。広島大学スペシャルプロフェッサー。工学博士。

主な作品に、「尾道の家 」、「ドミノ1994 」、「向島洋ランセンター展示棟 」、「広島大学 コミュニケーションガレリア」、「広島大学 賑わいパヴイリオン」など。著書：「東京計画2001」（宇野求と共著：鹿島出版会2001年）「建築設計学講義」（鹿島出版会2017年）、「みんなこれからの建築をつくろう」（伊東豊雄と共著　2019年：総合資格学院）

受賞:フランス政府PAN賞（1985年）、イタリアアンドレア・パラディオ賞（1991年）、新建築住宅設計競技入賞（1992年：レム・コールハース）